STARK

ABITUR-TRAINING
MATHEMATIK

Analysis Pflichtteil

Baden-Württemberg

Manfred Thissen

STARK

Bildnachweis
Umschlagbild: © Nicholas Rjabow / Dreamstime.com
S. 1: www.lukemarvin.de
S. 15: www.lukemarvin.de
S. 23: © andi – Fotolia.com
S. 39: www.pixelquelle.de
S. 61: Schnecke: Gerd Waloszek/www.visipix.com, Lupe: http://www.freeimages.co.uk/
S. 79: www.freefoto.com
S. 103: www.photocase.de
S. 107: © TheEckman – Fotolia.com

www.stark-verlag.de
1. Auflage 2010

Inhalt

Autor: Manfred Thissen

Vorwort

Liebe Schülerin, lieber Schüler,

das vorliegende Buch ist exakt zugeschnitten auf die Anforderungen im Pflichtteil Analysis und erlaubt Ihnen somit eine zielgerichtete Prüfungsvorbereitung auf diesen Prüfungsteil.

Im Fach Mathematik wird von den Schülerinnen und Schülern weniger das schematische Anwenden von Verfahren verlangt als vielmehr das kreative, experimentelle Entdecken von Lösungen und Zusammenhängen. Zudem werden Möglichkeiten des **selbstständigen Erarbeitens von Lehrstoff** durch Schüler als Aspekte einer schülerzentrierten Unterrichtsform betont. Damit haben die Schüler eine hohe Eigenverantwortung. Es ist Aufgabe jedes Einzelnen, sich auf Unterricht und Abiturprüfung selbstständig und eigenverantwortlich vorzubereiten. Dabei hilft Ihnen dieses Buch.

Die Prüfungsordnung sieht für die schriftliche Abiturprüfung im Fach Mathematik eine Zweiteilung in einen Pflichtteil und einen Wahlteil vor.

- Im **Pflichtteil** werden Grundkompetenzen in Form von kleineren Aufgaben geprüft. Es wird erwartet, dass sich die Schüler auf diesen Teil der schriftlichen Prüfung weitgehend selbstständig vorbereiten. Vor allem aber gilt: Für den Pflichtteil sind keinerlei Hilfsmittel zugelassen.
- Im **Wahlteil** geht es verstärkt um Transferaufgaben, um das Modellieren von realen Situationen und um das Entwickeln von Lösungsstrategien. Lösungen sollen nicht nur bestimmt, sondern auch interpretiert werden. Für den Wahlteil sind die Hilfsmittel Formelsammlung und grafikfähiger Taschenrechner zugelassen. Bei der Vorbereitung auf die Abiturprüfung im Analysis Wahlteil steht Ihnen der gleichnamige Trainingsband (Best.-Nr. 840028) zur Seite.

Dieses Buch deckt den Pflichtteil der schriftlichen Abiturprüfung im Bereich der Analysis ab:

- Nach **hinführenden Bemerkungen** finden Sie in den blau umrahmten Kästen das notwendige **Grundwissen**.
- Zur Veranschaulichung des Grundwissens folgen **typische Beispiele**.
- **Viele Übungsaufgaben** sowie **vermischte Aufgaben**, jeweils mit **ausführlichen Lösungen**, ermöglichen Ihnen anschließend das **selbstständige Überprüfen** des Gelernten.

So gerüstet können Sie sicher in Ihre Abiturprüfung gehen!

Manfred Thissen

Lösen von Gleichungen und Gleichungssystemen

Neben linearen Gleichungen haben Sie in der Mittelstufe auch quadratische Gleichungen kennengelernt. Sie ergaben sich z. B. bei der Nullstellenbestimmung von Parabeln mit der Funktionsgleichung $f(x) = x^2 + px + q$. Eine Parabel kann zwei Schnittstellen, eine Schnittstelle oder keine Schnittstelle mit der x-Achse haben. Diese Schnittstellen sind die Lösungen der Gleichung $x^2 + px + q = 0$. Die sogenannte Diskriminante D entscheidet, wie viele Lösungen die Gleichung hat.

Lösen quadratischer Gleichungen (p-q-Formel)

Gegeben ist die Gleichung $x^2 + px + q = 0$.

Bestimmung der **Diskriminante:** $D = \left(\frac{p}{2}\right)^2 - q$

- Falls **$D > 0$**, hat die Gleichung **zwei Lösungen:** $x_{1;2} = -\frac{p}{2} \pm \sqrt{\left(\frac{p}{2}\right)^2 - q}$
- Falls **$D = 0$**, hat die Gleichung **eine Lösung:** $x = -\frac{p}{2}$
- Falls **$D < 0$**, hat die Gleichung **keine Lösung**.

Da bei der Lösung von Exponentialgleichungen die Potenzregeln aus der Mittelstufe eine wichtige Rolle spielen, werden sie im Folgenden zusammengestellt und erläutert. Insbesondere die Anwendung der Regeln auf die e-Funktion ist wichtig. Die erste Potenzregel besagt, dass Potenzen mit gleicher Basis multipliziert werden, indem man die Exponenten addiert. Entsprechend werden bei der Division die Exponenten subtrahiert. Potenziert man eine Potenz (dritte Regel), so werden die Exponenten multipliziert.

Potenzregeln

Für reelle Zahlen $a, b \neq 0$ und $n, m \in \mathbb{N}$ gilt:

(1) $a^n \cdot a^m = a^{n+m}$

(2) $a^n : a^m = a^{n-m}$

(3) $(a^n)^m = a^{n \cdot m}$

(4) $a^{-n} = \frac{1}{a^n}$

(5) $a^0 = 1$

(6) $a^{\frac{1}{n}} = \sqrt[n]{a} \quad (a > 0)$

(7) $a^n \cdot b^n = (a \cdot b)^n$

Die Regeln gelten unter der zusätzlichen Voraussetzung $a > 0$ (bis auf Regel (6)) auch für reelle Exponenten x und y.

Anwendung auf die e-Funktion

Für $x, y \in \mathbb{R}$ gilt:

(1') $e^x \cdot e^y = e^{x+y}$

(2') $e^x : e^y = e^{x-y}$

(3') $(e^x)^y = e^{x \cdot y}$

(4') $e^{-x} = \frac{1}{e^x}$

(5') $e^0 = 1$

Ebenfalls wichtig für das Lösen von Exponentialgleichungen sind die Logarithmusregeln aus der Mittelstufe sowie deren Anwendung auf ln- und e-Funktion.

Sie werden daher im Folgenden kurz zusammengestellt.
Die Gleichungen (1) und (2) bzw. (1') und (2') zeigen, wie eine Summe bzw. eine Differenz zweier Logarithmen zu einem Produkt bzw. einem Quotienten eines Logarithmus zusammengefasst werden kann. Die Gleichungen (7) und (8) bzw. (7') und (8') zeigen, dass Logarithmus- und zugehörige Exponentialfunktion Umkehrfunktionen sind, d. h. dass sie sich gegenseitig aufheben, wenn man sie nacheinander auf ein beliebiges Argument anwendet. Dies wird bei der Lösung von Logarithmus- oder Exponentialgleichungen oft benutzt.

Logarithmusregeln	**Anwendung auf die ln-Funktion**
Für reelle Zahlen a, b, $c>0$, $b \neq 1$ gilt:	Für reelle Zahlen x, $y>0$ gilt:
(1) $\log_b a + \log_b c = \log_b(a \cdot c)$	(1') $\ln x + \ln y = \ln(x \cdot y)$
(2) $\log_b a - \log_b c = \log_b(a : c)$	(2') $\ln x - \ln y = \ln(x : y)$
(3) $\log_b(a^c) = c \cdot \log_b a$	(3') $\ln(x^y) = y \cdot \ln x$
(4) $\log_b 1 = 0$	(4') $\ln 1 = 0$
(5) $\log_b b = 1$	(5') $\ln e = 1$
(6) $\log_b a = \frac{\log_c a}{\log_c b}$ $(c \neq 1)$	
(7) $b^{\log_b a} = a$	(7') $e^{\ln x} = x$
(8) $\log_b(b^a) = a$	(8') $\ln(e^x) = x$

1 Substitution bei Gleichungen höherer Ordnung und Exponentialgleichungen

Gleichungen höherer Ordnung (Gleichungen, in denen die Variable mit einer Potenz vom Grad 3 oder höher auftritt) lassen sich manchmal auf quadratische Gleichungen zurückführen. Hierbei gilt die Faustregel: Wenn die eine Potenz das Quadrat der anderen Potenz ist, bietet die Substitution eine Lösungsmöglichkeit.

Substitution	
Gegeben ist die Gleichung	$a \cdot x^{2n} + b \cdot x^n + c = 0$
• **Substitution:**	$\mathbf{z = x^n}$
• Quadratische Gleichung in z:	$a \cdot z^2 + b \cdot z + c = 0$
• Bestimmung der Lösung dieser Gleichung:	z_1; z_2
• **Resubstitution:**	$\mathbf{x^n = z_1}$ bzw. $\mathbf{x^n = z_2}$
• Lösung der Potenzgleichung nach x.	

Beispiele

1. Bestimmen Sie die Lösungen der Gleichung $x^4-5x^2+4=0$.

   Lösung:

   Substitution: $z=x^2$ $\Rightarrow$ $z^2-5z+4=0$

   Diese Gleichung kann nun für z gelöst werden. Die Lösungen sind:

   $z_1=1$ und $z_2=4$

   Anschließend ersetzt man z durch x^2 **(Resubstitution)** und erhält:

   $x^2=1$ und $x^2=4$

   Nun bestimmt man die Lösungen dieser beiden Gleichungen, also:

   $x_1=-1;\quad x_2=+1;\quad x_3=-2;\quad x_4=+2$

Das Verfahren der Substitution ist auch für Exponentialfunktionen wie z. B. e^x und e^{2x} (Substitution $z=e^x$) anwendbar.

2. Bestimmen Sie die Lösungsmenge $\mathbb{L}$ der Gleichung $2^x-\frac{2}{2^x}+1=0$.

   Lösung:

   Multiplizieren der Gleichung mit 2^x ergibt:

   $2^{2x}+2^x-2=0$ | $2^{2x}=(2^x)^2$

   $(2^x)^2+2^x-2=0$ | **Substitution $z=2^x$**

   $z^2+z-2=0$ | Lösung mit p-q-Formel

   $z_{1;\,2}=-\frac{1}{2}\pm\sqrt{\frac{1}{4}+2}=-\frac{1}{2}\pm\frac{3}{2}$

   $z_1=1 \lor z_2=-2$ | **Resubstitution**

   $2^x=1 \lor 2^x=-2$ | Vergleich der Exponenten ($1=2^0$; 2^x ist positiv für alle reellen x)

   $x=0$

   Lösungsmenge $\mathbb{L}=\{0\}$

Aufgabe 1. Bestimmen Sie jeweils die Lösungsmenge der folgenden Gleichungen.

a) $2^x+4^x-20=0$

b) $5^{-x}+5\cdot 5^x=6$

c) $7^x-21\cdot 7^{-x}=4$

d) $e^x-4+\frac{3}{e^x}=0$

e) $e^{3x}-2=6$

f) $\frac{a}{e^x}-e^x=0$

g) $e^x+2e^{-x}=3$

h) $e^{-2x}-e^{3x}=0$

i) $e^x=5-6e^{-x}$

j) $e^x-e^{-x}=0$

k) $e^{x+1}-e^x=0$

l) $e^x=6e^{-x}-1$

2 Gleichungen lösen durch „Nullprodukt-Darstellung“

Mit der Substitution wurde auf Seite 3 bereits ein Verfahren vorgestellt, mit dem der Grad einer Gleichung unter gewissen Voraussetzungen reduziert werden kann. Eine zweite Möglichkeit besteht darin, durch „Nullprodukt-Darstellung“ Gleichungen höherer Ordnung zu lösen.

Satz vom Nullprodukt
Wenn ein Produkt mehrerer Faktoren gleich null ist, muss mindestens einer der Faktoren gleich null sein:
$a \cdot b = 0 \Leftrightarrow a = 0$ oder $b = 0$

Beispiele

1. $(x-1)(x^2-5x+6)=0$
   $x-1=0$ oder $x^2-5x+6=0$
   $x=1$ oder $x_{1;2}=\frac{5}{2}\pm\sqrt{\frac{25}{4}-6}$
   $x=1$ oder $x_1=3;\ x_2=2$
   $\mathbb{L}=\{1; 2; 3\}$

2. $x^3-3x^2-4x=0$ | x ausklammern
   $x(x^2-3x-4)=0$
   $x=0$ oder $x^2-3x-4=0$
   $x=0$ oder $x_{1;2}=\frac{3}{2}\pm\sqrt{\frac{9}{4}+4}$
   $x=0$ oder $x_1=4;\ x_2=-1$
   $\mathbb{L}=\{-1; 0; 4\}$

Aufgaben 2. Bestimmen Sie jeweils die Lösungsmenge der folgenden Gleichungen.

a) $(x^2-4)(3x-9)=0$
b) $(x^2+1)(x^2-x-2)=0$
c) $x^4+8x=0$
d) $x^3-9x=0$
e) $x^3+4x^2+3x=0$
f) $2x^3+2x^2-4x=0$
g) $x^3-2x^2-8x=0$
h) $e^{2x}-e^x=0$
i) $e^{x+1}-e^{2x}=0$

3. a) Bestimmen Sie eine Gleichung 2. Grades mit der Lösungsmenge $\mathbb{L}=\{-1; 5\}$.

b) Bestimmen Sie eine Gleichung 3. Grades mit der Lösungsmenge $\mathbb{L}=\{-4; 1; 3\}$.

c) Bestimmen Sie zwei wesentlich verschiedene (d. h. sich nicht nur durch einen konstanten Faktor unterscheidende) Gleichungen 3. Grades, die nur die Lösungen $x=2$ und $x=0$ haben.

d) Bestimmen Sie drei wesentlich verschiedene (d. h. sich nicht nur durch einen konstanten Faktor unterscheidende) Gleichungen 4. Grades, die nur die Lösungen $x=-1$, $x=2$ und $x=5$ haben.

e) Bestimmen Sie eine Gleichung 4. Grades, die keine reelle Lösung hat.

f) Begründen Sie, warum eine Gleichung 3. Grades mindestens eine Lösung hat.

3 Bruchgleichungen

Bruchgleichungen sind Gleichungen, bei denen die Variable auch im Nenner eines Bruchs auftritt. Da ein Bruch nur dann definiert ist, wenn der Nenner ungleich null ist, ergibt sich eine wesentliche Einschränkung der Definitionsmenge: Bei Bruchgleichungen müssen die Zahlen aus der Definitionsmenge ausgeschlossen werden, für die der Nenner null wird.

Bruchgleichungen

Die Lösungsmenge einer Bruchgleichung bestimmt man, indem man

- die Definitionsmenge der Bruchgleichung bestimmt, also **$\mathbb{D}=\mathbb{R}\setminus\{$Nullstellen der Nenner$\}$**,
- ein gemeinsames Vielfaches aller vorkommenden Nenner ermittelt,
- die Bruchgleichung mit diesem Vielfachen multipliziert,
- die nun bruchtermfreie Gleichung löst und
- prüft, welche Lösungen zur Definitionsmenge gehören.

Beispiel

Bestimmen Sie die Lösungsmenge der Bruchgleichung $\frac{2}{x-1}+\frac{6}{x}=5$.

Lösung:

Definitionsmenge **$\mathbb{D}=\mathbb{R}\setminus\{1; 0\}$**

Nachdem die Definitionsmenge bestimmt ist, kann die Bruchgleichung mit dem gemeinsamen Vielfachen $x(x-1)$ aller auftretenden Nenner multipliziert werden:

$2x+6(x-1)=5x(x-1)$

Man erhält also hier eine quadratische Gleichung, die wie üblich gelöst werden kann:

$$8x-6=5x^2-5x$$
$$5x^2-13x+6=0$$
$$x^2-\frac{13}{5}x+\frac{6}{5}=0$$
$$x_{1;2}=\frac{13}{10}\pm\sqrt{\frac{169}{100}-\frac{6}{5}}$$
$$x_1=2;\quad x_2=\frac{3}{5}$$

Zur Bestimmung der Lösungsmenge muss man nun noch prüfen, welche Lösungen zur Definitionsmenge der Bruchgleichung gehören. Nur diese gehören auch zur Lösungsmenge.

Lösungsmenge $\mathbb{L}=\left\{2;\frac{3}{5}\right\}$

Aufgabe 4. Bestimmen Sie die Schnittpunkte der Schaubilder der Funktionen f und g.

a) $f(x)=\frac{1}{x+2},\ g(x)=\frac{-1}{x}$

b) $f(x)=\frac{-2x}{x+3},\ g(x)=\frac{6}{x+3}$

c) $f(x)=\frac{4x}{x+1},\ g(x)=2+\frac{2x}{x-1}$

d) $f(x)=\frac{1}{x-5},\ g(x)=2-\frac{1}{x+3}$

e) $f(x)=x,\ g(x)=\frac{a}{x-2}\quad (a>0)$

f) $f(x)=\frac{1}{x-1},\ g(x)=\frac{1}{x}$

g) $f(x)=\frac{1}{2},\ g(x)=\frac{x-1}{x^2-1}$

h) $f(x)=\frac{x+2}{x^2-4},\ g(x)=\frac{1}{x-2}$

4 Logarithmusgleichungen

Bei Logarithmusgleichungen tritt die Variable im Argument eines oder mehrerer Logarithmusterme auf. Da das Argument einer Logarithmusfunktion immer größer als null sein muss, ergibt sich wie bei den Bruchgleichungen eine Einschränkung der Definitionsmenge.

Logarithmusgleichungen

Die Lösungsmenge einer Logarithmusgleichung bestimmt man, indem man
- die Definitionsmenge der Logarithmusgleichung bestimmt, wobei die Argumente aller auftretenden Logarithmusterme **größer null** sein müssen,
- die Logarithmusterme isoliert und zusammenfasst,
- die Gleichung **„entlogarithmiert"** durch Anwendung der zugehörigen Exponentialfunktion,
- die nun logarithmustermfreie Gleichung löst und
- prüft, welche Lösungen zur Definitionsmenge gehören.

Beispiel

Gegeben ist die Gleichung $\ln(x+1) = 1 + \ln x$.
Bestimmen Sie die Lösungsmenge dieser Logarithmusgleichung.

Lösung:

Bestimmung der Definitionsmenge

$$x+1>0 \quad \wedge \quad x>0$$
$$x>-1 \quad \wedge \quad x>0$$

Definitionsmenge $\mathbb{D} = \{x \mid x>0\}$

Logarithmusterme zusammenfassen

Im zweiten Schritt werden nun alle Terme, in denen der Logarithmus auftritt, auf einer Seite der Gleichung isoliert und anschließend mithilfe der Logarithmusregeln zusammengefasst. Hier subtrahiert man also $\ln x$:

$$\ln(x+1) - \ln x = 1$$
$$\ln\left(\frac{x+1}{x}\right) = 1 \qquad \text{(nach Gleichung (2') auf Seite 3)}$$

Gleichung „entlogarithmieren"

Wendet man nun auf beiden Seiten der Gleichung die zugehörige Exponentialfunktion an, so ergibt sich wegen Logarithmusregel (7') (siehe Seite 3) eine Gleichung, in der kein Logarithmus mehr auftritt:

$$e^{\ln\left(\frac{x+1}{x}\right)} = e^1$$
$$\frac{x+1}{x} = e$$

Lösung der logarithmustermfreien Gleichung

Nun kann die verbleibende Gleichung nach den bisher bekannten Verfahren gelöst werden:

$$x+1 = e \cdot x$$
$$x - e \cdot x = -1$$
$$x(1-e) = -1$$
$$x = \frac{1}{e-1}$$

Prüfung der Lösungen

Im letzten Schritt muss nun noch geprüft werden, ob die ermittelte Lösung zur Definitionsmenge der Gleichung gehört.
Da $\frac{1}{e-1} > 0$ ist, liegt die Lösung innerhalb der Definitionsmenge.

Lösungsmenge $\mathbb{L} = \left\{\frac{1}{e-1}\right\}$

Aufgaben

5. Bestimmen Sie jeweils die Definitions- und Lösungsmenge der folgenden Gleichungen.

a) $\ln(x-1)=3$ b) $\ln(x^2)=1$

c) $\ln(2x-4)=4$ d) $e^{3x-1}=1$

e) $e^{\sqrt{x}}=2$ f) $\ln(2e^{x+1})=0$

g) $\ln(2x-4)=0$ h) $\ln(e^x)=1$

i) $\ln(4-x^2)=1$ j) $e^{x^2}=1$

6. Bestimmen Sie jeweils die Definitions- und Lösungsmenge der folgenden Gleichungen.

a) $\ln(9x)+\ln x=4$ b) $\ln(x+2)+\ln\frac{1}{x}-\ln x=0$

c) $2\ln(x-1)-\ln x=0$ d) $\ln(x^2)-\ln\sqrt{x}=3$

e) $x\cdot\ln x=2x$ f) $\ln(x-2)+\ln(x+3)=\ln(x^2+x-6)$

g) $e^{\ln(x-1)}=2$ h) $\ln x+\ln(x+1)=0$

i) $\ln(x+1)-\ln x=0$ j) $\ln\sqrt{x+1}=0$

5 Lösung linearer Gleichungssysteme – Gauß-Verfahren

Nachdem bisher nur Gleichungen mit einer Variablen betrachtet wurden, rücken nun lineare Gleichungssysteme mit mehreren Variablen in den Fokus.
Ziel dieses Abschnittes ist es, ein Verfahren zu vermitteln, mit dem man solche Gleichungssysteme systematisch lösen kann. Dazu wird im Folgenden das bekannteste systematische Lösungsverfahren für lineare Gleichungssysteme vorgestellt, das nach seinem Entwickler Carl F. Gauß benannt ist.

Gauß-Verfahren zur Lösung linearer Gleichungssysteme

- Man löst ein lineares Gleichungssystem von n Gleichungen mit n Variablen, indem man es in die **Stufenform** bringt und anschließend schrittweise die Variablen $x_n, x_{n-1}, \ldots, x_1$ berechnet (eindeutig, also **genau eine Lösung**).
- Ergibt sich als letzte Gleichung der Stufenform die Gleichung
  $\mathbf{0 \cdot x_n = 0}$ (eine für alle x_n richtige Gleichung),
  so hat das Gleichungssystem **unendlich viele Lösungen**.
- Ergibt sich als letzte Gleichung der Stufenform eine Gleichung der Form
  $\mathbf{0 \cdot x_n = c \quad (c \neq 0)}$ (eine für alle x_n falsche Gleichung),
  so hat das Gleichungssystem **keine Lösung**.

Beispiele

1. Gauß-Verfahren: Gleichungssystem mit **genau einer Lösung**

Gegeben ist folgendes Gleichungssystem:

$$\begin{array}{ll} \text{I} & 2x_1 + 3x_2 + 2x_3 = 3 \\ \text{II} & x_1 - 2x_2 + 2x_3 = 7 \\ \text{III} & 3x_1 + x_2 - x_3 = 0 \end{array} \qquad \text{Matrixschreibweise: } \left(\begin{array}{rrr|r} 2 & 3 & 2 & 3 \\ 1 & -2 & 2 & 7 \\ 3 & 1 & -1 & 0 \end{array}\right)$$

Bestimmen Sie die Lösung dieses Gleichungssystems.

Lösung:

1. Schritt: $\mathbf{x_1}$ aus den Gleichungen II und III **eliminieren**

$$\begin{array}{ll} \text{I} & 2x_1 + 3x_2 + 2x_3 = 3 \\ \text{IIa} & 7x_2 - 2x_3 = -11 \\ \text{IIIa} & 7x_2 + 8x_3 = 9 \end{array} \qquad \text{Matrixschreibweise: } \left(\begin{array}{rrr|r} 2 & 3 & 2 & 3 \\ \mathbf{0} & 7 & -2 & -11 \\ \mathbf{0} & 7 & 8 & 9 \end{array}\right)$$

Man erhält die Gleichung IIa, indem man Gleichung II mit –2 multipliziert und zu Gleichung I addiert:

$$\begin{array}{ll} \text{I} & 2x_1 + 3x_2 + 2x_3 = 3 \\ \text{II'} & -2x_1 + 4x_2 - 4x_3 = -14 \\ \hline \text{IIa} & 7x_2 - 2x_3 = -11 \end{array} \qquad \text{Matrixschreibweise: } \begin{array}{r} (2 \;\; 3 \;\; 2 \mid 3) \\ +(-2 \;\; 4 \;\; -4 \mid -14) \\ \hline (\mathbf{0} \;\; 7 \;\; -2 \mid -11) \end{array}$$

Man erhält die Gleichung IIIa, indem man Gleichung I mit 3 und Gleichung III mit –2 multipliziert und die Gleichungen dann addiert:

$$\begin{array}{ll} \text{I'} & 6x_1 + 9x_2 + 6x_3 = 9 \\ \text{III'} & -6x_1 - 2x_2 + 2x_3 = 0 \\ \hline \text{IIIa} & 7x_2 + 8x_3 = 9 \end{array} \qquad \text{Matrixschreibweise: } \begin{array}{r} (6 \;\; 9 \;\; 6 \mid 9) \\ +(-6 \;\; -2 \;\; 2 \mid 0) \\ \hline (\mathbf{0} \;\; 7 \;\; 8 \mid 9) \end{array}$$

2. Schritt: $\mathbf{x_2}$ aus der Gleichung IIIa **eliminieren**

$$\begin{array}{ll} \text{I} & 2x_1 + 3x_2 + 2x_3 = 3 \\ \text{IIa} & 7x_2 - 2x_3 = -11 \\ \text{IIIb} & -10x_3 = -20 \end{array} \qquad \text{Matrixschreibweise: } \left(\begin{array}{rrr|r} 2 & 3 & 2 & 3 \\ 0 & 7 & -2 & -11 \\ 0 & \mathbf{0} & -10 & -20 \end{array}\right)$$

Man erhält die Gleichung IIIb, indem man Gleichung IIIa mit –1 multipliziert und zu Gleichung IIa addiert:

IIa	$7x_2 - 2x_3 = -11$	Matrixschreibweise:	$(0 \quad 7 \quad -2 \mid -11)$
IIIa'	$-7x_2 - 8x_3 = -9$		$+(0 \quad -7 \quad -8 \mid -9)$
IIIb	$-10x_3 = -20$		$(0 \quad \mathbf{0} \quad -10 \mid -20)$

3. Schritt: Die einzelnen **Variablen berechnen**

Nun ist das Gleichungssystem in die **Stufenform** gebracht worden und man kann die einzelnen Variablen berechnen:

Aus Gleichung IIIb ergibt sich (Division durch –10): $x_3 = 2$

$x_3 = 2$ in Gleichung IIa eingesetzt ergibt:

$$7x_2 - 4 = -11$$
$$7x_2 = -7$$
$$x_2 = -1$$

$x_3 = 2$ und $x_2 = -1$ in Gleichung I eingesetzt ergibt:

$$2x_1 - 3 + 4 = 3$$
$$2x_1 = 2$$
$$x_1 = 1$$

Als Lösung erhält man $x_1 = 1$; $x_2 = -1$; $x_3 = 2$.
Lösungsmenge $\mathbb{L} = \{(1 \mid -1 \mid 2)\}$

2. Gauß-Verfahren: Gleichungssystem mit **unendlich vielen Lösungen**

Gegeben ist folgendes Gleichungssystem:

I	$2x_1 + 3x_2 + 2x_3 = 3$	Matrixschreibweise:
II	$x_1 - 2x_2 + 2x_3 = 7$	
III	$3x_1 + x_2 + 4x_3 = 10$	

$$\left(\begin{array}{ccc|c} 2 & 3 & 2 & 3 \\ 1 & -2 & 2 & 7 \\ 3 & 1 & 4 & 10 \end{array}\right)$$

Bestimmen Sie die Lösung dieses Gleichungssystems.

Lösung:

1. Schritt: **x_1** aus den Gleichungen II und III **eliminieren**

I	$2x_1 + 3x_2 + 2x_3 = 3$	Matrixschreibweise:
IIa	$7x_2 - 2x_3 = -11$	
IIIa	$7x_2 - 2x_3 = -11$	

$$\left(\begin{array}{ccc|c} 2 & 3 & 2 & 3 \\ \mathbf{0} & 7 & -2 & -11 \\ \mathbf{0} & 7 & -2 & -11 \end{array}\right)$$

Man erhält die Gleichung IIa, indem man Gleichung II mit –2 multipliziert und zu Gleichung I addiert:

I	$2x_1 + 3x_2 + 2x_3 = 3$	Matrixschreibweise:	$(2 \quad 3 \quad 2 \mid 3)$
II'	$-2x_1 + 4x_2 - 4x_3 = -14$		$+(-2 \quad 4 \quad -4 \mid -14)$
IIa	$7x_2 - 2x_3 = -11$		$(\mathbf{0} \quad 7 \quad -2 \mid -11)$

Man erhält die Gleichung IIIa, indem man Gleichung I mit 3 und Gleichung III mit –2 multipliziert und die Gleichungen dann addiert:

$$\begin{array}{ll} \text{I'} & 6x_1 + 9x_2 + 6x_3 = 9 \\ \text{III'} & -6x_1 - 2x_2 - 8x_3 = -20 \\ \hline \text{IIIa} & 7x_2 - 2x_3 = -11 \end{array}$$

Matrixschreibweise:

$$\begin{array}{r} (6 \quad 9 \quad 6 \mid 9) \\ +(-6 \quad -2 \quad -8 \mid -20) \\ \hline (\mathbf{0} \quad 7 \quad -2 \mid -11) \end{array}$$

2. Schritt: $\mathbf{x_2}$ aus der Gleichung IIIa **eliminieren**

$$\begin{array}{ll} \text{I} & 2x_1 + 3x_2 + 2x_3 = 3 \\ \text{IIa} & 7x_2 - 2x_3 = -11 \\ \text{IIIb} & 0x_3 = 0 \end{array}$$

Matrixschreibweise:

$$\left(\begin{array}{ccc|c} 2 & 3 & 2 & 3 \\ 0 & 7 & -2 & -11 \\ 0 & \mathbf{0} & 0 & 0 \end{array}\right)$$

Man erhält die Gleichung IIIb, indem man Gleichung IIIa mit –1 multipliziert und zu Gleichung IIa addiert:

$$\begin{array}{ll} \text{IIa} & 7x_2 - 2x_3 = -11 \\ \text{IIIa'} & -7x_2 + 2x_3 = 11 \\ \hline \text{IIIb} & 0x_3 = 0 \end{array}$$

Matrixschreibweise:

$$\begin{array}{r} (0 \quad 7 \quad -2 \mid -11) \\ +(0 \quad -7 \quad 2 \mid 11) \\ \hline (0 \quad \mathbf{0} \quad 0 \mid 0) \end{array}$$

3. Schritt: Die einzelnen **Variablen berechnen**

Nun ist das Gleichungssystem in die **Stufenform** gebracht worden.

Gleichung IIIb ist für **beliebige** $\mathbf{x_3} \in \mathbb{R}$ **richtig**. Man setzt $x_3 = t \quad (t \in \mathbb{R})$.

$x_3 = t$ in Gleichung IIa eingesetzt ergibt:

$$7x_2 - 2t = -11$$
$$7x_2 = 2t - 11$$
$$x_2 = \frac{2}{7}t - \frac{11}{7}$$

Einsetzen von $x_3 = t$ und $x_2 = \frac{2}{7}t - \frac{11}{7}$ in Gleichung I ergibt:

$$2x_1 + \frac{6}{7}t - \frac{33}{7} + 2t = 3$$
$$2x_1 = -\frac{20}{7}t + \frac{54}{7}$$
$$x_1 = -\frac{10}{7}t + \frac{27}{7}$$

Lösungsmenge $\mathbb{L} = \left\{\left(-\frac{10}{7}t + \frac{27}{7} \;\middle|\; \frac{2}{7}t - \frac{11}{7} \;\middle|\; t\right) \;\middle|\; t \in \mathbb{R}\right\}$

3. Gauß-Verfahren: Gleichungssystem, das **keine Lösung** hat

Gegeben ist folgendes Gleichungssystem:

$$\begin{array}{ll} \text{I} & 2x_1 + 3x_2 + 2x_3 = 3 \\ \text{II} & x_1 - 2x_2 + 2x_3 = 7 \\ \text{III} & 3x_1 + x_2 + 4x_3 = 8 \end{array}$$

Matrixschreibweise:

$$\left(\begin{array}{ccc|c} 2 & 3 & 2 & 3 \\ 1 & -2 & 2 & 7 \\ 3 & 1 & 4 & 8 \end{array}\right)$$

Bestimmen Sie die Lösung dieses Gleichungssystems.

Lösung:

1. Schritt: $\mathbf{x_1}$ aus den Gleichungen II und III **eliminieren**

$$\begin{array}{ll} \text{I} & 2x_1 + 3x_2 + 2x_3 = 3 \\ \text{IIa} & 7x_2 - 2x_3 = -11 \\ \text{IIIa} & 7x_2 - 2x_3 = -7 \end{array}$$

Matrixschreibweise:

$$\left(\begin{array}{ccc|c} 2 & 3 & 2 & 3 \\ \mathbf{0} & 7 & -2 & -11 \\ \mathbf{0} & 7 & -2 & -7 \end{array}\right)$$

Man erhält Gleichung IIa, indem man Gleichung II mit –2 multipliziert und zu Gleichung I addiert:

$$\begin{array}{llcl} \text{I} & 2x_1 + 3x_2 + 2x_3 &=& 3 \\ \text{II}' & -2x_1 + 4x_2 - 4x_3 &=& -14 \\ \hline \text{IIa} & \quad 7x_2 - 2x_3 &=& -11 \end{array}$$

Matrixschreibweise:

$$\begin{array}{rrrr|r} & (2 & 3 & 2 & 3) \\ + & (-2 & 4 & -4 & -14) \\ \hline & (\mathbf{0} & 7 & -2 & -11) \end{array}$$

Man erhält Gleichung IIIa, indem man Gleichung I mit 3 und Gleichung III mit –2 multipliziert und die Gleichungen dann addiert:

$$\begin{array}{llcl} \text{I}' & 6x_1 + 9x_2 + 6x_3 &=& 9 \\ \text{III}' & -6x_1 - 2x_2 - 8x_3 &=& -16 \\ \hline \text{IIIa} & \quad 7x_2 - 2x_3 &=& -7 \end{array}$$

Matrixschreibweise:

$$\begin{array}{rrrr|r} & (6 & 9 & 6 & 9) \\ + & (-6 & -2 & -8 & -16) \\ \hline & (\mathbf{0} & 7 & -2 & -7) \end{array}$$

2. Schritt: **x_2** aus der Gleichung IIIa **eliminieren**

$$\begin{array}{llcl} \text{I} & 2x_1 + 3x_2 + 2x_3 &=& 3 \\ \text{IIa} & \quad 7x_2 - 2x_3 &=& -11 \\ \text{IIIb} & \quad 0x_3 &=& -4 \end{array}$$

Matrixschreibweise:

$$\left(\begin{array}{rrr|r} 2 & 3 & 2 & 3 \\ 0 & 7 & -2 & -11 \\ 0 & \mathbf{0} & 0 & -4 \end{array}\right)$$

Man erhält Gleichung IIIb, indem man Gleichung IIIa mit –1 multipliziert und zu Gleichung IIa addiert:

$$\begin{array}{llcl} \text{IIa} & 7x_2 - 2x_3 &=& -11 \\ \text{IIIa}' & -7x_2 + 2x_3 &=& 7 \\ \hline \text{IIIb} & \quad 0x_3 &=& -4 \end{array}$$

Matrixschreibweise:

$$\begin{array}{rrrr|r} & (0 & 7 & -2 & -11) \\ + & (0 & -7 & 2 & 7) \\ \hline & (0 & \mathbf{0} & 0 & -4) \end{array}$$

Gleichung IIIb ist für **beliebige $x_3 \in \mathbb{R}$ falsch**. Das Gleichungssystem hat keine Lösung.
Lösungsmenge $\mathbb{L} = \{\,\}$

Aufgaben **7.** Bestimmen Sie die Lösungsmengen der folgenden Gleichungssysteme.

a) $2x_1 - x_2 = 7$
$3x_1 + 2x_2 = 0$

b) $\frac{1}{2}x_1 + 2x_2 = 5$
$2x_1 + 8x_2 = 20$

c) $9x_1 - 15x_2 = 3$
$6x_1 - 10x_2 = 5$

d) $2x_1 - 5x_2 = 7$
$x_1 + 2x_2 = -1$

e) $3x_1 - x_2 = -3$
$x_1 + x_2 = 3$

f) $2x_1 - 3x_2 = 5$
$4x_1 - 6x_2 = 2$

8. Bestimmen Sie die Lösungsmengen der folgenden Gleichungssysteme.

a) $2x_1 + x_2 - 5x_3 = 1$
$x_1 + 2x_2 + 2x_3 = 5$
$3x_1 - x_2 + 3x_3 = 12$

b) $x_1 - 5x_2 - x_3 = 2$
$x_1 + x_2 - 2x_3 = 3$
$x_1 - x_2 - x_3 = 2$

c) $\begin{aligned} 4x_1 + 9x_2 - 7x_3 &= 32 \\ x_1 + 4x_2 - 4x_3 &= 16 \\ 3x_1 + 2x_2 + 8x_3 &= -12 \end{aligned}$

d) $\begin{aligned} 8x_1 + x_2 + 7x_3 &= -6 \\ x_1 - 3x_2 + 4x_3 &= -7 \\ 2x_1 - 9x_2 + 3x_3 &= 4 \end{aligned}$

e) $\begin{aligned} x_1 + 2x_2 \phantom{{}- x_3} &= 6 \\ x_1 + 3x_2 - x_3 &= 5 \\ 2x_1 + x_2 + 3x_3 &= 0 \end{aligned}$

f) $\begin{aligned} x_1 + x_2 - x_3 &= 1 \\ x_1 + 3x_2 \phantom{{}- x_3} &= 3 \\ 2x_1 + 4x_2 - x_3 &= 7 \end{aligned}$

g) $\begin{aligned} 2x_1 - 4x_2 + 5x_3 &= -5 \\ x_1 - x_2 + 2x_3 &= -2 \\ 3x_1 - x_2 + 5x_3 &= -5 \end{aligned}$

h) $\begin{aligned} 2x_1 - x_2 + x_3 &= 3 \\ 3x_1 + 2x_2 - 4x_3 &= -5 \\ x_1 + 3x_2 - 5x_3 &= -8 \end{aligned}$

i) $\begin{aligned} 2x_1 - x_2 + x_3 &= 3 \\ 3x_1 + 2x_2 - 4x_3 &= -5 \\ x_1 + 3x_2 - 3x_3 &= -2 \end{aligned}$

j) $\begin{aligned} x_1 + x_2 + x_3 &= 0 \\ x_1 - 2x_2 + 3x_3 &= 3 \\ x_1 + 2x_2 + x_3 &= -1 \end{aligned}$

9. a) Untersuchen Sie, ob das folgende Gleichungssystem für $x_3 = -1$ eine Lösung hat.

$$\begin{aligned} x_1 + 2x_2 + x_3 &= 7 \\ 2x_1 + x_2 + 3x_3 &= 4 \\ 3x_1 + 3x_2 + 4x_3 &= 11 \end{aligned}$$

b) Untersuchen Sie, ob das folgende Gleichungssystem Lösungen hat, für die gilt: $x_1 < 0$ und $x_2 < 0$ und $x_3 < 0$.

$$\begin{aligned} 2x_1 + x_2 - 2x_3 &= 2 \\ x_1 + 2x_2 + x_3 &= 1 \end{aligned}$$

c) Geben Sie ein Gleichungssystem (3 Gleichungen mit 3 Variablen) an, das als eindeutige Lösung $x_1 = 1$, $x_2 = -1$ und $x_3 = 0$ hat.

d) Bestimmen Sie a so, dass das folgende Gleichungssystem unendlich viele Lösungen hat.

$$\begin{aligned} x_1 + x_2 - x_3 &= 1 \\ x_1 - x_2 + x_3 &= 0 \\ x_1 + x_2 + ax_3 &= 1 \end{aligned}$$

10. a) Geben Sie ein Gleichungssystem an, für dessen Lösung gilt: x_2 ist doppelt so groß wie x_3 und x_1 ist das Dreifache von x_3.

b) Geben Sie ein Gleichungssystem von drei Gleichungen mit drei Variablen an, das keine Lösung (unendlich viele Lösungen) hat.

c) Untersuchen Sie, für welche Werte von a und b das folgende Gleichungssystem eine eindeutige, keine oder unendlich viele Lösungen hat.

$$\begin{aligned} x_1 + x_2 &= a \\ x_1 + bx_2 &= 1 \end{aligned}$$

Differenzieren

1 Differenzieren von Standardfunktionen

Im Folgenden sollen die Ableitungsfunktionen der in der Kursstufe behandelten Standardfunktionen zusammengestellt werden. Eine zentrale Rolle spielt dabei die Potenzregel für die Ableitungen, da sie nicht nur für natürliche Exponenten gilt, sondern für alle reellen Exponenten. Im Rahmen der Schulmathematik wird man sich auf rationale Exponenten beschränken.

Potenzregel: $f(x) = x^n \rightarrow f'(x) = n \cdot x^{n-1}$

- für alle $n \in \mathbb{N}$ Beispiel: $(x^5)' = 5x^4$
- für alle $n \in \mathbb{Z}$ Beispiel: $\left(\frac{1}{x^2}\right)' = (x^{-2})' = -2x^{-3} = \frac{-2}{x^3}$
- für alle $n \in \mathbb{Q}$ Beispiel: $\left(\sqrt[3]{x^2}\right)' = \left(x^{\frac{2}{3}}\right)' = \frac{2}{3}x^{-\frac{1}{3}} = \frac{2}{3\sqrt[3]{x}}$

Trigonometrische Funktionen

- $(\sin x)' = \cos x$
- $(\cos x)' = -\sin x$
- $(\tan x)' = \left(\frac{\sin x}{\cos x}\right)' = \frac{1}{\cos^2 x} = 1 + \tan^2 x$

Exponential- und Logarithmusfunktionen

- $(e^x)' = e^x$
- $(\ln x)' = \frac{1}{x}$

Die Ableitung einer Funktion f mit $y = f(x)$ an der Stelle x_0 ist die **Änderungsrate** der Funktion an dieser Stelle. Sie kann aber auch als **Steigung der Tangente** an das Schaubild in diesem Punkt aufgefasst werden.

Wenn man die **Gleichung der Tangente** im Punkt $B(x_0 \mid f(x_0))$ bestimmen will, bildet man zuerst die Ableitungsfunktion $f'(x)$ und damit $f'(x_0)$. Nun ist ein Punkt auf der Geraden (nämlich B) sowie die Steigung $m_t = f'(x_0)$ der Geraden bekannt und man kann mit der Punktsteigungsformel die Gleichung der Geraden bestimmen:

t: $\frac{y - f(x_0)}{x - x_0} = f'(x_0)$ (nach y auflösen)

t: $y = f'(x_0) \cdot x - f'(x_0) \cdot x_0 + f(x_0)$

Da die Normale senkrecht zur Tangente steht, ergibt sich für die **Gleichung der Normalen** im Punkt B die Steigung m_n der Normalen: $m_n = -\frac{1}{f'(x_0)}$. Man erhält:

n: $\frac{y - f(x_0)}{x - x_0} = m_n$ (nach y auflösen)

n: $y = m_n \cdot x - m_n \cdot x_0 + f(x_0)$

2 Ableitungsregeln für zusammengesetzte Funktionen

Man bestimmt die Ableitungsfunktionen von aus Standardfunktionen zusammengesetzten Funktionen mithilfe der verschiedenen Ableitungsregeln. Der gegebene Funktionsterm sollte daher zuerst genau analysiert werden, um festzustellen, welche der Ableitungsregeln am zweckmäßigsten angewandt werden kann. Einen ersten Hinweis gibt hierbei in vielen Fällen die (mathematisch) korrekte Bezeichnung des Funktionsterms.

Summenregel
$(f(x) \pm g(x))' = f'(x) \pm g'(x)$

Konstantenregel
$(c \cdot f(x))' = c \cdot f'(x)$

Produktregel
$(u(x) \cdot v(x))' = u'(x) \cdot v(x) + u(x) \cdot v'(x)$

Beispiele

1. $(x^2 + \sin x)' = 2x + \cos x$

2. $(5 \cdot x^3)' = 5 \cdot 3x^2 = 15x^2$

3. Bilden Sie die Ableitung der Funktion f mit $f(x) = x^2 \cdot e^x$.

   Lösung:
   Setze: $u(x) = x^2$ $\quad v(x) = e^x$
   $u'(x) = 2x$ $\quad v'(x) = e^x$
   In die Produktregel eingesetzt ergibt sich:
   $f'(x) = (x^2 \cdot e^x)' = 2x \cdot e^x + x^2 \cdot e^x = e^x(2x + x^2)$

Aufgabe 11. Differenzieren Sie nach der Produktregel:

a) $f(x) = x^2 \cdot \cos x$ b) $f(x) = (2x^3 - 3x + 1)e^x$
c) $f(x) = (2x^2 + 5)\sqrt{x}$ d) $f(x) = \sqrt{x} \cdot \sin x$
e) $f(x) = x \cdot \ln x$ f) $f(x) = e^x \cdot \sin x$
g) $f(x) = e^x \cdot e^x$ h) $f(x) = \frac{1}{x} \cdot \sqrt[3]{x}$
i) $f(x) = (2x^3 - 4)(x^2 + 3x)$ j) $f(x) = x^2 \cdot \sin x$
k) $f(x) = e^x \cdot \ln x$ l) $f(x) = \frac{1}{x} \cdot e^x$
m) $f(x) = (x^2 - 4)\sin x$ n) $f(x) = \sin x \cdot \cos x$

Kettenregel

Ist $f = u \circ v$ eine Verkettung von zwei differenzierbaren Funktionen, so gilt mit der Bezeichnung $v = v(x)$: $\mathbf{f'(x) = u'(v) \cdot v'(x)}$

Beispiele

1. Bilden Sie die Ableitung der Funktion f mit $f(x) = \sqrt{\sin x}$.

   Lösung:

   Setze: $v(x) = \sin x \qquad u(v) = \sqrt{v} = v^{\frac{1}{2}}$

   Dann ist $v'(x) = \cos x$ und $u'(v) = \frac{1}{2} v^{-\frac{1}{2}} = \frac{1}{2\sqrt{v}}$.

   In die Kettenregel eingesetzt ergibt sich:

   $\left(\sqrt{\sin x}\right)' = \frac{1}{2\sqrt{\sin x}} \cdot \cos x$

2. $(\sin(x^2))' = 2x \cdot \cos(x^2)$

   mit $v(x) = x^2 \qquad u(v) = \sin v$

   $v'(x) = 2x \qquad u'(v) = \cos v = \cos(x^2)$

3. $(\ln(2x-5))' = \frac{2}{2x-5}$

   mit $v(x) = 2x - 5 \qquad u(v) = \ln v$

   $v'(x) = 2 \qquad u'(v) = \frac{1}{v} = \frac{1}{2x-5}$

Aufgabe **12.** Differenzieren Sie nach der Kettenregel.

a) $f(x) = (3x+1)^2$

b) $f(x) = \frac{1}{(2x+1)^2}$

c) $f(x) = \sin(3x-1)$

d) $f(x) = e^{x^2}$

e) $f(x) = \sqrt{2x+3}$

f) $f(x) = \sqrt{\frac{1}{3x+1}}$

g) $f(x) = \sqrt{e^x}$

h) $f(x) = \ln(e^x)$

i) $f(x) = (\cos x)^4$

j) $f(x) = e^{\sin x}$

k) $f(x) = \sin(3x^2 - 1)$

l) $f(x) = \ln(x^3 - 2x)$

Die folgende Regel gehört nicht mehr zu den Standardinhalten des Pflichtteils. Sie kann durch die Produktregel und die Kettenregel ersetzt werden. Da sie bei vielen Funktionen die Arbeit sehr erleichtert, wird die Quotientenregel im Folgenden dennoch vorgestellt.

Quotientenregel

$$\left(\frac{u(x)}{v(x)}\right)' = \frac{u'(x)\cdot v(x) - u(x)\cdot v'(x)}{(v(x))^2}$$

Herleitung der Quotientenregel mithilfe der Produkt- und Kettenregel:

$$\frac{u(x)}{v(x)} = u(x)\cdot v(x)^{-1}$$

Setzt man $f(x)=u(x)$ und $g(x)=v(x)^{-1}$, so erhält man mit der Kettenregel $g'(x)=-1\cdot v(x)^{-2}\cdot v'(x)$,
und die Produktregel $(f(x)\cdot g(x))'=f'(x)\cdot g(x)+f(x)\cdot g'(x)$ liefert dann:

$$\left(\frac{u(x)}{v(x)}\right)' = \left(u(x)\cdot v(x)^{-1}\right)' = u'(x)\cdot v(x)^{-1} + u(x)\cdot(-1)\cdot v(x)^{-2}\cdot v'(x)$$
$$= \frac{u'(x)}{v(x)} - \frac{u(x)\cdot v'(x)}{v(x)^2} = \frac{u'(x)\cdot v(x) - u(x)\cdot v'(x)}{v(x)^2}$$

Die folgenden Aufgaben werden auf zwei Wege gelöst. Einmal unter Verwendung der Quotientenregel und zum anderen mithilfe von Produkt- und Kettenregel.

Beispiele

1. Bilden Sie die Ableitung der Funktion f mit $f(x)=\frac{x+1}{x-1}$.

Lösung:

a) Mit Quotientenregel:

Setze: $u(x)=x+1$ $\quad v(x)=x-1$
$u'(x)=1$ $\quad v'(x)=1$

In die Quotientenregel eingesetzt ergibt sich:

$$\left(\frac{x+1}{x-1}\right)' = \frac{1\cdot(x-1)-1\cdot(x+1)}{(x-1)^2} = \frac{-2}{(x-1)^2}$$

b) Mit Produkt- und Kettenregel:

$$\left(\frac{x+1}{x-1}\right)' = \left((x+1)\cdot(x-1)^{-1}\right)'$$

Setze: $u(x)=x+1$ $\quad v(x)=(x-1)^{-1}$
$u'(x)=1$ $\quad v'(x)=(-1)(x-1)^{-2}\cdot 1$ (Kettenregel)

Ergibt mit der Produktregel:

$$\left(\frac{x+1}{x-1}\right)' = \left((x+1)\cdot(x-1)^{-1}\right)' = 1\cdot(x-1)^{-1} + (x+1)\cdot(-1)(x-1)^{-2}\cdot 1$$
$$= \frac{1}{x-1} - \frac{x+1}{(x-1)^2} = \frac{x-1-x-1}{(x-1)^2} = \frac{-2}{(x-1)^2}$$

2. $(\tan x)' = \left(\frac{\sin x}{\cos x}\right)'$

Lösung:

a) Mit Quotientenregel:

Setze: $u(x) = \sin x \qquad v(x) = \cos x$

$u'(x) = \cos x \qquad v'(x) = -\sin x$

Quotientenregel ergibt (mit $\cos^2 x + \sin^2 x = 1$):

$$(\tan x)' = \left(\frac{\sin x}{\cos x}\right)' = \frac{\cos x \cdot \cos x - \sin x \cdot (-\sin x)}{\cos^2 x} = \frac{1}{\cos^2 x}$$

b) Mit Produkt- und Kettenregel:

$$(\tan x)' = \left(\frac{\sin x}{\cos x}\right)' = \left(\sin x \cdot [\cos x]^{-1}\right)'$$

Setze: $u(x) = \sin x \qquad v(x) = [\cos x]^{-1}$

$u'(x) = \cos x \qquad v'(x) = (-1)[\cos x]^{-2}(-\sin x)$ (Kettenregel)

Produktregel ergibt (mit $\cos^2 x + \sin^2 x = 1$):

$$(\tan x)' = \left(\frac{\sin x}{\cos x}\right)' = \left(\sin x \cdot [\cos x]^{-1}\right)'$$

$$= \cos x \cdot [\cos x]^{-1} + \sin x \cdot (-1)[\cos x]^{-2}(-\sin x)$$

$$= \frac{\cos x}{\cos x} + \frac{\sin^2 x}{\cos^2 x} = \frac{\cos^2 x + \sin^2 x}{\cos^2 x} = \frac{1}{\cos^2 x}$$

Aufgaben **13.** Differenzieren Sie entweder mit Produkt- und Kettenregel oder mit Quotientenregel.

a) $f(x) = \frac{x^2}{x^2 - 1}$

b) $f(x) = \frac{4x + 1}{2x^2 - x}$

c) $f(x) = \frac{\cos x}{x^2}$

d) $f(x) = \frac{x^2 + 2x - 1}{x - 1}$

e) $f(x) = \frac{3x}{4x^3 - 2}$

f) $f(x) = \frac{\sqrt[3]{x}}{x^2}$

g) $f(x) = \frac{2}{e^x}$

h) $f(x) = \frac{\ln x}{x}$

i) $f(x) = \frac{1}{2x^3}$

j) $f(x) = \frac{e^x}{x}$

k) $f(x) = \frac{\ln x}{e^x}$

l) $f(x) = \frac{2x}{x^2 + 1}$

m) $f(x) = \frac{2x}{\ln x}$

n) $f(x) = \frac{x^2 - 1}{x + 1}$

14. Bei Aufgabe 11 und 13 gibt es in einigen Fällen noch andere Wege zur Bestimmung der Ableitung. Überlegen Sie sich, bei welchen Aufgabenteilen das der Fall ist, und bestimmen Sie auch auf diesem Weg die Ableitung.

15. In einigen Fällen gibt es bei Aufgabe 12 noch andere Wege zur Bestimmung der Ableitung. Überlegen Sie sich, bei welchen Aufgabenteilen das der Fall ist, und bestimmen Sie auch auf diesem Weg die Ableitung.

16. Bestimmen Sie die Gleichung der Tangente und die Gleichung der Normalen an das Schaubild der Funktion f im Berührpunkt B.

a) $f(x)=\sqrt{2x+1}$, $B(4\,|\,?)$

b) $f(x)=\sin(3x)$, $B\left(\frac{\pi}{3}\,\middle|\,?\right)$

c) $f(x)=(2x-1)\cdot\ln x$, $B(e\,|\,?)$

d) $f(x)=\frac{2x}{x+2}$, $B(2\,|\,?)$

e) $f(x)=\cos x$, $B(\pi\,|\,?)$

f) $f(x)=e^x-1$, $B(0\,|\,?)$

g) $f(x)=\ln(x+1)$, $B(0\,|\,?)$

h) $f(x)=\frac{1}{x^2}$, $B(1\,|\,?)$

17. Bestimmen Sie die Stellen des Schaubildes der Funktion f, an denen die Steigung der Tangente den Wert m hat.
Ermitteln Sie die Gleichung der Tangente.

a) $f(x)=4x+3+\frac{3}{x}$, $m=1$

b) $f(x)=\ln(2x-1)$, $m=2$

c) $f(x)=x\cdot\sqrt{x}$, $m=3$

d) $f(x)=e^{2x-1}$, $m=2e$

e) $f(x)=2x^3-1$, $m=6$

f) $f(x)=\sin(2x)$, $m=2$, $x\in[0;\pi]$

18. Differenzieren Sie die folgenden Funktionen.

a) $f(x)=(e^x)^2$

b) $f(x)=\frac{2x^2+2x-1}{x^2-1}$

c) $f(x)=\frac{1}{2}x\cdot e^{-x}$

d) $f(x)=\ln(1+3x^2)$

e) $f(x)=5\sqrt{x}\,\ln(2x)$

f) $f(x)=(a+e^{-x})^2$

g) $f(x)=x\cdot\sin\left(\frac{1}{2}x^2+2\right)$

h) $f(x)=\sqrt{ax^2-2}$

i) $f(x)=(\cos(ax))^2$

j) $f(x)=x\cdot e^{ax}$

Integrieren

Eine Funktion F ist **Stammfunktion** einer Funktion f, wenn gilt: $F'(x) = f(x)$ für alle $x \in \mathbb{D}_f$. So ist zum Beispiel die Funktion F mit $F(x) = x^3$ eine Stammfunktion der Funktion f mit $f(x) = 3x^2$, da gilt: $F'(x) = (x^3)' = 3x^2 = f(x)$. Diese Funktion ist aber nicht die einzige Stammfunktion. Da die Ableitung eines konstanten Summanden null ergibt, kann man zu jeder Stammfunktion eine beliebige Konstante addieren, ohne dass sich die Ableitung ändert. So sind auch die beiden Funktionen F_1 mit $F_1(x) = x^3 + 2{,}5$ und F_2 mit $F_2(x) = x^3 - \frac{1}{2}$ Stammfunktionen von f mit $f(x) = 3x^2$.
Diesen Zusammenhang drückt man mithilfe des sogenannten unbestimmten Integrals aus. Das unbestimmte Integral einer Funktion f ist der Ausdruck, der in Abhängigkeit von einem reellen Parameter c (der additiven Konstante) alle Stammfunktionen von f beschreibt.

Unbestimmtes Integral
Sei f eine Funktion. Das unbestimmte Integral von f ist der Ausdruck
$\int f(x)\,dx$.
Ist F eine beliebige Stammfunktion von f, so gilt für das unbestimmte Integral:
$\int f(x)\,dx = F(x) + c \quad (c \in \mathbb{R})$

1 Integrieren von Standardfunktionen

Analog zum Vorgehen beim Bestimmen der Ableitungsfunktion werden nun die Integrale der in der Kursstufe behandelten Standardfunktionen zusammengestellt. Während bei der Differenziation die Potenzregel auf alle Potenzfunktionen anwendbar war, muss bei der Integration der Fall ausgeschlossen werden, dass der Exponent $n = -1$ ist, da dann der Nenner des Bruchs $\frac{1}{n+1}$ null wäre. Für diesen Fall erhält man die Logarithmusfunktion als eine Stammfunktion.

Potenzregel $\int x^n\,dx = \frac{1}{n+1}x^{n+1} + c \quad (c \in \mathbb{R})$

- für alle $n \in \mathbb{N}$ Beispiel: $\int x^3\,dx = \frac{1}{4}x^4 + c$
- für alle $n \in \mathbb{Z} \setminus \{-1\}$ Beispiel: $\int \frac{1}{x^5}\,dx = \int x^{-5}\,dx = -\frac{1}{4}x^{-4} + c = -\frac{1}{4 \cdot x^4} + c$
- für alle $n \in \mathbb{Q} \setminus \{-1\}$ Beispiel: $\int \sqrt{x}\,dx = \int x^{\frac{1}{2}}\,dx = \frac{2}{3}x^{\frac{3}{2}} + c = \frac{2}{3}\sqrt{x^3} + c$
- Sonderfall $n = -1$: $\int \frac{1}{x}\,dx = \int x^{-1}\,dx = \ln|x| + c$

Neben den unbestimmten Integralen für Potenzfunktionen kann man auch für weitere wichtige Funktionstypen eine Stammfunktion angeben.

Trigonometrische Funktionen
- $\int \sin x \, dx = -\cos x + c \quad (c \in \mathbb{R})$
- $\int \cos x \, dx = \sin x + c \quad (c \in \mathbb{R})$
- $\int \tan x \, dx = \int \frac{\sin x}{\cos x} dx = -\ln|\cos x| + c \quad (c \in \mathbb{R})$

Exponentialfunktionen
- $\int e^x \, dx = e^x + c \quad (c \in \mathbb{R})$
- $\int a^x \, dx = \int e^{x \cdot \ln a} dx = \frac{1}{\ln a} a^x + c \quad (a > 0, a \neq 1, c \in \mathbb{R})$

2 Integrationsregeln

Der Hauptsatz der Differenzial- und Integralrechnung stellt den zentralen Zusammenhang zwischen zwei mathematischen Begriffen her, die auf den ersten Blick nur sehr wenig miteinander zu tun haben: den Zusammenhang zwischen dem Begriff der Stammfunktion und dem der Integralfunktion.

Für eine im Intervall [a; b] stetige Funktion f mit $f(x) \geq 0$ wird das **bestimmte Integral** der Funktion f,

$$\int_a^b f(x) \, dx,$$

als Flächeninhalt der Fläche unter dem Schaubild über dem Intervall [a; b] gedeutet. Ersetzt man nun die obere Grenze b durch die Funktionsvariable x, so erhält man eine neue, auf [a; b] definierte Funktion J_a mit

$$J_a(x) = \int_a^x f(t) \, dt.$$

Diese Funktion heißt **Integralfunktion** von f zur unteren Grenze a. Der Hauptsatz der Differenzial- und Integralrechnung besagt nun, dass die Integralfunktion von f zur unteren Grenze a eine Stammfunktion von f ist.

Hauptsatz der Differenzial- und Integralrechnung

Es sei f eine auf dem reellen Intervall [a; b] stetige Funktion. Dann gilt:

$$\frac{d}{dx}\left(\int_a^x f(t)\,dt\right) = f(x)$$

Sei zudem F eine beliebige Stammfunktion von f. Dann gilt:

$$\int_a^b f(x)\,dx = F(b) - F(a)$$

Beispiel

Gegeben ist die Funktion f mit $f(x) = x^3$. Bestimmen Sie die Integralfunktion $J_2(x)$ und zeigen Sie dann, dass $J_2(x)$ eine Stammfunktion von f ist.

Lösung:

$$J_2(x) = \int_2^x t^3\,dt = \frac{1}{4}t^4 \Big|_2^x = \frac{1}{4}x^4 - 4$$

$$J_2'(x) = \left(\frac{1}{4}x^4 - 4\right)' = x^3 = f(x)$$

Man erhält eine Stammfunktion von aus Standardfunktionen zusammengesetzten Funktionen mithilfe der verschiedenen Integrationsregeln. Für Summe und Differenz von zwei Funktionen f und g gibt es wie bei der Ableitung eine einfache Regel. Das Gleiche gilt, wenn ein Funktionsterm mit einer Konstanten multipliziert wird.

Summenregel

$$\int (f(x) \pm g(x))\,dx = \int f(x)\,dx \pm \int g(x)\,dx$$

Konstantenregel

$$\int c \cdot f(x)\,dx = c \cdot \int f(x)\,dx$$

Beispiele

1. $\int (x^3 + e^x)\,dx = \int x^3\,dx + \int e^x\,dx = \frac{1}{4}x^4 + c' + e^x + c'' = \frac{1}{4}x^4 + e^x + c$
   $(c, c', c'' \in \mathbb{R})$

2. $\int 5 \cdot \sin x\,dx = 5 \cdot \int \sin x\,dx = -5 \cdot \cos x + c \quad (c \in \mathbb{R})$

Aufgabe **19.** Geben Sie für die Funktion f jeweils eine Stammfunktion an.

a) $f(x)=3x^2+1-\frac{1}{x}$

b) $f(x)=\sqrt{2x^3}$

c) $f(x)=\frac{4x^2-5}{x^2}$

d) $f(x)=2(x^2-3e^x)$

e) $f(x)=2\sin x$

f) $f(x)=\frac{3}{\sqrt{x}}-\frac{5}{x^2}$

g) $f(x)=\frac{x+2}{\sqrt{x}}$

h) $f(x)=(x-1)^2$

i) $f(x)=\frac{3}{x^2}+\frac{2}{x}$

j) $f(x)=x^3+2x^2-4$

k) $f(x)=3e^x-2\sin x$

l) $f(x)=\sqrt[3]{2x}$

m) $f(x)=1-\sin x$

n) $f(x)=\frac{3}{x^2}+x^2$

o) $f(x)=\sqrt{x}-\frac{1}{x}$

p) $f(x)=\frac{4}{\sqrt[3]{x}}$

Die folgenden Integrationsregeln führen nur unter bestimmten Bedingungen zum gewünschten Erfolg.
Die **partielle Integrationsregel**, die der Produktregel bei der Differenziation entspricht, kann angewandt werden, wenn der Integrand aus einem Produkt von zwei Funktionen besteht. Hierbei wird man den Faktor gleich u(x) setzen, der bei der Bildung der Ableitung u'(x) konstant wird. Dies ist in der Regel eine ganzrationale Funktion 1. Grades. Nur dann besteht die Aussicht, das Integral auf der rechten Seite der Gleichung lösen zu können. Voraussetzung hierzu ist aber, dass man vom anderen Faktor, der v'(x) gesetzt wird, eine Stammfunktion bilden kann. Auf diese beiden Aspekte muss das Produkt untersucht werden. Ist einer der beiden Faktoren eine ganzrationale Funktion 2. Grades, so muss man die Regel zur partiellen Integration zweimal anwenden.

Partielle Integration

$$\int u(x)\cdot v'(x)\,dx = u(x)\cdot v(x) - \int u'(x)\cdot v(x)\,dx$$

Beispiel

Berechnen Sie $\int x\cdot \sin x\,dx$.

Lösung:

Setze: $u(x)=x \qquad v'(x)=\sin x$

$u'(x)=1 \qquad v(x)=-\cos x$

In die Gleichung für die partielle Integration eingesetzt ergibt sich:

$$\begin{aligned}\int x\cdot \sin x\,dx &= -x\cdot\cos x - \int 1\cdot(-\cos x)\,dx\\ &= -x\cdot\cos x + \int \cos x\,dx\\ &= -x\cdot\cos x + \sin x + c \qquad (c\in\mathbb{R})\end{aligned}$$

Aufgabe 20. Bestimmen Sie die Integrale mithilfe der partiellen Integration. In einigen Fällen gibt es noch andere Wege zur Bestimmung des Integrals. Überlegen Sie sich, bei welchen Aufgabenteilen das der Fall ist, und berechnen Sie das Integral auch auf diesem Weg.

a) $\int x \cdot e^x \, dx$

b) $\int x \cdot \sqrt{x} \, dx$

c) $\int 2x \cdot \ln x \, dx$

d) $\int e^x \cdot e^x \, dx$

e) $\int \ln(x^2) \, dx$

f) $\int 3x \cdot \cos x \, dx$

g) $\int (x^2 + 3) \ln x \, dx$

h) $\int (3x - 1)\sqrt{x} \, dx$

i) $\int x^2 \cdot e^x \, dx$

j) $\int (2x + 1) e^x \, dx$

k) $\int 2x \cdot \sin x \, dx$

l) $\int (3x - 1) \cos x \, dx$

m) $\int e^x \cdot \sin x \, dx$

n) $\int x^2 \cdot \ln x \, dx$

Die **lineare Substitutionsregel** lässt sich immer dann anwenden, wenn eine Verkettung von zwei Funktionen vorliegt, wobei die innere Funktion eine ganzrationale Funktion 1. Grades ist. Man bildet die Stammfunktion der äußeren Funktion unter Beibehaltung der inneren Funktion. Wegen der Kettenregel der Differenziation muss dieser Funktionsterm noch durch den Faktor dividiert werden, der sich bei der Differenziation der inneren Funktion ergibt.

Lineare Substitution

$\int f(a \cdot x + b) \, dx = \frac{1}{a} F(a \cdot x + b) + c,$

wobei F eine Stammfunktion der äußeren Funktion f ist und $a, b, c \in \mathbb{R}$, $a \neq 0$.

Beispiel

Berechnen Sie $\int \sqrt{3x - 4} \, dx$.

Lösung:

Die lineare Substitutionsregel kann bei Verkettung von zwei Funktionen angewandt werden, wenn die innere Funktion (hier: $3x - 4$) eine lineare Funktion ist.

Mit $v = 3x - 4$ ergibt sich für die äußere Funktion:

$f(v) = \sqrt{v}$

Berechnet werden muss nun noch:

$\int \sqrt{v} \, dv = \int v^{\frac{1}{2}} \, dv = \frac{2}{3} \cdot v^{\frac{3}{2}} + c = \frac{2}{3} \cdot \sqrt{v^3} + c \quad (c \in \mathbb{R})$

Damit ergibt sich:

$\int \sqrt{3x - 4} \, dx = \frac{1}{3} \cdot \frac{2}{3} \sqrt{(3x - 4)^3} + c = \frac{2}{9} \sqrt{(3x - 4)^3} + c \quad (c \in \mathbb{R})$

Aufgabe 21. Bestimmen Sie die Integrale mithilfe der linearen Substitutionsregel. In einigen Fällen gibt es noch andere Wege zur Bestimmung des Integrals. Überlegen Sie sich, bei welchen Aufgabenteilen das der Fall ist, und berechnen Sie das Integral auch auf diesem Weg.

a) $\int (2x-1)^2\,dx$ b) $\int e^{3x+1}\,dx$

c) $\int \cos(-x+5)\,dx$ d) $\int \frac{2}{2x-7}\,dx$

e) $\int \sqrt{\frac{1}{2}x-1}\,dx$ f) $\int \frac{1}{3x}\,dx$

g) $\int \frac{1}{\sqrt{9x}}\,dx$ h) $\int (x-2)^3\,dx$

i) $\int \sqrt{e^x}\,dx$ j) $\int \sin(3x-1)\,dx$

k) $\int \frac{1}{2x+1}\,dx$ l) $\int 2e^{4x}\,dx$

Die **logarithmische Integrationsregel** ist nur dann anwendbar, wenn der Integrand darstellbar ist als Quotient zweier Funktionen, wobei die Zählerfunktion die Ableitung der Nennerfunktion ist.

Logarithmische Integration

$$\int \frac{f'(x)}{f(x)}\,dx = \ln|f(x)| + c \quad (c \in \mathbb{R})$$

Beispiele

1. $\int \frac{2x}{x^2}\,dx = \ln|x^2| + c = \ln x^2 + c \quad (c \in \mathbb{R})$

2. $\int \frac{x^2}{x^3}\,dx = \frac{1}{3} \cdot \int \frac{3x^2}{x^3}\,dx = \frac{1}{3}\ln|x^3| + c \quad (c \in \mathbb{R})$

3. $\int \tan x\,dx = \int \frac{\sin x}{\cos x}\,dx = -\int \frac{-\sin x}{\cos x}\,dx = -\ln|\cos x| + c \quad (c \in \mathbb{R})$

Aufgabe 22. Bestimmen Sie die Integrale mithilfe der logarithmischen Integrationsregel.

a) $\int \frac{6x+5}{3x^2+5x}\,dx$ b) $\int \frac{e^x}{e^x+11}\,dx$

c) $\int \frac{\cos x+3}{7\sin x+21x+3}\,dx$ d) $\int \frac{x^2-9}{x^3-3x^2-18x}\,dx$

3 Uneigentliche Integrale

Beim bestimmten Integral hat man stets reelle Zahlen als Grenzen des Integrationsbereiches. Die obere Grenze kann man jedoch auch „ins Unendliche verschieben“.

Uneigentliche Integrale

Es sei f eine auf $\mathbb{R}$ stetige Funktion, a eine reelle Zahl und es habe f in $[a; \infty)$ keine Nullstellen. Existiert der Grenzwert

$$\lim_{z \to \infty} \int_a^z f(x)\,dx,$$

so nennt man ihn das uneigentliche Integral von f (zur Grenze a) und schreibt

$$\int_a^\infty f(x)\,dx = \lim_{z \to \infty} \int_a^z f(x)\,dx.$$

Beispiele

1. Berechnen Sie $\int_1^\infty \frac{1}{x^2}\,dx = \lim_{z \to \infty} \int_1^z \frac{1}{x^2}\,dx$.

   Lösung:
   Man berechnet zuerst das Integral:

   $$\int_1^z \frac{1}{x^2}\,dx = \int_1^z x^{-2}\,dx = -x^{-1}\Big|_1^z = -\frac{1}{x}\Big|_1^z = -\frac{1}{z}+1$$

   Anschließend bildet man den Grenzwert:

   $$\lim_{z \to \infty}\left(-\frac{1}{z}+1\right)=1$$

2. Berechnen Sie $\int_0^\infty e^{-x}\,dx$.

   Lösung:
   Man berechnet zuerst das Integral:

   $$\int_0^z e^{-x}\,dx = -e^{-x}\Big|_0^z = -e^{-z}+1$$

   Anschließend bildet man den Grenzwert:

   $$\lim_{z \to \infty}\left(-e^{-z}+1\right)=1$$

Aufgaben **23.** Berechnen Sie die folgenden uneigentlichen Integrale.

a) $\int_1^{\infty} \frac{6}{x^3}\,dx$ b) $\int_0^{\infty} e^{-2x}\,dx$

c) $\int_1^{\infty} x \cdot e^{-x}\,dx$ d) $\int_0^{\infty} (e^{-x})^2\,dx$

Vermischte Aufgaben

24. Berechnen Sie.

a) $\int e^{ax+b}\,dx$ b) $\int \left(\sqrt[3]{e^x} + \frac{1}{\sqrt{e^x}}\right)dx$

c) $\int \frac{x}{e^x}\,dx$ d) $\int \frac{1}{2x-4}\,dx$

e) $\int \frac{e^x}{e^x + a}\,dx$ f) $\int \sin(ax+b)\,dx$

g) $\int (2x+1)\sin x\,dx$ h) $\int \tan(ax+b)\,dx$

i) $\int \frac{ax^2 + bx + c}{x}\,dx$

25. Berechnen Sie.

a) $\int_1^4 \left(3x^2 - \frac{1}{x^2}\right)dx$ b) $\int_0^{\frac{\pi}{2}} \sin(2x)\,dx$

c) $\int_{-1}^{1} \frac{2}{(x+3)^2}\,dx$ d) $\int_{-5}^{1} \frac{1}{2}e^{-x+1}\,dx$

e) $\int_0^2 \frac{2e^x - 1}{e^{2x}}\,dx$ f) $\int_0^1 \frac{x}{x^2+2}\,dx$

26. Bestimmen Sie den Parameter a jeweils anhand der gegebenen Gleichung.

a) $\int_1^a \frac{4}{x^2}\,dx = 2$ b) $\int_1^3 \frac{a - 2x^2}{x^2}\,dx = 2$

c) $\int_0^1 \frac{ae^x + 1}{e^x}\,dx = 1$ d) $\int_0^{\frac{\pi}{2}} a \cdot \sin(2x)\,dx = 5$

e) $\int_1^4 \frac{a}{ax+1}\,dx = 1$ f) $\int_1^4 \left(\sqrt{x} + \frac{a}{\sqrt{x}}\right)dx = 4$

g) $\int_0^a x^2\,dx = 9$ h) $\int_0^a \sin x\,dx = 1$

4 Verwendung von Integralen zur Flächenberechnung

Eine wichtige Anwendung der Integralrechnung ist die Berechnung von Flächeninhalten. Im einfachsten Fall wird die Fläche, deren Inhalt bestimmt werden soll, begrenzt vom Schaubild einer Funktion f und der x-Achse oder vom Schaubild der Funktion, der x-Achse und den beiden Parallelen zur y-Achse $x=a$ und $x=b$. Für den letztgenannten Fall gilt:
Hat das Schaubild im Intervall [a; b] entweder keine Nullstelle oder eine Nullstelle ohne Vorzeichenwechsel, so kann der Flächeninhalt mit einer Integration der Funktion f von a bis b berechnet werden. Wenn die Fläche unterhalb der x-Achse liegt, dann liefert das Integral einen negativen Wert. Von diesem Wert muss der Betrag genommen werden, da der Flächeninhalt immer positiv ist.
Hat das Schaubild von f im Intervall [a; b] eine Nullstelle mit Vorzeichenwechsel, dann müssen die Integrale von a bis zur Nullstelle und von der Nullstelle bis b berechnet und ihre Beträge addiert werden.

Berechnung des Inhalts A der Fläche zwischen dem Schaubild der Funktion f und der x-Achse über dem Intervall [a; b]

1. Falls das Schaubild der Funktion f im Intervall [a; b] die x-Achse nicht schneidet oder nur berührt (d. h. eine Nullstelle ohne Vorzeichenwechsel hat) – wenn also die gesamte Fläche oberhalb oder unterhalb der x-Achse liegt –, gilt:

   $$\mathbf{A} = \left| \int_a^b \mathbf{f(x)dx} \right|$$

   Falls das Schaubild der Funktion f oberhalb der x-Achse liegt, ist das Integral positiv, wenn das Schaubild unterhalb der x-Achse liegt, ist das Integral negativ.

2. Falls das Schaubild der Funktion f im Intervall [a; b] die x-Achse an einer Stelle x_1 mit Vorzeichenwechsel schneidet – wenn also Flächenstücke oberhalb und unterhalb der x-Achse liegen –, gilt:

   $$\mathbf{A} = \left| \int_a^{x_1} \mathbf{f(x)dx} \right| + \left| \int_{x_1}^b \mathbf{f(x)dx} \right|$$

   Für mehrere solcher Schnittstellen x_1, x_2 und x_3 im Intervall [a; b] mit $a < x_1 < x_2 < x_3 < b$ gilt entsprechend:

   $$\mathbf{A} = \left| \int_a^{x_1} \mathbf{f(x)dx} \right| + \left| \int_{x_1}^{x_2} \mathbf{f(x)dx} \right| + \left| \int_{x_2}^{x_3} \mathbf{f(x)dx} \right| + \left| \int_{x_3}^b \mathbf{f(x)dx} \right|$$

Beispiele

1. Berechnen Sie den Inhalt A der Fläche, die vom Schaubild der Funktion f mit $f(x) = -x^2 + 9$ und der x-Achse eingeschlossen wird.

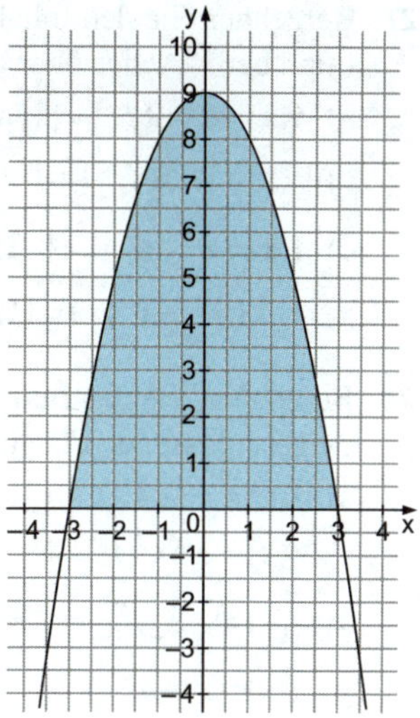

Lösung:
Die Nullstellen der Funktion f sind $x_1 = -3$ und $x_2 = +3$. Es soll also der Inhalt der in der Skizze markierten Fläche berechnet werden. Da diese Fläche oberhalb der x-Achse liegt, gilt:

$$A = \int_{-3}^{3} (-x^2 + 9)\,dx = \left(-\tfrac{1}{3}x^3 + 9x\right)\Big|_{-3}^{3}$$

$$= -9 + 27 - (9 - 27) = 36 \text{ FE}$$

2. Berechnen Sie den Inhalt der Fläche zwischen dem Schaubild der Funktion f mit $f(x) = x^2 - 4$ und der x-Achse über dem Intervall [1; 4]. Diese Fläche ist in der nebenstehenden Skizze markiert.

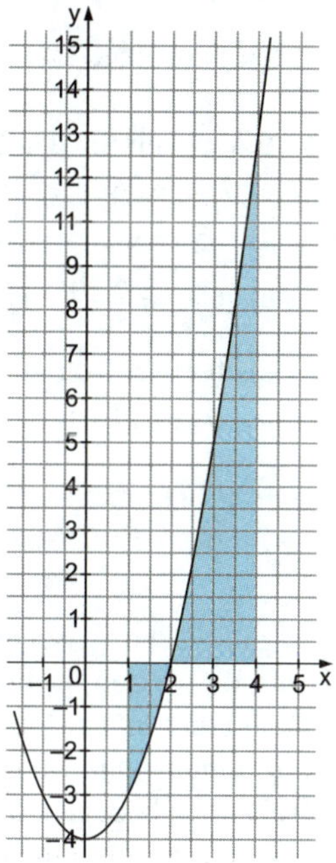

Lösung:
Die Funktion f hat im Intervall [1; 4] bei $x_1 = 2$ eine Nullstelle mit Vorzeichenwechsel. Um den Inhalt dieser Fläche zu ermitteln, müssen also zwei Integrale berechnet werden:

$$\int_{1}^{2} (x^2 - 4)\,dx = \left(\tfrac{1}{3}x^3 - 4x\right)\Big|_{1}^{2}$$

$$= \left(\tfrac{8}{3} - 8\right) - \left(\tfrac{1}{3} - 4\right) = -\tfrac{5}{3} \text{ und}$$

$$\int_{2}^{4} (x^2 - 4)\,dx = \left(\tfrac{1}{3}x^3 - 4x\right)\Big|_{2}^{4}$$

$$= \left(\tfrac{64}{3} - 16\right) - \left(\tfrac{8}{3} - 8\right) = \tfrac{32}{3}$$

Für den gesuchten Flächeninhalt ergibt sich durch Addition der Beträge:

$A = \frac{5}{3} + \frac{32}{3} = \frac{37}{3}$ FE

Aufgaben **27.** Berechnen Sie den Inhalt A der Fläche zwischen dem Schaubild der Funktion f und der x-Achse über dem Intervall $I=[a; b]$.

a) $f(x)=2x+1,\quad I=[1; 4]$
b) $f(x)=e^x,\quad I=[-3; 1]$
c) $f(x)=2\cos x,\quad I=\left[-\frac{\pi}{2}; \frac{\pi}{2}\right]$
d) $f(x)=\frac{1}{x},\quad I=[1; 5]$
e) $f(x)=x^2-4,\quad I=[-2; 2]$
f) $f(x)=\frac{1}{4}x^2+2,\quad I=[-1; 4]$
g) $f(x)=\frac{1}{x^2}+1,\quad I=[1; 5]$
h) $f(x)=\sin(2x+1),\quad I=\left[0; \frac{\pi}{2}\right]$

28. Berechnen Sie den Inhalt der vom Schaubild der Funktion f und der x-Achse eingeschlossenen Fläche.

a) $f(x)=x^2-4$
b) $f(x)=x^2-4x$
c) $f(x)=0{,}5x^2(x^2-4)$
d) $f(x)=x-4+\frac{3}{x}$
e) $f(x)=x-2\sqrt{x}$
f) $f(x)=\frac{x^2-3x+2}{x^2}$
g) $f(x)=x^3-x^2$
h) $f(x)=2\sin x,\quad x\in[0; \pi]$
i) $f(x)=x^3+3x^2$
j) $f(x)=x-3+\frac{2}{x}$
k) $f(x)=\sqrt[3]{x^2}-1$
l) $f(x)=\frac{1}{2}x^2-2$

29. Berechnen Sie den Inhalt der Fläche zwischen dem Schaubild der Funktion f und der x-Achse über dem Intervall I.

a) $f(x)=x^3,\quad I=[-2; 2]$
b) $f(x)=2\sin x,\quad I=[0; 2\pi]$
c) $f(x)=\frac{2}{x}-1,\quad I=[1; 4]$
d) $f(x)=e^x-1,\quad I=[-1; 1]$
e) $f(x)=x^2-x,\quad I=[-1; 2]$
f) $f(x)=\cos(2x),\quad I=[0; \pi]$
g) $f(x)=x^2,\quad I=[-2; 2]$
h) $f(x)=e-e^x,\quad I=[-1; 1]$
i) $f(x)=\frac{1}{x}-1,\quad I=\left[\frac{1}{2}; 2\right]$
j) $f(x)=\sin x,\quad I=[-\pi; \pi]$

Soll die Fläche zwischen dem Schaubild einer stetigen Funktion und der x-Achse bestimmt werden, wobei die Funktion aber nur eine oder gar keine Nullstelle hat, so kann dies unter Umständen durch das uneigentliche Integral gelingen. Und zwar immer dann, wenn das uneigentliche Integral dieser Funktion existiert, was anschaulich bedeutet, dass sich das Schaubild der Funktion im Unendlichen an die x-Achse „anschmiegt".
Hat die Funktion eine Nullstelle, so ist diese gleichzeitig die untere Grenze des zu berechnenden uneigentlichen Integrals; hat die Funktion keine Nullstelle, so muss man eine untere Grenze vorgeben.
In beiden Fällen trifft anschaulich die bereits oben verwendete Beschreibung zu, dass die obere Integrationsgrenze und damit in diesem Zusammenhang die obere Flächenbegrenzung „ins Unendliche verschoben" wird.

Berechnung des Inhalts A der Fläche zwischen dem Schaubild der Funktion f und der x-Achse über dem Intervall $[x_1; \infty)$

Sei f eine stetige Funktion und x_1 die einzige Nullstelle von f bzw. eine vorgegebene untere Grenze. Existiert das uneigentliche Integral von f zur Grenze x_1, so ist der Flächeninhalt A der in positiver x-Richtung zwischen dem Schaubild und der x-Achse liegenden Fläche bzw. der in positiver x-Richtung von der Geraden $x = x_1$, der x-Achse und dem Schaubild der Funktion f begrenzten Fläche gegeben als der Betrag des uneigentlichen Integrals:

$$\mathbf{A = \left| \int_{x_1}^{\infty} f(x)\,dx \right|}$$

Beispiel

Das Schaubild der Funktion f mit $f(x) = \frac{x-1}{x^3}$ und die x-Achse begrenzen im ersten Feld eine bis ins Unendliche reichende Fläche.

Untersuchen Sie, ob diese Fläche einen endlichen Flächeninhalt hat.

Lösung:

Zuerst verschafft man sich einen Überblick über den Verlauf des Schaubildes der Funktion f: Die Funktion f hat die Nullstelle $x = 1$. Für $0 < x < 1$ sind die Funktionswerte von f negativ, für $x > 1$ sind die Funktionswerte positiv.

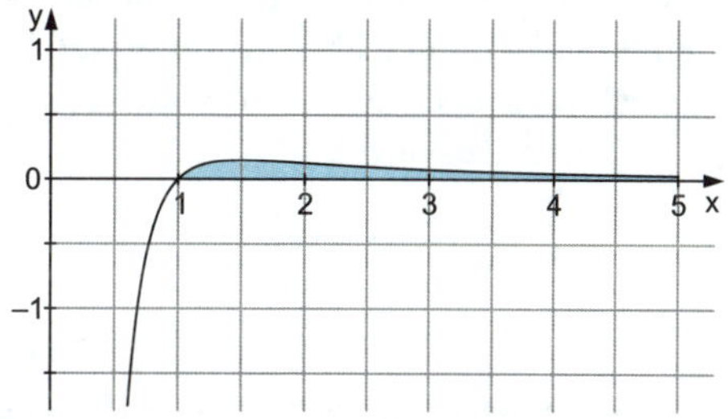

Also muss das folgende uneigentliche Integral berechnet werden:

$$\int_1^{\infty} \frac{x-1}{x^3}\,dx$$

Man berechnet zuerst:

$$\int_1^{z} \frac{x-1}{x^3}\,dx = \int_1^{z} x^{-2} - x^{-3}\,dx = \left(-x^{-1} + \tfrac{1}{2}x^{-2}\right)\Big|_1^{z} = -\tfrac{1}{z} + \frac{\frac{1}{2}}{z^2} + 1 - \tfrac{1}{2}$$

Anschließend bildet man den Grenzwert:

$$\lim_{z \to \infty}\left(-\tfrac{1}{z} + \frac{\frac{1}{2}}{z^2} + \tfrac{1}{2}\right) = \tfrac{1}{2}$$

Der Flächeninhalt ist endlich und beträgt 0,5 FE.

Aufgabe 30. a) Das Schaubild der Funktion f
mit $f(x) = 6e^{-2x}$
und die x-Achse begrenzen im ersten Feld eine bis ins Unendliche reichende Fläche.
Untersuchen Sie, ob diese Fläche einen endlichen Flächeninhalt hat.

b) Das Schaubild der Funktion f
mit $f(x) = \frac{2}{(x+1)^2}$
und die x-Achse begrenzen im ersten Feld eine bis ins Unendliche reichende Fläche.
Untersuchen Sie, ob diese Fläche einen endlichen Flächeninhalt hat.

Wenn die Fläche, deren Inhalt berechnet werden soll, von den Schaubildern zweier Funktionen f und g begrenzt wird, muss man zuerst die Schnittstellen der beiden Funktionen berechnen und anschließend von Schnittstelle zu Schnittstelle die Differenz der beiden Funktionen integrieren. Von den erhaltenen Integralen bildet man die Summe ihrer Beträge.

Berechnung des Inhalts A der Flächen zwischen den Schaubildern der Funktionen f und g über dem Intervall [a; b]

1. Falls sich innerhalb des Intervalls [a; b] kein Schnittpunkt der Funktionen f und g befindet, dann gilt:

$$A = \left| \int_a^b (f(x) - g(x))dx \right|$$

Wichtig ist hier, dass entweder $f(x) \le g(x)$ oder $f(x) \ge g(x)$ für alle $x \in [a; b]$ gilt.

2. Gibt es innerhalb des Intervalls [a; b] eine Schnittstelle x_1 der Funktionen f und g, dann gilt:

$$A = \left| \int_a^{x_1} (f(x) - g(x))dx \right| + \left| \int_{x_1}^b (f(x) - g(x))dx \right|$$

Für mehrere solcher Schnittstellen x_1, x_2 und x_3 im Intervall [a; b] mit $a < x_1 < x_2 < x_3 < b$ gilt entsprechend:

$$A = \left| \int_a^{x_1} (f(x) - g(x))dx \right| + \left| \int_{x_1}^{x_2} (f(x) - g(x))dx \right| + \left| \int_{x_2}^{x_3} (f(x) - g(x))dx \right| + \left| \int_{x_3}^{b} (f(x) - g(x))dx \right|$$

Beispiele

1. Berechnen Sie den Inhalt der Fläche, die von den Schaubildern der Funktionen f und g mit $f(x)=0{,}5\,x^2+2$ und $g(x)=x$ über dem Intervall [1; 3] begrenzt wird. In der nebenstehenden Skizze ist die entsprechende Fläche markiert.

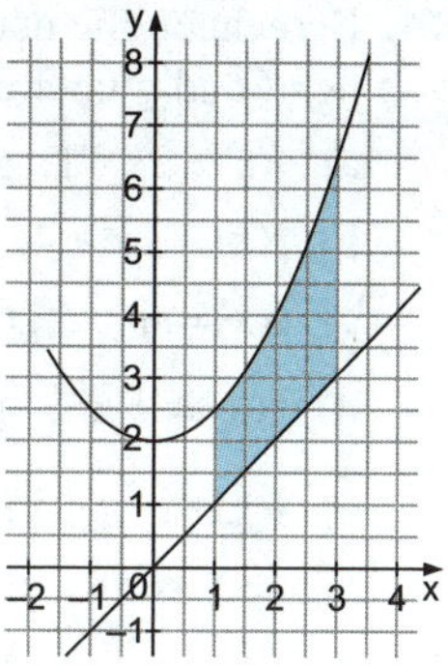

Lösung:
Im Intervall [1; 3] befindet sich keine Schnittstelle der beiden Funktionen. Also gilt:

$$A=\left|\int_1^3\left(\tfrac{1}{2}x^2+2-x\right)dx\right|$$

$$\int_1^3\left(\tfrac{1}{2}x^2+2-x\right)dx=\left(\tfrac{1}{6}x^3+2x-\tfrac{1}{2}x^2\right)\Big|_1^3=\left(\tfrac{27}{6}+6-\tfrac{9}{2}\right)-\left(\tfrac{1}{6}+2-\tfrac{1}{2}\right)=\tfrac{13}{3}$$

Also ist $A=\frac{13}{3}$.

2. Berechnen Sie den Inhalt der Fläche, die von den Schaubildern der Funktionen f und g mit $f(x)=x^2$ und $g(x)=x+2$ über dem Intervall [0; 5] begrenzt wird.

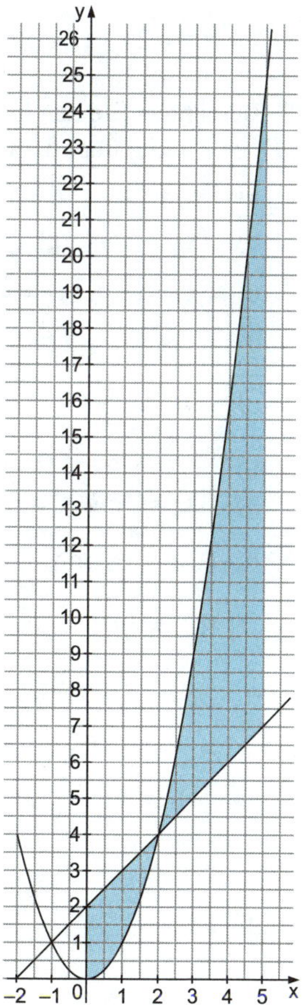

Lösung:
Die Funktionen f und g haben innerhalb des Intervalls [0; 5] eine Schnittstelle $x_1=2$.
Also gilt:

$$A=\left|\int_0^2(x^2-x-2)\,dx\right|+\left|\int_2^5(x^2-x-2)\,dx\right|$$

$$\int_0^2(x^2-x-2)\,dx=\left(\tfrac{1}{3}x^3-\tfrac{1}{2}x^2-2x\right)\Big|_0^2$$
$$=\tfrac{8}{3}-2-4-0$$
$$=-\tfrac{10}{3}$$

und

$$\int_2^5(x^2-x-2)\,dx=\left(\tfrac{1}{3}x^3-\tfrac{1}{2}x^2-2x\right)\Big|_2^5$$
$$=\left(\tfrac{125}{3}-\tfrac{25}{2}-10\right)-\left(\tfrac{8}{3}-2-4\right)$$
$$=\tfrac{45}{2}$$

Für A ergibt sich durch Addition der Beträge:
$A=\frac{10}{3}+\frac{45}{2}=\frac{155}{6}\approx 25{,}8$ FE

Aufgaben

31. Berechnen Sie den Inhalt der Fläche, die von den Schaubildern der Funktionen f und g über dem Intervall I begrenzt wird.

a) $f(x)=2x-1$, $g(x)=2x+1$; $I=[0; 2]$

b) $f(x)=-x^2+4$, $g(x)=x^2-4$, $I=[-2; 2]$

c) $f(x)=\sin x$, $g(x)=-\sin x$, $I=[0; \pi]$

d) $f(x)=\frac{1}{2}x^2$, $g(x)=x$, $I=[0; 2]$

e) $f(x)=e^x$, $g(x)=-e^x$, $I=[-2; 1]$

f) $f(x)=\sin x$, $g(x)=2\sin x$, $I=[0; \pi]$

g) $f(x)=x^3$, $g(x)=x^2$, $I=[0; 1]$

h) $f(x)=2\sin x$, $g(x)=2\cos x$, $I=\left[0; \frac{\pi}{4}\right]$

i) $f(x)=e^x$, $g(x)=-1$, $I=[0; 1]$

j) $f(x)=\frac{1}{x}$, $g(x)=x$, $I=\left[\frac{1}{2}; 1\right]$

k) $f(x)=2x-1$, $g(x)=4-x^2$, $I=[0; 1]$

32. Berechnen Sie den Inhalt der Fläche, die von den Schaubildern der Funktionen f und g über dem Intervall I begrenzt wird.

a) $f(x)=2x-1$, $g(x)=x+1$, $I=[0; 5]$

b) $f(x)=x^2-4$, $g(x)=-x^2+4$, $I=[0; 3]$

c) $f(x)=x^2$, $g(x)=\sqrt{x}$, $I=[0; 2]$

d) $f(x)=e^x$, $g(x)=-e^x+2$, $I=[-2; 1]$

e) $f(x)=-\frac{1}{x}+2$, $g(x)=\frac{1}{x^2}$, $I=\left[\frac{1}{2}; 2\right]$

f) $f(x)=x^2$, $g(x)=1$, $I=[0; 2]$

g) $f(x)=e^x$, $g(x)=1$, $I=[-1; 1]$

h) $f(x)=\frac{1}{x}$, $g(x)=1$, $I=\left[\frac{1}{2}; 2\right]$

i) $f(x)=\sin x$, $g(x)=\cos x$, $I=\left[0; \frac{\pi}{2}\right]$

j) $f(x)=x$, $g(x)=-x$, $I=[-1; 1]$

Elemente einer Funktionsuntersuchung

1 Definitionsbereich

Während der maximale Definitionsbereich ganzrationaler Funktionen immer die vollständige Menge $\mathbb{R}$ ist, müssen bei anderen Funktionstypen Einschränkungen hinsichtlich des Definitionsbereiches gemacht werden.

Gebrochenrationale Funktionen
Für die gebrochenrationale Funktion

$$f(x) = \frac{z(x)}{n(x)}$$

gehören diejenigen x-Werte nicht zum Definitionsbereich, für die der **Nenner n(x) null** wird, da der Funktionsterm für diese x-Werte nicht definiert ist. Die Funktion f hat an diesen Stellen eine Definitionslücke.

Wurzelfunktionen
Wurzeln sind nur definiert, wenn der **Radikand** (Term unter der Wurzel) **größer oder gleich null** ist. Es müssen bei Wurzelfunktionen also diejenigen x-Werte vom Definitionsbereich ausgeschlossen werden, für die der Radikand negativ wird.

Logarithmusfunktionen
Der Logarithmus ist nur für positive Argumente definiert. Daher müssen bei der Bestimmung des (maximalen) Definitionsbereiches einer Logarithmusfunktion diejenigen x-Werte ausgeschlossen werden, für die das **Argument kleiner oder gleich null** wird.

Beispiele

1. Bestimmen Sie den Definitionsbereich der Funktion f mit $f(x) = \frac{x^2}{x^2-9}$.

   Lösung:
   Die Nullstellen des Nenners müssen ausgeschlossen werden:
   $x^2-9=0 \;\Rightarrow\; x=\pm 3 \;\Rightarrow\; \mathbb{D}_f=\mathbb{R}\setminus\{\pm 3\}$

2. Bestimmen Sie den Definitionsbereich der Funktion f mit $f(x) = \sqrt{x^2-9}$.

   Lösung:
   Der Radikand der Wurzel muss größer oder gleich null sein:
   $x^2-9 \ge 0 \;\Rightarrow\; (x-3)(x+3) \ge 0$
   Ein Produkt ist dann größer gleich null, wenn entweder beide Faktoren größer gleich null sind oder beide Faktoren kleiner gleich null sind.
   Fall 1: $x-3 \ge 0$ und $x+3 \ge 0 \;\Rightarrow\; x \ge 3$ und $x \ge -3 \;\Rightarrow\; x \ge 3$
   (dann ist zugleich $x \ge -3$)
   Fall 2: $x-3 \le 0$ und $x+3 \le 0 \;\Rightarrow\; x \le 3$ und $x \le -3 \;\Rightarrow\; x \le -3$
   (dann ist zugleich $x \le 3$)
   Definitionsbereich: $\mathbb{D}_f = \{x \mid x \le -3 \vee x \ge 3\}$

3. Bestimmen Sie den Definitionsbereich der Funktion f mit $f(x)=\ln(2x-6)$.

   Lösung:

   Das Argument des Logarithmus muss größer als null sein:

   $2x-6>0 \;\Rightarrow\; 2x>6 \;\Rightarrow\; x>3$

   Definitionsbereich: $\mathbb{D}_f=\{x\,|\,x>3\}$

Aufgabe 33. Bestimmen Sie den jeweiligen Definitionsbereich der folgenden Funktionen.

a) $f(x)=\frac{e^x}{e^x-1}$

b) $f(x)=\ln(25-x^2)$

c) $f(x)=\sqrt{x^2-6x+5}$

d) $f(x)=\sqrt{e^{2x}-4}$

e) $f(x)=\frac{1}{\ln x}$

f) $f(x)=\sqrt{x^2}$

g) $f(x)=\frac{1}{\sin x}$

h) $f(x)=\sqrt{1-e^x}$

i) $f(x)=\ln(x^2)$

j) $f(x)=\frac{2}{x^2-9}$

k) $f(x)=\sqrt{x^2+1}$

l) $f(x)=\sin\frac{1}{x}$

m) $f(x)=\sqrt{e^x}$

n) $f(x)=\ln(x+4)$

2 Schnittpunkte mit den Koordinatenachsen

Für das Zeichnen von Schaubildern gegebener Funktionen sind unter anderen die Stellen von Bedeutung, an denen das Schaubild die Koordinatenachsen schneidet. Den Schnittpunkt mit der y-Achse bestimmt man, indem man f(0) berechnet, falls null zur Definitionsmenge der Funktion gehört.

Für die Berechnung der Nullstellen einer Funktion, d. h. der Schnittpunkte des Schaubildes mit der x-Achse, muss der Funktionsterm gleich null gesetzt und diese Gleichung dann gelöst werden.

Schnittpunkte mit den Koordinatenachsen

y-Achse: Berechnung von f(0) (falls $0\in\mathbb{D}_f$)

x-Achse: $f(x)=0$ setzen und nach x auflösen

Beispiel

Gegeben ist die Funktion f mit $f(x)=e-e^{-x}$. Bestimmen Sie die Schnittpunkte des Schaubildes von f mit den Koordinatenachsen.

Lösung:

y-Achse: $f(0)=e-1$

Schnittpunkt mit der y-Achse: $(0\,|\,e-1)$

x-Achse: $f(x)=0 \;\Rightarrow\; e-e^{-x}=0 \;\Rightarrow\; e^{-x}=e \;\Rightarrow\; x=-1$

Schnittpunkt mit der x-Achse: $(-1\,|\,0)$

Aufgaben

34. Bestimmen Sie die Schnittpunkte der folgenden Funktionen mit den Koordinatenachsen.

a) $f(x)=x^3+x^2-6x$
b) $f(x)=x^4-5x^2+4$
c) $f(x)=e^{2x-4}-2$
d) $f(x)=e^{x^2-3}-1$
e) $f(x)=\ln\left(x^2+\frac{3}{4}\right)$
f) $f(x)=\frac{x^2-4}{x-2}$
g) $f(x)=\ln\frac{1}{x}$
h) $f(x)=\ln(x^2+x-1)$
i) $f(x)=\ln(x^2)$
j) $f(x)=\sqrt{e^x}$
k) $f(x)=e^x-e$
l) $f(x)=\sqrt{x^2+2}$
m) $f(x)=\frac{2}{x^2-9}$
n) $f(x)=\ln(x+4)$

35. Bestimmen Sie die Schnittpunkte mit den Koordinatenachsen in Abhängigkeit vom Parameter $a\in\mathbb{R}$. Untersuchen Sie, für welche Werte des Parameters keine Lösung existiert, eine Lösung existiert oder mehrere Lösungen existieren.

a) $f(x)=x^2+4a$
b) $f(x)=x^2+x+a$
c) $f(x)=\ln(a-x^2)$
d) $f(x)=e^x-a$
e) $f(x)=e^{2x}-2ae^x+a^2$
f) $f(x)=ae^x-1$
g) $f(x)=\ln\left(\frac{a+x}{a-x}\right)$ $(a\neq 0)$
h) $f(x)=x^3-3(a+1)x$
i) $f(x)=\ln(ax^2)$ $(a\neq 0)$
j) $f(x)=\sqrt{ae^x}$ $(a\neq 0)$
k) $f(x)=ae^x-ae$ $(a\neq 0)$
l) $f(x)=\sqrt{ax^2+2}$ $(a\neq 0)$
m) $f(x)=\frac{a}{x^2-9}$ $(a\neq 0)$
n) $f(x)=\ln(x+a)$

36. Bestimmen Sie einen möglichen Funktionsterm der Funktion f, die die gegebenen Eigenschaften erfüllt:

a) ganzrationale Funktion mit den Nullstellen $x_1 = 2$, $x_2 = -1$ und $x_3 = 0$

b) e-Funktion mit der Nullstelle $x = 0$

c) e-Funktion mit den Nullstellen $x_1 = -1$ und $x_2 = 1$

d) ln-Funktion mit der Nullstelle $x = 0$

e) ln-Funktion mit den Nullstellen $x_1 = 1$ und $x_2 = 4$

f) ganzrationale Funktion mit den Nullstellen $x_1 = 0$, $x_2 = 4$ und $x_3 = -4$

g) ln-Funktion mit den Nullstellen $x_1 = 1$ und $x_2 = -1$

h) gebrochenrationale Funktion mit der Nullstelle $x = 0$

i) e-Funktion mit der Nullstelle $x = 2$

j) gebrochenrationale Funktion mit den Nullstellen $x_1 = 2$ und $x_2 = -2$

3 Extremstellen

Neben den Schnittstellen mit den Koordinatenachsen sind auch die Extremstellen, d. h. **relative Maxima und Minima**, für das Schaubild einer Funktion von Bedeutung.
Untersucht man eine Funktion auf Extremstellen, so muss man unterscheiden zwischen **notwendigen und hinreichenden Bedingungen** für das Vorliegen einer solchen Stelle.
Notwendige Bedingungen sind zwingende Voraussetzungen, d. h. liegt eine Extremstelle vor, so sind auch die notwendigen Bedingungen erfüllt, und ist umgekehrt eine notwendige Bedingung nicht erfüllt, so kann auch keine Extremstelle vorliegen. Allerdings kann daraus, dass eine notwendige Bedingung erfüllt ist, nicht auf das Vorliegen einer Extremstelle geschlossen werden.
Dies gilt jedoch für **hinreichende Bedingungen**: Wenn eine hinreichende Bedingung erfüllt ist, kann man daraus sicher schließen, dass eine Extremstelle vorliegt. Allerdings muss eine hinreichende Bedingung nicht an allen Extremstellen erfüllt sein. Falls sie also nicht erfüllt ist, kann man daraus nicht schließen, dass keine Extremstelle vorliegt.
Im Folgenden werden die notwendigen und hinreichenden Bedingungen für Extremstellen vorgestellt.

Notwendige Bedingung für lokale Extrema
Wenn eine differenzierbare Funktion f an der Stelle x_0 ein lokales Extremum (lokales Maximum oder Minimum) hat, dann gilt: $\mathbf{f'(x_0) = 0}$

Die obige Bedingung ist also an **allen** lokalen Extremstellen erfüllt. Man kann aus obiger Bedingung jedoch nicht zwingend auf das Vorliegen einer Extremstelle schließen. Es kann noch andere Stellen geben, an denen diese Bedingung auch erfüllt ist, die aber keine Extremstellen sind (siehe Beispiel 2). Umgekehrt gilt jedoch: Aus der Tatsache, dass an einer Stelle die **1. Ableitung ungleich null** ist, kann man sicher schließen, dass dort auch **keine lokale Extremstelle** (Maximum oder Minimum) vorliegt.

Beispiele

1. Die Funktion f mit $f(x) = x^2 - 4x + 7$ hat an der Stelle $x_0 = 2$ ein lokales Minimum, es muss also $f'(2) = 0$ gelten.
   $f(x) = x^2 - 4x + 7 \;\Rightarrow\; f'(x) = 2x - 4 \;\Rightarrow\; f'(2) = 0$
   (Die obige Bedingung ist an dieser Stelle erfüllt.)
2. Die Funktion f mit $f(x) = x^3 - 6x^2 + 12x - 11$ hat an der Stelle $x_0 = 2$ **kein** lokales Extremum, obwohl gilt:
   $f(x) = x^3 - 6x^2 + 12x - 11 \;\Rightarrow\; f'(x) = 3x^2 - 12x + 12 \;\Rightarrow\; f'(2) = 0$
   (Die notwendige Bedingung ist also an dieser Stelle erfüllt.)

Um sicher auf das Vorliegen einer Extremstelle schließen zu können, muss eine der folgenden hinreichenden Bedingungen überprüft werden.

Erste hinreichende Bedingung für ein lokales Extremum
- Wenn eine Funktion f an der Stelle x_0 zweimal differenzierbar ist und wenn $\mathbf{f'(x_0) = 0}$ **und** $\mathbf{f''(x_0) < 0}$, dann hat die Funktion f **an der Stelle x_0 ein lokales Maximum**.
- Wenn eine Funktion f an der Stelle x_0 zweimal differenzierbar ist und wenn $\mathbf{f'(x_0) = 0}$ **und** $\mathbf{f''(x_0) > 0}$ gelten, dann hat die Funktion f **an der Stelle x_0 ein lokales Minimum**.

Zuerst werden also die Nullstellen der 1. Ableitung bestimmt. Dann werden die so bestimmten Stellen in die 2. Ableitung eingesetzt. Wenn die 2. Ableitung an der jeweiligen Stelle kleiner als null ist, dann liegt ein lokales Maximum vor. Ist die 2. Ableitung an dieser Stelle größer als null, so liegt ein lokales Minimum vor. Falls die 2. Ableitung an dieser Stelle gleich null ist, kann keine eindeutige Aussage getroffen werden. Es kann ein lokales Maximum, ein lokales Minimum oder ein Sattelpunkt (siehe Seite 50) vorliegen.

Beispiele

1. Zeigen Sie, dass die Funktion f mit $f(x) = x + \frac{1}{x}$ an der Stelle $x = -1$ ein lokales Maximum hat.

   Lösung:

   $f'(x) = 1 - \frac{1}{x^2}$ und $f'(x) = 0 \Rightarrow 1 - \frac{1}{x^2} = 0 \Rightarrow x^2 = 1 \Rightarrow x = \pm 1$

   $f''(-1) = -2 < 0$

   Also liegt an der Stelle $x = -1$ ein lokales Maximum vor.

   $f(-1) = -2$

   Der Punkt $(-1 \mid -2)$ ist also ein Hochpunkt des Schaubildes. An der Stelle $x = 1$ ergibt sich bei entsprechender Untersuchung ein lokales Minimum.

2. Zeigen Sie, dass die Funktion f mit $f(x) = x \cdot e^x$ an der Stelle $x = -1$ ein lokales Minimum hat.

   Lösung:

   $f'(x) = e^x + x \cdot e^x$ und $f''(x) = 2e^x + x \cdot e^x$ (Produktregel)

   $f'(x) = 0 \Rightarrow e^x(1 + x) = 0 \Rightarrow 1 + x = 0$ (da $e^x \neq 0$) $\Rightarrow x = -1$

   $f''(-1) = 2e^{-1} + (-1)e^{-1} = \frac{2}{e} - \frac{1}{e} = \frac{1}{e} > 0$

   Also liegt an der Stelle $x = -1$ ein lokales Minimum vor.

   $f(-1) = -e^{-1}$

   Der Punkt $\left(-1 \middle| -\frac{1}{e}\right)$ ist also ein Tiefpunkt des Schaubildes.

Eine zweite Möglichkeit, auf das Vorliegen eines lokalen Extremums zu schließen, besteht darin, wie im ersten Fall zuerst die Nullstellen der 1. Ableitung zu bestimmen und dann zu untersuchen, ob und wie die 1. Ableitung ihr Vorzeichen an den Nullstellen ändert.

Ändert die 1. Ableitung ihr Vorzeichen an einer Nullstelle x_0 von vorher positiven Funktionswerten zu negativen Funktionswerten, so liegt ein lokales Maximum vor, ändert sie ihr Vorzeichen von vorher negativen zu positiven Funktionswerten, so liegt ein lokales Minimum vor. Es muss also untersucht werden, ob das Schaubild der 1. Ableitung die x-Achse an der Stelle x_0 wirklich „von oben nach unten" bzw. „von unten nach oben" schneidet und nicht nur berührt. Eine Möglichkeit hierzu besteht darin, zuerst einen Wert x_1 in die 1. Ableitung einzusetzen, der in der Umgebung von x_0 liegt, aber kleiner als x_0 ist. Dann muss gelten: $f'(x_1) > 0$ bzw. $f'(x_1) < 0$. Entsprechend sucht man sich einen Wert x_2 in der Umgebung von x_0, der größer als x_0 ist. Für diesen Wert muss gelten: $f'(x_2) < 0$ bzw. $f'(x_2) > 0$. In vielen Fällen (so auch im folgenden Beispiel) bietet sich auch die Möglichkeit, allgemein zu schließen:

$f'(x) > 0$ für $x < x_0$ und $f'(x) < 0$ für $x > x_0$

bzw. $f'(x) < 0$ für $x < x_0$ und $f'(x) > 0$ für $x > x_0$

Zweite hinreichende Bedingung für ein lokales Extremum

- Ist eine Funktion f an der Stelle x_0 differenzierbar, ist $\mathbf{f'(x_0)=0}$ und hat die Ableitung f' an der Stelle x_0 einen **Vorzeichenwechsel von positiven zu negativen Werten,** dann hat die Funktion f **an der Stelle x_0 ein lokales Maximum**.
- Ist eine Funktion f an der Stelle x_0 differenzierbar, ist $\mathbf{f'(x_0)=0}$ und hat die Ableitung f' an der Stelle x_0 einen **Vorzeichenwechsel von negativen zu positiven Werten**, dann hat die Funktion f **an der Stelle x_0 ein lokales Minimum**.

Beispiele

1. Zeigen Sie, dass die Funktion f mit $f(x)=\frac{1}{x^2+1}$ an der Stelle $x=0$ ein lokales Maximum hat.

   Lösung:

   $f'(x)=-\frac{2x}{(x^2+1)^2}$

   $f'(x)=0 \;\Rightarrow\; -\frac{2x}{(x^2+1)^2}=0 \;\Rightarrow\; 2x=0 \;\Rightarrow\; x=0$

   Nun muss das Vorzeichen der Funktionswerte der 1. Ableitung in der Umgebung der Stelle $x=0$ bestimmt werden. Dies erreicht man, indem man in die 1. Ableitung einen Wert x_1 einsetzt, der etwas kleiner ist als 0 (etwa $x_1=-0{,}1$), und einen Funktionswert x_2, der etwas größer ist als 0 (etwa $x_2=+0{,}1$). Hier ergibt sich: $f'(-0{,}1)\approx 0{,}2>0$ und $f'(+0{,}1)\approx -0{,}2<0$.
   Es liegt also ein Vorzeichenwechsel der 1. Ableitung von positiven zu negativen Werten und damit ein lokales Maximum vor.

   Zum gleichen Ergebnis gelangt man auch durch etwas allgemeinere Überlegungen: Setzt man in die 1. Ableitung negative Werte für x ein, so ist der Nenner des Bruchs immer positiv (wegen des Quadrats) und der Zähler immer negativ. Also ist der ganze Bruch negativ. Da der Bruch noch mit dem Faktor –1 multipliziert wird, ist der Wert der 1. Ableitung immer positiv. Entsprechend ergibt sich, dass die 1. Ableitung für positive Werte für x immer kleiner als null ist. Auch angesichts dieser Überlegung ergibt sich ein Vorzeichenwechsel der 1. Ableitung von + nach –. An der Stelle $x=0$ hat die Funktion f also ein lokales Maximum.

2. Zeigen Sie, dass die Funktion f mit $f(x)=x\cdot e^x$ an der Stelle $x=-1$ ein lokales Minimum hat.

   Lösung:

   $f'(x)=e^x+x\cdot e^x=e^x(1+x)$

   $f'(x)=0 \;\Rightarrow\; e^x(1+x)=0 \;\Rightarrow\; 1+x=0 \;(\text{da } e^x\neq 0) \;\Rightarrow\; x=-1$

   Statt nun wie in Beispiel 2 auf der vorhergehenden Seite auf die zweite Ableitungsfunktion zurückzugreifen, stellt man folgende Überlegung an:
   Für $x<-1$ ist $1+x<0$ und damit $e^x(1+x)<0$, da $e^x>0$ für alle x gilt.
   Also ist $f'(x)<0$ für $x<-1$.

Für $x>-1$ ist $1+x>0$ und damit auch $e^x(1+x)>0$.
Also ist $f'(x)>0$ für $x>-1$.

$f'(x)$ hat folglich an der Stelle $x=-1$ einen Vorzeichenwechsel von negativen zu positiven Werten. Also liegt an der Stelle $x=-1$ ein lokales Minimum vor.
$f(-1)=-e^{-1}$
Der Punkt $\left(-1\middle|-\frac{1}{e}\right)$ ist also ein Tiefpunkt des Schaubildes.

Der Vorteil des zweiten Verfahrens besteht darin, dass auf die Bildung der zweiten Ableitung verzichtet werden kann.

Aufgaben

37. Bestimmen Sie die lokalen Extremwerte der Funktion f.

a) $f(x)=\frac{1}{4}x^4-\frac{1}{2}x^3-\frac{1}{2}x^2$ b) $f(x)=\sqrt{x}-\frac{1}{4}x$
c) $f(x)=4x^2-\frac{1}{x}$ d) $f(x)=\ln(x^2+1)$
e) $f(x)=-e^{x^2}$ f) $f(x)=\frac{x}{x^2+1}$
g) $f(x)=\frac{1}{\cos x}$, $x\in[0;2\pi]$ h) $f(x)=\sqrt{\sin x}$, $x\in(0;\pi)$
i) $f(x)=\ln(x^2+4)$ j) $f(x)=2x^3-6x$
k) $f(x)=\sqrt{e^x}$ l) $f(x)=\ln(x+1)$
m) $f(x)=e^{2x^2-3}$ n) $f(x)=x^2-9$
o) $f(x)=\sqrt{x^2+1}$ p) $f(x)=x\cdot e^x$
q) $f(x)=\sin^2 x$, $x\in[0;\pi]$ r) $f(x)=e^x\cdot\sin x$, $x\in(0;\pi)$

38. Bestimmen Sie die lokalen Extremwerte der Funktion f.

a) $f(x)=2x^3+3x^2-36x+6$ b) $f(x)=e^x-2x$
c) $f(x)=e^x-0{,}5e^{2x}$ d) $f(x)=\sin^2 x$, $x\in[0;\pi]$
e) $f(x)=e^{\sin x}$, $x\in[0;2\pi]$ f) $f_a(x)=-ax^3+3a^2x^2$ $(a\in\mathbb{R}^+)$
g) $f_a(x)=e^x-ax$ $(a\in\mathbb{R}^+)$ h) $f_a(x)=e^{2x}-2ae^x+a^2$ $(a\in\mathbb{R}^+)$
i) $f(x)=e^{ax}-x$ $(a\in\mathbb{R}^+)$ j) $f(x)=ax^2-1$ $(a\in\mathbb{R}^+)$
k) $f(x)=\ln(ax^2)$ $(a\in\mathbb{R}^+)$ l) $f(x)=\frac{1}{ax^2}$ $(a\in\mathbb{R}^+)$
m) $f(x)=x^3-3ax$ $(a\in\mathbb{R}^+)$ n) $f(x)=\sin(x^2)$, $x\in(0;\pi)$
o) $f(x)=e^{ax}$ $(a\in\mathbb{R}^+)$ p) $f(x)=ax\cdot e^x$ $(a\in\mathbb{R}^+)$

4 Monotonie

Um sich einen Überblick über den Verlauf des Schaubildes einer Funktion zu verschaffen, ist es oft nützlich zu wissen, in welchem Bereich die Funktionswerte bei wachsenden x-Werten größer und in welchem Bereich sie kleiner werden. Wenn in einem Intervall gilt, dass je größer ein x-Wert ist, umso größer auch der zugehörige Funktionswert ist, so heißt die Funktion in diesem Intervall **streng monoton zunehmend**.
Wenn in einem Intervall gilt, dass je größer ein x-Wert ist, umso kleiner der zugehörige Funktionswert ist, so heißt die Funktion in diesem Intervall **streng monoton abnehmend**.

Definition

- Eine Funktion f ist in einem Intervall I **streng monoton zunehmend**, wenn für alle $x_1, x_2 \in I$ gilt:
  Aus $x_1 < x_2$ folgt $f(x_1) < f(x_2)$.
- Eine Funktion f ist in einem Intervall I **streng monoton abnehmend**, wenn für alle $x_1, x_2 \in I$ gilt:
  Aus $x_1 < x_2$ folgt $f(x_1) > f(x_2)$.

Bei vielen Funktionen ist der Nachweis der Monotonie mithilfe der obigen Definition sehr schwierig. Der folgende Monotoniesatz liefert eine wesentliche Hilfe bei der Bestimmung der Intervalle, in denen eine Funktion streng monoton zunehmend oder abnehmend ist.

Monotoniesatz
Eine Funktion f sei auf einem Intervall I differenzierbar.

- Wenn für alle $x \in I$ gilt: $f'(x) > 0$, dann ist **f streng monoton zunehmend**.
- Wenn für alle $x \in I$ gilt: $f'(x) < 0$, dann ist **f streng monoton abnehmend**.

Um das Monotonieverhalten einer Funktion zu ermitteln, bestimmt man zuerst die Nullstellen und Pole $x_1, x_2, x_3, \ldots$ der 1. Ableitung und untersucht dann die durch diese Stellen begrenzten Intervalle.

Beispiel

Ermitteln Sie das Monotonieverhalten der Funktion f mit $f(x) = \frac{1}{3}x^3 - 9x + 1$.

Lösung:

$f'(x) = x^2 - 9 > 0 \quad \Rightarrow \quad (x-3)(x+3) > 0$

Entweder müssen beide Faktoren größer als null sein oder beide Faktoren müssen kleiner als null sein.

1. Fall: $x-3>0$ und $x+3>0 \Rightarrow x>3$ und $x>-3 \Rightarrow x>3$
2. Fall: $x-3<0$ und $x+3<0 \Rightarrow x<3$ und $x<-3 \Rightarrow x<-3$
In den Intervallen $I_1=(-\infty; -3]$ und $I_2=[3; +\infty)$ ist die Funktion streng monoton zunehmend.

$f'(x)=x^2-9<0 \Rightarrow (x-3)(x+3)<0$
Ein Faktor muss größer als null sein und der andere muss kleiner als null sein.
1. Fall: $x-3>0$ und $x+3<0 \Rightarrow x>3$ und $x<-3 \Rightarrow$ Widerspruch!
2. Fall: $x-3<0$ und $x+3>0 \Rightarrow x<3$ und $x>-3 \Rightarrow -3<x<3$
Im Intervall $I=[-3; +3]$ ist die Funktion streng monoton abnehmend.

Aufgabe 39. Untersuchen Sie das Monotonieverhalten der folgenden Funktionen auf ihrem jeweiligen Definitionsbereich.

a) $f(x)=x^3-12x+3$
b) $f(x)=\ln(x^2)$
c) $f(x)=\frac{1}{4}x^4+\frac{1}{3}x^3-3x^2+5$
d) $f(x)=\frac{1}{x}$
e) $f(x)=2\sin x, \quad x\in[0; 2\pi]$
f) $f(x)=e^{-x^2}$
g) $f(x)=\ln(e^x)$
h) $f(x)=2x+1$
i) $f(x)=x^2-4x$
j) $f(x)=x\cdot e^x$
k) $f(x)=x^3+x$
l) $f(x)=\sin x, \quad x\in[0; \pi]$
m) $f(x)=x\cdot\ln x$
n) $f(x)=\sqrt{x^2+1}$
o) $f(x)=\frac{1}{x^2}$

5 Wendestellen

Neben den Schnittstellen mit den Koordinatenachsen und den Extremstellen haben die Wendestellen eine wesentliche Bedeutung bei der Analyse eines Schaubildes. **Wendestellen** sind die Stellen eines Schaubildes, an denen sich der **Krümmungssinn der Kurve ändert**, d. h. an denen eine Linkskurve in eine Rechtskurve übergeht oder umgekehrt.
Bei einer zweimal differenzierbaren Funktion f liegt in einem Intervall I eine Linkskurve vor, wenn f'(x) in diesem Intervall streng monoton zunehmend ist. Entsprechend muss dann in diesem Intervall $f''(x)>0$ sein. Eine Rechtskurve liegt in einem Intervall I vor, wenn f'(x) in diesem Intervall streng monoton abnehmend ist. Dann muss in diesem Intervall $f''(x)<0$ sein. Für die Wendestelle ergibt sich als notwendige Bedingung, dass f''(x) gleich null sein muss.

Notwendige Bedingung für Wendestellen
Wenn eine zweimal differenzierbare Funktion f an der Stelle x_0 eine Wendestelle hat, dann gilt: $\mathbf{f''(x_0)=0}$

Die obige Bedingung ist an allen Wendestellen erfüllt. Wie bei der notwendigen Bedingung für Extremstellen gilt aber auch hier, dass es auch weitere Stellen geben kann, an denen diese Bedingung erfüllt ist, die aber keine Wendestellen sind (siehe folgendes Beispiel).
Umgekehrt kann aber eine Stelle, an der die **2. Ableitung ungleich null** ist, **keine Wendestelle** sein.

Beispiel

Die Funktion f mit $f(x)=x^4$ hat an der Stelle $x=0$ keine Wendestelle (sondern ein lokales Minimum), obwohl gilt:

$$f(x)=x^4 \;\Rightarrow\; f'(x)=4x^3 \;\Rightarrow\; f''(x)=12x^2 \;\Rightarrow\; f''(0)=0$$

Um die Wendestellen einer Funktion bestimmen zu können, muss man eine hinreichende Bedingung für das Vorliegen einer Wendestelle kennen.

Erste hinreichende Bedingung für Wendestellen
Ist eine Funktion f an der Stelle x_0 dreimal differenzierbar und gilt $\mathbf{f''(x_0)=0}$ **und** $\mathbf{f'''(x_0)\neq 0}$, dann hat die Funktion f an der Stelle x_0 eine Wendestelle.

Man geht also ähnlich vor wie beim Bestimmen der Extrema: Zuerst werden die Nullstellen der 2. Ableitung bestimmt und diese Stellen werden anschließend in die 3. Ableitung eingesetzt. Ist der Funktionswert der 3. Ableitung an dieser Stelle ungleich null, so liegt mit Sicherheit eine Wendestelle vor. Falls der Wert der 3. Ableitung gleich null ist, so ist keine Aussage möglich: Es kann eine Wendestelle oder auch eine andere Stelle (Extremstelle) vorliegen.
Wenn an einer Wendestelle x_0 **die 1. und die 2. Ableitung null sind**, so heißt der Punkt $(x_0 \mid f(x_0))$ **Sattelpunkt** oder **Terrassenpunkt**.

Beispiele

1. Zeigen Sie, dass die Funktion f mit $f(x)=5x^4-2x^3+3x$ an den Stellen $x=0$ und $x=0{,}2$ Wendestellen hat.

   Lösung:

   $f'(x)=20x^3-6x^2+3;\; f''(x)=60x^2-12x;\; f'''(x)=120x-12$

   $f''(x)=0 \;\Rightarrow\; 60x^2-12x=0 \;\Rightarrow\; x(5x-1)=0 \;\Rightarrow\; x=0 \lor x=0{,}2$

   $f'''(0)=-12\neq 0$ und $f'''(0{,}2)=12\neq 0$

   Für beide Stellen ist die hinreichende Bedingung erfüllt.

   $f(0)=0 \;\Rightarrow\;$ 1. Wendepunkt $(0\mid 0)$

   $f(0{,}2)=0{,}592 \;\Rightarrow\;$ 2. Wendepunkt $(0{,}2\mid 0{,}592)$

2. Zeigen Sie, dass die Funktion f mit $f(x)=x^3$ an der Stelle $x=0$ eine Wendestelle hat.

   Lösung:
   $f'(x) = 3x^2$ und $f''(x) = 6x$
   Für $x=0$ ist $f''(x) = 0$.

   Die für Wendestellen notwendige Bedingung ist erfüllt. Der Punkt $(0|0)$ ist (wegen $f'''(0) = 6 \neq 0$) ein Wendepunkt. Da außerdem $f'(0) = 0$ ist, d. h. ein Wendepunkt mit horizontaler Tangente vorliegt, ist der Punkt $(0|0)$ ein Sattelpunkt.

Ähnlich wie bei der Bestimmung der lokalen Extremstellen kann auch bei der Bestimmung der Wendestellen auf die Bildung der 3. Ableitung verzichtet werden, indem man nach der Berechnung der Nullstellen der 2. Ableitung untersucht, ob an diesen Stellen ein Vorzeichenwechsel der 2. Ableitung vorliegt. Wenn dies der Fall ist, dann liegt mit Sicherheit eine Wendestelle vor.

Zweite hinreichende Bedingung für Wendestellen
Ist eine Funktion f an der Stelle x_0 zweimal differenzierbar, ist $\mathbf{f''(x_0)=0}$ und hat die Funktion **f'' an der Stelle x_0 einen Vorzeichenwechsel**, dann hat die Funktion f an der Stelle x_0 eine Wendestelle.

Beispiel

Zeigen Sie, dass die Funktion f mit $f(x)=x \cdot e^x$ an der Stelle $x=-2$ eine Wendestelle hat.

Lösung:
$f'(x)=e^x+x \cdot e^x$ und $f''(x)=2e^x+x \cdot e^x=e^x(2+x)$
$f''(x)=0 \;\Rightarrow\; 2+x=0$ (da $e^x \neq 0$ für alle x) $\;\Rightarrow\; x=-2$

Statt nun wie oben auf die dritte Ableitungsfunktion zurückzugreifen, stellt man folgende Überlegung an:
Für $x<-2$ ist $2+x<0$ und damit $e^x(2+x)<0$, da $e^x>0$ für alle x gilt.
Also ist $f''(x)<0$ für $x<-2$.

Für $x>-2$ ist $2+x>0$ und damit auch $e^x(2+x)>0$.
Also ist $f''(x)>0$ für $x>-2$.

$f''(x)$ hat also an der Stelle $x=-2$ einen Vorzeichenwechsel von negativen zu positiven Werten. Also liegt an der Stelle $x=-2$ eine Wendestelle vor:
$f(-2)=-2e^{-2} \;\Rightarrow\;$ Wendepunkt $(-2|-2e^{-2})$

Alternativ kann man auch statt dieser allgemeinen Überlegung zwei Werte (etwa –2,1 und –1,9) in die zweite Ableitungsfunktion einsetzen, um nachzuweisen, dass ein Vorzeichenwechsel vorliegt:
$f''(-2{,}1)=-0{,}012<0$ und $f''(-1{,}9)=0{,}015>0$

Aufgaben **40.** Bestimmen Sie die Wendestellen des Schaubildes der Funktion f.

a) $f(x)=\frac{1}{6}x^4-16x^2+9$
b) $f(x)=e^{-\frac{1}{2}x^2}$
c) $f(x)=x^2\cdot\ln x$
d) $f(x)=2x^3-\frac{6}{x}$
e) $f(x)=x^3+2x^2$
f) $f(x)=x\cdot e^{x^2}$
g) $f(x)=\frac{1}{x}$
h) $f(x)=x^3+x$
i) $f(x)=x\cdot\ln x$
j) $f(x)=2\sin x,\quad x\in[0;\pi]$

Vermischte Aufgaben

41. a) Zeigen Sie, dass das Schaubild der Funktion f mit $f(x)=\frac{1}{2}x\cdot e^{-x}$ an der Stelle $x=1$ einen Hochpunkt hat.

b) Untersuchen Sie, ob das Schaubild der Funktion f mit $f(x)=x^4+4x^3+6x^2+4x$ an der Stelle $x=-1$ einen Tiefpunkt hat.

c) Begründen Sie den folgenden Satz:
„Eine ganzrationale Funktion 6. Grades hat höchstens 5 Extremstellen."
Versuchen Sie anschließend, den Satz zu verallgemeinern.

d) Begründen Sie den folgenden Satz:
„Eine ganzrationale Funktion 6. Grades hat höchstens 4 Wendestellen."
Versuchen Sie anschließend, den Satz zu verallgemeinern.

e) Zeigen Sie: Die Funktionenschar f_n $(n\in\mathbb{N})$ mit $f_n(x)=\frac{1}{x^n}$ hat keine Extremstellen.

f) Zeigen Sie: Die Funktionenschar f_n $(n\in\mathbb{N})$ mit $f_n(x)=\frac{1}{x^n}$ hat keine Wendestellen.

g) Zeigen Sie: Eine gerade (ganzrationale) Funktion 4. Grades hat entweder eine oder drei Extremstellen.

h) Zeigen Sie: Eine ungerade (ganzrationale) Funktion 5. Grades hat entweder eine oder drei Wendestellen.

42. a) Gegeben ist die Funktion f mit $f(x)=-\frac{1}{18}x^3+\frac{1}{2}x^2$. Bestimmen Sie die Gleichung der Wendetangente.

b) Das Schaubild der Funktion f mit $f(x)=x^3+\frac{3}{2}x^2-18x+2$ hat einen Hoch- und einen Tiefpunkt. Bestimmen Sie den Abstand der beiden Tangenten in diesen Punkten.

c) Gegeben ist die Funktion f mit
$f(x)=\frac{5}{x+1}$.
Die Tangenten an das Schaubild in den Punkten $P_1(x_1\,|\,f(x_1))$ und $P_2(x_2\,|\,f(x_2))$ sind parallel. Untersuchen Sie, welche Bedingung dann für x_1 und x_2 gelten muss.

d) An das Schaubild von f mit
$f(x) = \frac{1}{2}x - \frac{1}{x}$
wird im Punkt $P(1\,|\,f(1))$ die Tangente gelegt. Geben Sie eine Gleichung dieser Tangente an.

e) Gegeben ist die Funktion f mit $f(x) = \frac{4}{x^2} + 1$. Untersuchen Sie, welche Bedingung für x_1 und x_2 gelten muss, wenn sich die Tangenten an das Schaubild in den Punkten $P_1(x_1\,|\,f(x_1))$ und $P_2(x_2\,|\,f(x_2))$ senkrecht schneiden.

f) Begründen Sie, warum die Funktion f mit $f(x) = x^2 + \cos x$ an der Stelle $x = \frac{\pi}{2}$ keine Extremstelle besitzt.

g) Begründen Sie, warum die Funktion f mit $f(x) = x^2 + 4\cos x$ zwischen den Stellen $x_1 = \frac{\pi}{2}$ und $x_2 = 2$ eine Extremstelle besitzt.

43. a) Gegeben ist die Funktionenschar f_t mit $f_t(x) = tx^2 + x - \frac{2}{t}$ $(t \neq 0)$ und den Schaubildern K_t. Bestimmen Sie t so, dass $x = 1$ eine Extremstelle ist. Um welche Art von Extremstelle handelt es sich?

b) Gegeben ist die Funktionenschar f_t mit $f_t(x) = x \cdot e^{-tx}$ $(t > 0)$ und den Schaubildern K_t. Bestimmen Sie die Kurve C, die von den Extrempunkten der Kurve K_t gebildet wird.

c) Gegeben ist die Funktionenschar f_t mit $f_t(x) = e^x(e^x - t)$ $(t > 0)$ und den Schaubildern K_t. Auf welcher Kurve liegen alle Extrempunkte?

d) Gegeben ist die Funktionenschar f_t mit $f_t(x) = e - e^{tx}$ und den Schaubildern K_t. Zeigen Sie, dass sich alle Schaubilder in einem Punkt schneiden.

e) Gegeben ist die Funktionenschar f_t mit $f_t(x) = x^2 - 2tx$. Bestimmen Sie die Ortskurve aller Extrempunkte.

f) Gegeben ist die Funktionenschar f_t mit $f_t(x) = e^x - tx$. Bestimmen Sie die Ortskurve aller Extrempunkte.

6 Absolute Extremstellen

Wenn eine Funktion nur auf einem Intervall [a; b] definiert ist, kann untersucht werden, an welchen Stellen die größten Funktionswerte angenommen werden. Neben den relativen Extremstellen muss man dabei auch die Randwerte beachten.

Bestimmung absoluter Extrema
Will man die **absoluten Extrema einer Funktion f auf einem Intervall [a; b]** bestimmen, so muss man zuerst die **relativen Extrema** bestimmen und diese Funktionswerte mit den **Funktionswerten an den Randstellen** vergleichen.

Beispiele

1. Bestimmen Sie die absoluten Extrema der Funktion f mit
$f(x)=\frac{1}{8}x^4-\frac{4}{3}x^3+\frac{19}{4}x^2-6x+2, \quad x\in[0;\,3{,}5]$.

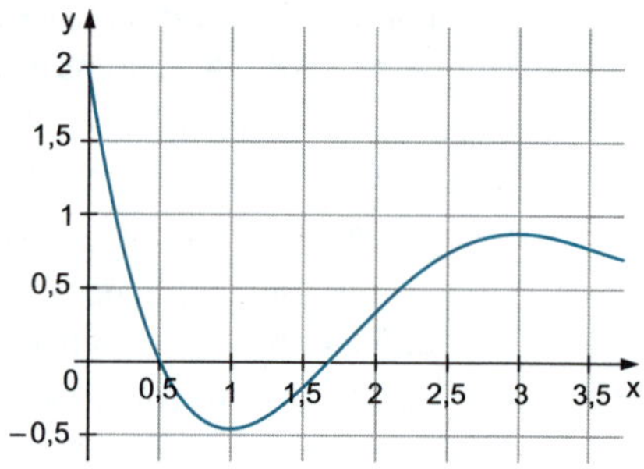

Im Intervall [0; 3,5] ergibt sich ein relatives Maximum bei $x=3$ mit $f(3)=0{,}875$ und ein relatives Minimum bei $x=1$ mit $f(1)\approx-0{,}458$.

Für die Randwerte ergibt sich: $f(0)=2$ und $f(3{,}5)\approx0{,}779$

Im Intervall [0; 3,5] nimmt die Funktion also an der Randstelle $x=0$ den größten Funktionswert an. Dieser Punkt ist also das absolute Maximum.

An der Stelle $x=1$ wird für dieses Intervall der kleinste Funktionswert angenommen. Dieser Punkt ist also das absolute Minimum.

2. Bestimmen Sie die absoluten Extrema der Funktion f mit
$f(x)=\frac{1}{8}x^4-\frac{4}{3}x^3+\frac{19}{4}x^2-6x+2, \quad x\in[2{,}5;\,4{,}2]$.

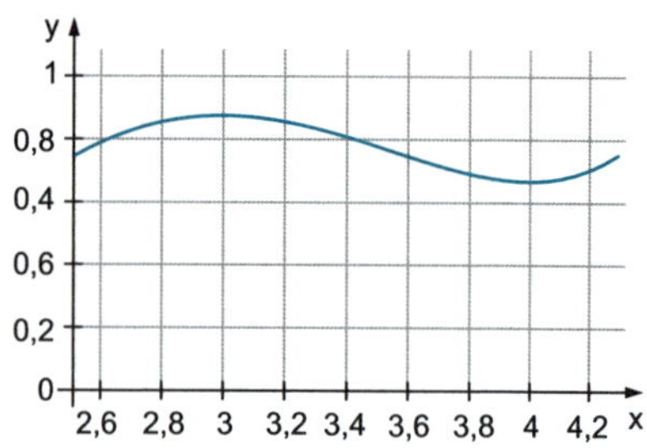

In diesem Intervall ergibt sich ein relatives Maximum bei $x=3$ mit $f(3)=0{,}875$ und ein relatives Minimum bei $x=4$ mit $f(4)\approx0{,}667$.

Für die Randwerte ergibt sich: $f(2{,}5)\approx0{,}737$ und $f(4{,}2)=0{,}7022$

Damit ist in diesem Intervall das relative Maximum auch das absolute Maximum und das relative Minimum auch das absolute Minimum.

Aufgabe **44.** Bestimmen Sie die absoluten Extrema der folgenden Funktionen.

a) $f(x) = x^2, \quad x \in [-1; 2]$

b) $f(x) = \frac{1}{3}x^3 - 4x, \quad x \in [-3; 3]$

c) $f(x) = \frac{1}{3}x^3 - 4x, \quad x \in [0; 3]$

d) $f(x) = \frac{1}{4}x^4 - \frac{9}{2}x^2, \quad x \in [-4; 2]$

e) $f(x) = \frac{1}{4}x^4 - \frac{1}{3}x^3 - x^2 + 2, \quad x \in [-2; 3]$

f) $f(x) = \frac{1}{3}x^3 + \frac{1}{2}x^2 - 6x, \quad x \in [-4; 3]$

g) $f(x) = x^3 - 3x^2 + 1, \quad x \in [-1; 3]$

h) $f(x) = -2x + 1, \quad x \in [1; 4]$

7 Grenzverhalten von Funktionen

Wenn man das Grenzverhalten von Funktionen untersucht, müssen zwei Fälle unterschieden werden. Zum einen untersucht man das Verhalten von Funktionen in der Umgebung von Definitionslücken, also an Stellen, an denen der Funktionsterm nicht definiert ist. Zum anderen wird das Verhalten von Funktionen untersucht, wenn man beliebig große ($x \to +\infty$) oder beliebig kleine Werte ($x \to -\infty$) in den Funktionsterm einsetzt. Ziel beider Untersuchungen ist es, Informationen über den Verlauf des Schaubildes zu erhalten.

7.1 Verhalten in der Umgebung von Definitionslücken (senkrechte Asymptoten)

Bei der Untersuchung von Definitionslücken gebrochenrationaler Funktionen können zwei Fälle auftreten. Zum einen können die Funktionswerte über alle Grenzen wachsen oder fallen, wenn man sich der Lücke nähert. Das Schaubild hat dann an dieser Stelle eine senkrechte Asymptote. Ist hierbei das Verhalten der Funktionswerte gleich, wenn man sich der Lücke mit größeren Werten für x (von rechts) oder mit kleineren Werten für x (von links) nähert, so liegt eine Polstelle ohne Vorzeichenwechsel vor. Ist das Verhalten in den beiden Fällen unterschiedlich, so liegt eine Polstelle mit Vorzeichenwechsel vor. Zum anderen können die Funktionswerte bei Annäherung an die Definitionslücke weder über alle Grenzen wachsen noch fallen, sondern sich einem bestimmten Wert annähern. Dann hat das Schaubild an dieser Stelle ein Loch.

Gebrochenrationale Funktionen
Gegeben ist eine gebrochenrationale Funktion f mit
$f(x) = \frac{z(x)}{n(x)}$.

Zuerst **zerlegt** man den **Zähler z(x)** und den **Nenner n(x) in Linearfaktoren** und kürzt gemeinsame Faktoren.
Nach dem **Kürzen gemeinsamer Linearfaktoren** gelte für die Funktion f:
$f(x) = \frac{z_1(x)}{n_1(x)}$

Falls für ein $x_0 \in \mathbb{D}_f$ gilt, dass $\mathbf{n_1(x_0) = 0}$ und $\mathbf{z_1(x_0) \neq 0}$, dann ist x_0 eine **Polstelle** von f und die **Gerade** $\mathbf{x = x_0}$ ist **senkrechte Asymptote** des Schaubildes von f.

Wenn x_0 eine Nullstelle des Nennerpolynoms $n_1(x)$ ist, dann kann man $n_1(x)$ schreiben als $n_1(x) = (x - x_0)^k \cdot n_2(x)$ mit $k \in \mathbb{N}$, wobei x_0 keine Nullstelle von $n_2(x)$ ist. Falls k eine gerade natürliche Zahl ist, dann liegt bei x_0 eine Polstelle ohne Vorzeichenwechsel vor, d. h. die Funktionswerte werden sowohl bei rechts- als auch bei linksseitiger Annäherung an die Stelle x_0 entweder beliebig klein ($f(x) \to -\infty$) oder beliebig groß ($f(x) \to +\infty$).
Falls k eine ungerade natürliche Zahl ist, liegt ein Pol mit Vorzeichenwechsel vor. Die Funktionswerte verhalten sich unterschiedlich, je nachdem, ob man sich dem Pol von rechts oder von links nähert. Bei Annäherung von der einen Seite werden die Funktionswerte beliebig klein, bei Annäherung von der anderen Seite beliebig groß.

Beispiel

Gegeben ist die Funktion f mit $f(x) = \frac{x}{x^2 - 4x + 4}$.

Untersuchen Sie f auf Polstellen einschließlich Vorzeichenwechsel.

Lösung:
Nullstellen des Nennerpolynoms:
$x^2 - 4x + 4 = 0 \quad \Rightarrow \quad x = 2$
Für $x = 2$ ist der Zähler ungleich null und der Nenner gleich null. Also ist $x = 2$ eine Polstelle und die Gerade $x = 2$ ist senkrechte Asymptote des Schaubildes.

Es gilt: $x^2 - 4x + 4 = (x - 2)^2$
Der Bruch lässt sich also schreiben als $f(x) = \frac{x}{x^2 - 4x + 4} = \frac{x}{(x - 2)^2}$.

Weil der Faktor $x - 2$ im Nenner mit geradem Exponenten auftritt, liegt ein Pol ohne Vorzeichenwechsel vor. Da Zähler und Nenner bei Annäherung an $x = 2$ positive Werte annehmen, werden die Funktionswerte beliebig groß ($f(x) \to +\infty$).

Die Definitionslücken einer Logarithmusfunktion sind die Stellen, an denen das Argument kleiner oder gleich null ist. Für senkrechte Asymptoten kommen also nur diese Stellen infrage. Tatsächlich gilt folgende Regel.

Logarithmusfunktionen
Gegeben ist die Funktion f mit $f(x)=\ln(t(x))$.
Wenn $\mathbf{t(x_0)=0}$ gilt, dann ist die Gerade $x=x_0$ **senkrechte Asymptote** des Schaubildes von f.

Um die senkrechten Asymptoten des Schaubildes einer Logarithmusfunktion zu erhalten, muss man also nur die Nullstellen des Arguments der Logarithmusfunktion bestimmen.

Beispiel

Gegeben ist die Funktion f mit $f(x)=\ln(x^2-4x+4)$.
Untersuchen Sie das Schaubild der Funktion auf senkrechte Asymptoten.

Lösung:
Nullstellen des Arguments:
$x^2-4x+4=0 \;\Rightarrow\; x=2$
Die Gerade $x=2$ ist senkrechte Asymptote.
Da $x^2-4x+4=(x-2)^2$, ist der Definitionsbereich der Funktion $\mathbb{D}_f=\mathbb{R}\setminus\{2\}$.
Die Funktionswerte streben bei rechtsseitiger und linksseitiger Annäherung an $x=2$ gegen $-\infty$.

Aufgaben

45. Gegeben ist die Funktion f. Bestimmen Sie die senkrechten Asymptoten und untersuchen Sie die entsprechenden Polstellen auf Vorzeichenwechsel.

a) $f(x)=\frac{2x-4}{x+3}$ b) $f(x)=\frac{1}{x^2-9}$

c) $f(x)=\frac{x}{x^2-6x+9}$ d) $f(x)=\ln(2x-6)$

e) $f(x)=\ln(x^2+1)$ f) $f(x)=\ln(x^2-2x)$

g) $f(x)=\frac{x-2}{x^2-4}$ h) $f(x)=\frac{2x}{x^3-4x^2}$

i) $f(x)=\frac{4x-3}{2x-6}$ j) $f(x)=\frac{e^x}{e^x-1}$

k) $f(x)=\frac{1}{x^2+1}$ l) $f(x)=\ln((x-3)^2)$

46. Bestimmen Sie einen möglichen Funktionsterm der Funktion f, die bzw. deren Schaubild die folgenden Eigenschaften hat:

a) gebrochenrationale Funktion mit $x=-1$ als senkrechte Asymptote ohne Vorzeichenwechsel

b) Logarithmusfunktion mit den senkrechten Asymptoten $x=0$ und $x=2$

c) Logarithmusfunktion ohne senkrechte Asymptoten

d) gebrochenrationale Funktion ohne senkrechte Asymptoten

e) gebrochenrationale Funktion mit $x=-2$ und $x=1$ als senkrechte Asymptoten ohne Vorzeichenwechsel

f) Logarithmusfunktion mit $x=-2$ als senkrechte Asymptote ohne Vorzeichenwechsel

g) gebrochenrationale Funktion mit $x=2$ als senkrechte Asymptote mit Vorzeichenwechsel

7.2 Verhalten für $x \to \pm\infty$ (waagerechte Asymptoten)

Nun soll das Verhalten von Funktionen und damit der Verlauf der zugehörigen Schaubilder untersucht werden, wenn man für x beliebig große Werte ($x \to \infty$) oder beliebig kleine Werte ($x \to -\infty$) in den Funktionsterm einsetzt. Kommen dabei die Funktionswerte einer festen Zahl z beliebig nahe, so ist diese Zahl z der Grenzwert der Funktion für $x \to \pm\infty$. Die Gerade $y=z$, eine Parallele zur x-Achse, nennt man dann (waagerechte) Asymptote für $x \to \pm\infty$.
Es sollen nun die waagerechten Asymptoten für verschiedene Funktionstypen bestimmt werden.

Gebrochenrationale Funktionen
Gegeben ist eine gebrochenrationale Funktion f mit
$f(x)=\frac{z(x)}{n(x)}$.

Für $x \to \pm\infty$ ergeben sich nur dann waagerechte Asymptoten, wenn der Grad des Zählerpolynoms kleiner oder gleich dem Grad des Nennerpolynoms ist.

Falls der **Grad des Zählerpolynoms kleiner als der Grad des Nennerpolynoms** ist, dann ist die x-Achse (also die Gerade $y=0$) waagerechte Asymptote.
Falls der **Grad des Zählerpolynoms gleich dem Grad des Nennerpolynoms** ist (also $z(x)=a_n x^n + a_{n-1}x^{n-1} + \ldots + a_0$ und $n(x)=b_n x^n + b_{n-1}x^{n-1} + \ldots + b_0$), dann ist die Gerade $\mathbf{y=\frac{a_n}{b_n}}$ waagerechte Asymptote.

Beispiel

Bestimmen Sie die waagerechte Asymptote des Schaubildes der Funktion f mit $f(x)=\frac{4x^3-5x}{2x^3+3x^2-7}$.

Lösung:
Der Grad von Zähler- und Nennerpolynom ist 3. Also ist die Gerade $y=\frac{4}{2}=2$ waagerechte Asymptote des Schaubildes.

Auch Schaubilder von Exponentialfunktionen können waagerechte Asymptoten besitzen. Wenn der Exponent gegen $-\infty$ strebt, strebt die Potenz gegen null. Also hat die Exponentialfunktion f mit $f(x)=C\cdot b^x$ $(b>1)$ für $x\to-\infty$ die x-Achse als waagerechte Asymptote. Allgemeiner gilt die folgende Regel.

Exponentialfunktionen
Gegeben ist eine Exponentialfunktion f mit $f(x)=C\cdot b^{t(x)}+d$ $(b>1,\ d\in\mathbb{R})$.
Wenn der Term im Exponenten gegen $-\infty$ strebt, dann strebt f(x) gegen d.
Für **$t(x)\to-\infty$** ist also die **Gerade $y=d$** waagerechte Asymptote des Schaubildes von f.

Man beachte, dass sich für $d=0$ der bereits oben beschriebene Spezialfall mit der x-Achse als waagerechte Asymptote ergibt.

Beispiel

Bestimmen Sie die waagerechte Asymptote des Schaubildes der Funktion f mit $f(x)=2e^{-3x}+3$.

Lösung:
Der Exponent $-3x$ strebt für $x\to+\infty$ gegen $-\infty$. Also strebt der Term $2e^{-3x}$ für $x\to+\infty$ gegen null.
Für den Funktionsterm gilt also: Für $x\to+\infty$ strebt f(x) gegen 3.
Die Gerade $y=3$ ist also waagerechte Asymptote für $x\to+\infty$.

Aufgaben **47.** Bestimmen Sie die waagerechten Asymptoten des Schaubildes der Funktion f.

a) $f(x)=\frac{1}{x^2-9}$
b) $f(x)=\frac{2x}{x^3-4x^2}$
c) $f(x)=\frac{2x-4}{x+3}$
d) $f(x)=\frac{x}{x^2-6x+9}$
e) $f(x)=2e^{-2x}$
f) $f(x)=e^{x^2}$
g) $f(x)=e^x-5$
h) $f(x)=e^x+e^{-x}$
i) $f(x)=\frac{4x-3}{2x+1}$
j) $f(x)=\frac{1}{e^x-1}$
k) $f(x)=\frac{1}{x^2+1}$
l) $f(x)=e^x+2$

48. Bestimmen Sie die Asymptoten des Schaubildes der Funktion f.

a) $f(x) = \frac{x}{x^2-4}$

b) $f(x) = \ln(2x-4)$

c) $f(x) = x \cdot e^x$

d) $f(x) = \frac{x+2}{e^x-1}$

e) $f(x) = \frac{2x^2-6x}{x^2-9}$

f) $f(x) = \ln(x^2-1)$

g) $f(x) = \frac{e^x}{e^x-1}$

h) $f(x) = \frac{2x-4}{x+2}$

i) $f(x) = \ln(x^2+1)$

j) $f(x) = \ln\left(\frac{x}{x+1}\right)$

k) $f(x) = \frac{x^2-9}{x^2-4}$

l) $f(x) = \frac{2x^2+4}{e^x-1}$

Schaubilder analysieren

1 Qualitativer Verlauf von Standardschaubildern

Im ersten Teil des Kapitels soll ein Überblick über die unterschiedlichen Schaubilder grundlegender Funktionstypen – Exponentialfunktionen, Potenzfunktionen, trigonometrische Funktionen, gebrochenrationale Funktionen und Wurzelfunktionen – gegeben werden. So ist es leichter, ein gegebenes Schaubild einem bestimmten Funktionstyp zuzuordnen.

Exponentialfunktion f: $f(x) = a^x$ $(a > 0, a \neq 1)$

Charakteristische Eigenschaften:

- $f(0) = 1$ und $f(1) = a$
- für $a > 1$: $\lim\limits_{x \to -\infty} f(x) = 0$

  $\lim\limits_{x \to +\infty} f(x) = +\infty$
- für $0 < a < 1$: $\lim\limits_{x \to -\infty} f(x) = +\infty$

  $\lim\limits_{x \to +\infty} f(x) = 0$

Schaubild für $a = 2{,}75$

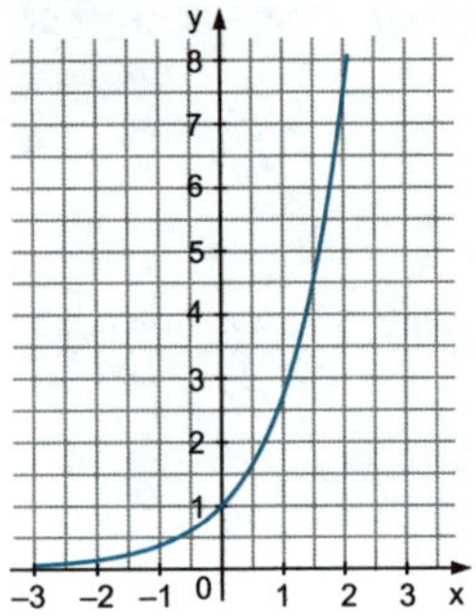

Potenzfunktion f: $f(x) = a \cdot x^{2n}$ $(a \in \mathbb{R}, n \in \mathbb{N})$

(Exponent ist eine gerade, natürliche Zahl)

Charakteristische Eigenschaften:

- $f(0) = 0$ und $f(1) = a$
- für $a > 0$: $\lim\limits_{x \to -\infty} f(x) = +\infty$

  $\lim\limits_{x \to +\infty} f(x) = +\infty$
- für $a < 0$: $\lim\limits_{x \to -\infty} f(x) = -\infty$

  $\lim\limits_{x \to +\infty} f(x) = -\infty$
- Schaubild ist achsensymmetrisch zur y-Achse

Schaubild für $a = 1, n = 1$

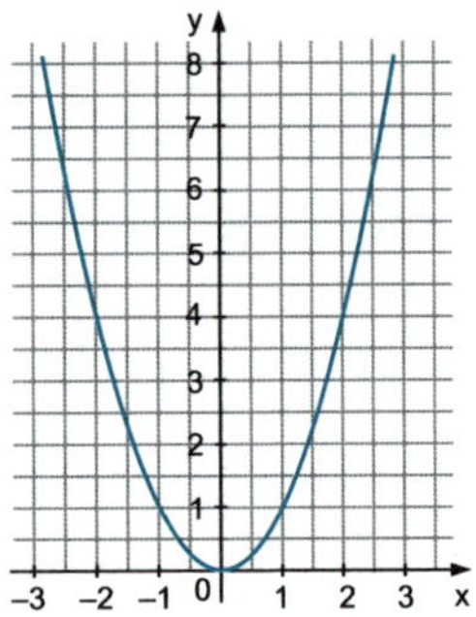

Potenzfunktion f: $f(x) = a \cdot x^{2n+1}$ $(a \in \mathbb{R}, n \in \mathbb{N})$
(Exponent ist eine ungerade, natürliche Zahl)
Charakteristische Eigenschaften:
- $f(0) = 0$ und $f(1) = a$
- für $a > 0$: $\lim\limits_{x \to -\infty} f(x) = -\infty$
  $\lim\limits_{x \to +\infty} f(x) = +\infty$
- für $a < 0$: $\lim\limits_{x \to -\infty} f(x) = +\infty$
  $\lim\limits_{x \to +\infty} f(x) = -\infty$
- Schaubild ist punktsymmetrisch zu $Z(0\,|\,0)$

Schaubild für $a = 1$, $n = 1$

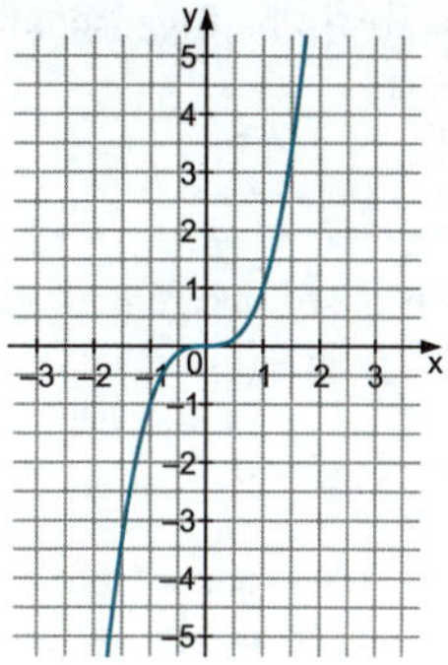

Trigonometrische Funktion
f: $f(x) = a \cdot \sin x$ $(a > 0)$
Charakteristische Eigenschaften:
- $f(k \cdot \pi) = 0$ für alle $k \in \mathbb{Z}$
- $f\left((4k+1)\frac{\pi}{2}\right) = a$ für alle $k \in \mathbb{Z}$
- $f\left((4k+3)\frac{\pi}{2}\right) = -a$ für alle $k \in \mathbb{Z}$
- $-a \leq f(x) \leq a$ für alle $x \in \mathbb{R}$
- Schaubild ist punktsymmetrisch zu $Z(0\,|\,0)$

Schaubild für $a = 1$

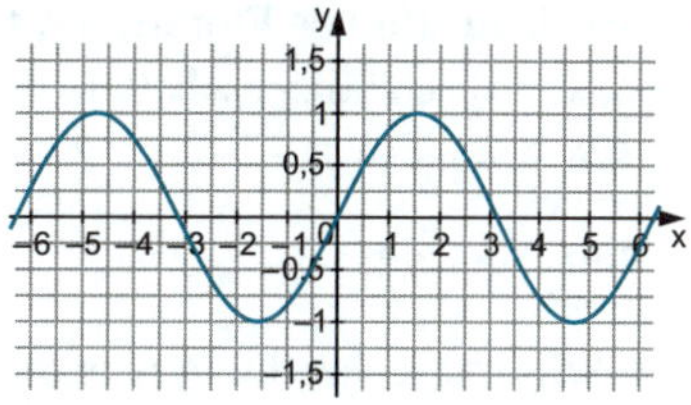

Trigonometrische Funktion
f: $f(x) = a \cdot \tan x$ $(a > 0)$
Charakteristische Eigenschaften:
- $f(k \cdot \pi) = 0$ für alle $k \in \mathbb{Z}$
- $f\left((4k+1)\frac{\pi}{4}\right) = a$ für alle $k \in \mathbb{Z}$
- $f\left((4k+3)\frac{\pi}{4}\right) = -a$ für alle $k \in \mathbb{Z}$
- Für $x_0 = (2k+1)\frac{\pi}{2}$ $(k \in \mathbb{Z})$ gilt:
  $\lim\limits_{x \to x_0+} f(x) = -\infty$
  $\lim\limits_{x \to x_0-} f(x) = +\infty$
- Für alle $k \in \mathbb{Z}$ gilt:
  Die Gerade $x = (2k+1)\frac{\pi}{2}$ ist senkrechte Asymptote.
- Schaubild ist punktsymmetrisch zu $Z(0\,|\,0)$

Schaubild für $a = 1$

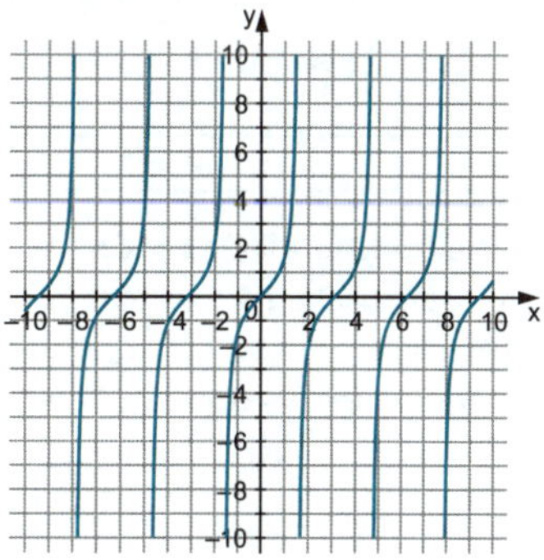

Gebrochenrationale Funktion f: $f(x) = \frac{1}{x}$

Charakteristische Eigenschaften:

- $\lim\limits_{x \to 0-} f(x) = -\infty$

  $\lim\limits_{x \to 0+} f(x) = +\infty$
- y-Achse ist senkrechte Asymptote
- $\lim\limits_{x \to -\infty} f(x) = 0$

  $\lim\limits_{x \to +\infty} f(x) = 0$
- x-Achse ist waagerechte Asymptote
- Schaubild ist punktsymmetrisch zu Z(0|0)

Schaubild

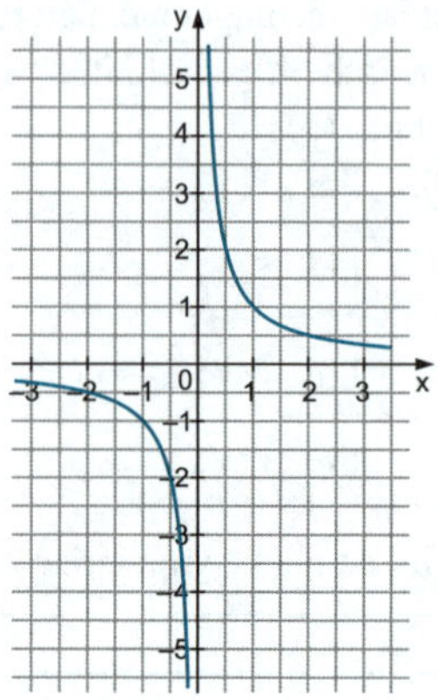

Gebrochenrationale Funktion f: $f(x) = \frac{1}{x^2}$

Charakteristische Eigenschaften:

- $\lim\limits_{x \to 0-} f(x) = +\infty$

  $\lim\limits_{x \to 0+} f(x) = +\infty$
- y-Achse ist senkrechte Asymptote
- $\lim\limits_{x \to -\infty} f(x) = 0$

  $\lim\limits_{x \to +\infty} f(x) = 0$
- x-Achse ist waagerechte Asymptote
- Schaubild ist achsensymmetrisch zur y-Achse

Schaubild

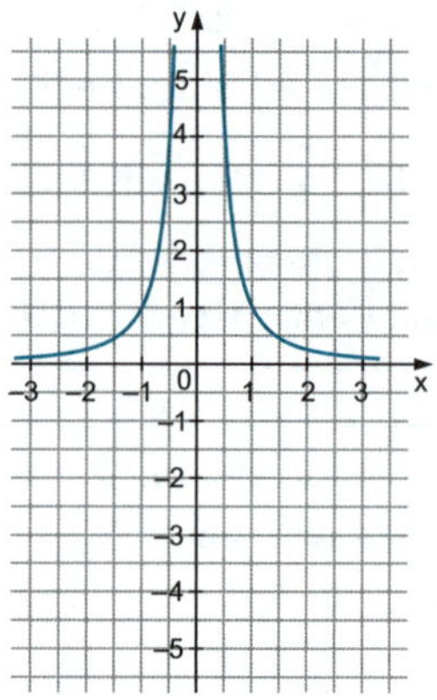

Wurzelfunktion f: $f(x) = \sqrt{x}$

Charakteristische Eigenschaften:

- $f(0) = 0$
- Definitionsbereich $\mathbb{D} = \{x \mid x \geq 0\}$

Schaubild

2 Verändern von Schaubildern durch verschiedene Abbildungen

In diesem Teil des Kapitels werden Funktionen mit verschiedenen Abbildungen (Spiegelung an der x-Achse, Spiegelung an der y-Achse, Verschiebung längs der x-Achse, Verschiebung längs der y-Achse, Streckung und Stauchung) verkettet und es wird untersucht, wie sich das Schaubild der verketteten Funktion gegenüber dem Schaubild der Ausgangsfunktion verändert. Des Weiteren wird auch der Funktionsterm der verketteten Abbildung f_1 im Vergleich mit dem Funktionsterm der Ausgangsfunktion dargestellt.

Gegeben ist eine beliebige Funktion f mit $y = f(x)$. Diese Funktion kann mit verschiedenen Abbildungen verkettet werden:

Vertikale Translation

Addiert man zum Funktionsterm f(x) die Konstante $a \in \mathbb{R}$, so wird das Schaubild von f längs der y-Achse um $|a|$ verschoben, falls $a > 0$ nach oben, falls $a < 0$ nach unten.

f_1: $f_1(x) = f(x) + a$

Beachten Sie: Für jeden x-Wert ist der vertikale Abstand zwischen den Schaubildern gleich groß (nämlich $|a|$), auch wenn man etwa im folgenden Beispiel den Eindruck hat, dass dieser Abstand z. B. für $x = -1$ kleiner ist als für $x = 2$.

Beispiel

Man verschiebt das Schaubild der Funktion
f: $f(x) = x^3 - 3x^2 + 4$
um 2,5 Längeneinheiten nach oben, indem man zum Funktionsterm 2,5 addiert.

Man erhält:
$f_1(x) = x^3 - 3x^2 + 4 + 2{,}5$

Eine Subtraktion von 2,5 ergibt die gleiche Verschiebung nach unten.

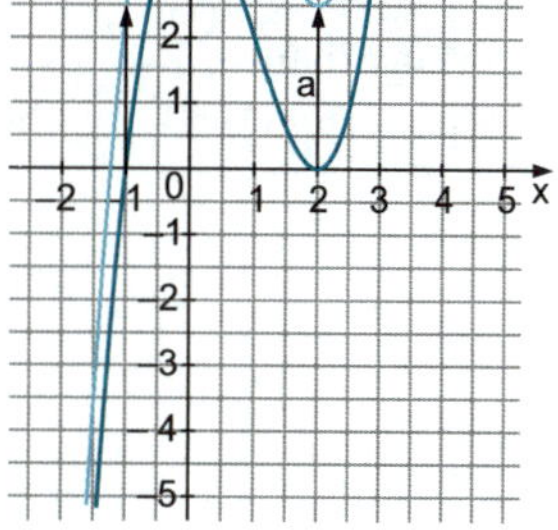

Horizontale Translation

Ersetzt man im Funktionsterm f(x) die Variable x durch x + a, wobei a eine reelle Zahl ist, so wird das Schaubild von f längs der x-Achse um |a| verschoben, falls a > 0 nach links, falls a < 0 nach rechts.

f_1: $f_1(x) = f(x + a)$

Beispiel

Man verschiebt das Schaubild der Funktion
f: $f(x) = x^3 - 3x^2 + 4$
um 1 Längeneinheit nach links, indem man im Funktionsterm x durch x + 1 ersetzt.

Man erhält:
$f_1(x) = f(x + 1) = (x + 1)^3 - 3(x + 1)^2 + 4$

Ersetzt man x durch x – 1, so ergibt sich eine Verschiebung nach rechts.

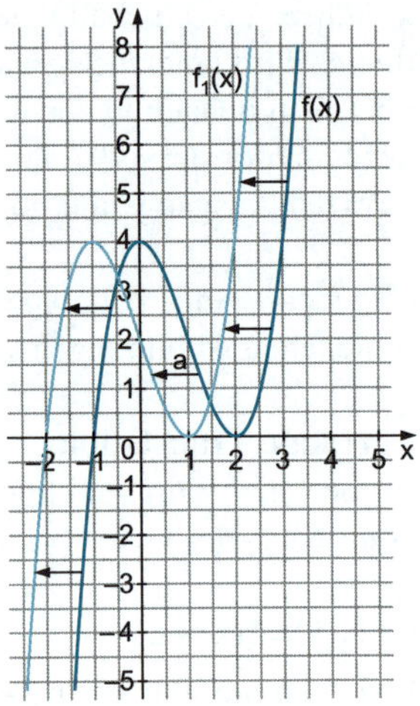

Spiegelung an der y-Achse

Ersetzt man im Funktionsterm f(x) die Variable x durch –x, so wird das Schaubild von f an der y-Achse gespiegelt.

f_1: $f_1(x) = f(-x)$

Beispiel

Man spiegelt das Schaubild der Funktion
f: $f(x) = x^3 - 3x^2 + 4$
an der y-Achse, indem man im Funktionsterm x durch –x ersetzt.

Man erhält:
$f_1(x) = f(-x) = (-x)^3 - 3(-x)^2 + 4$

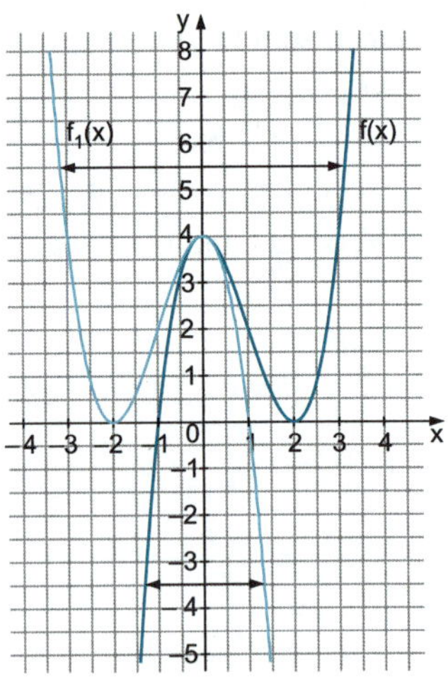

Spiegelung an der x-Achse

Multipliziert man den Funktionsterm f(x) mit –1, so wird das Schaubild von f an der x-Achse gespiegelt.

$\mathbf{f_1: f_1(x) = -f(x)}$

Beispiel

Man spiegelt das Schaubild der Funktion
$f: f(x) = x^3 - 3x^2 + 4$
an der x-Achse, indem man den Funktionsterm f(x) mit –1 multipliziert.

Man erhält:
$f_1(x) = -f(x) = -(x^3 - 3x^2 + 4)$

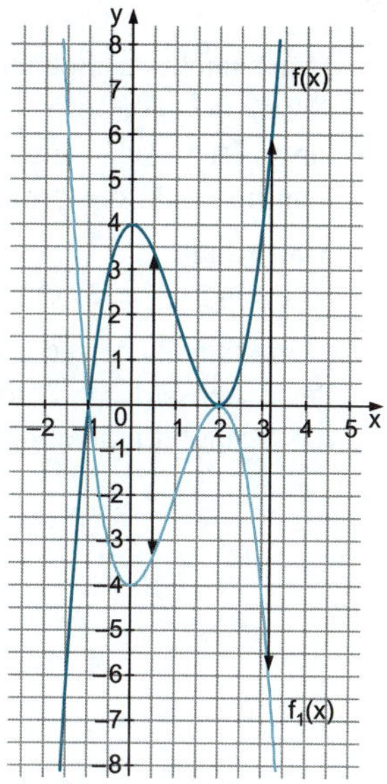

Streckung bzw. Stauchung längs der y-Achse

Multipliziert man den Funktionsterm f(x) mit $a \in \mathbb{R}^+$, so wird das Schaubild längs der y-Achse um den Faktor a gestreckt (für $a > 1$) oder gestaucht (für $a < 1$).

$\mathbf{f_1: f_1(x) = a \cdot f(x)}$

Beispiel

Man streckt das Schaubild der Funktion
$f: f(x) = x^3 - 3x^2 + 4$
längs der y-Achse um den Faktor 2, indem man den Funktionsterm f(x) mit 2 multipliziert.

Man erhält:
$f_1(x) = 2 \cdot f(x) = 2 \cdot (x^3 - 3x^2 + 4)$

Man kann auch sagen, dass die Skalierung der y-Achse mit dem Faktor 2 multipliziert wird, während das Schaubild unverändert bleibt.

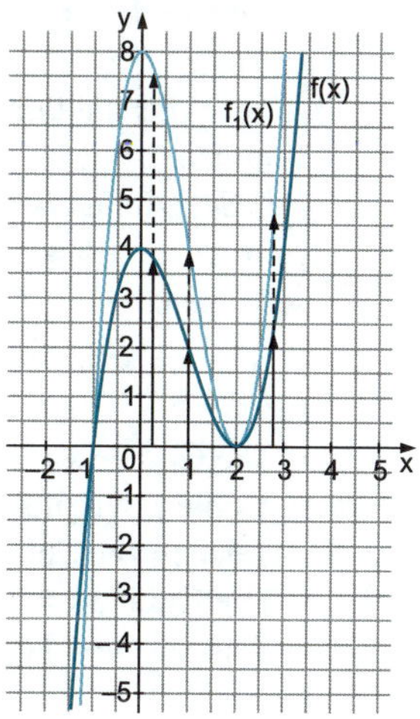

Streckung bzw. Stauchung längs der x-Achse

Ersetzt man im Funktionsterm f(x) die Funktionsvariable x durch $a \cdot x$ mit $a \in \mathbb{R}^+$, so wird das Schaubild längs der x-Achse um den Faktor $\frac{1}{a}$ gestreckt (für $a < 1$) oder gestaucht (für $a > 1$).

$\mathbf{f_1: f_1(x) = f(a \cdot x)}$

Beispiel

Man staucht das Schaubild der Funktion
f: $f(x) = x^3 - 3x^2 + 4$
längs der x-Achse um den Faktor $\frac{1}{2}$, indem man im Funktionsterm x durch $2 \cdot x$ ersetzt.

Man erhält:
$f_1(x) = f(2 \cdot x) = (2 \cdot x)^3 - 3(2 \cdot x)^2 + 4$

Man kann auch sagen, dass die Skalierung der x-Achse durch 2 dividiert wird, während das Schaubild unverändert bleibt.

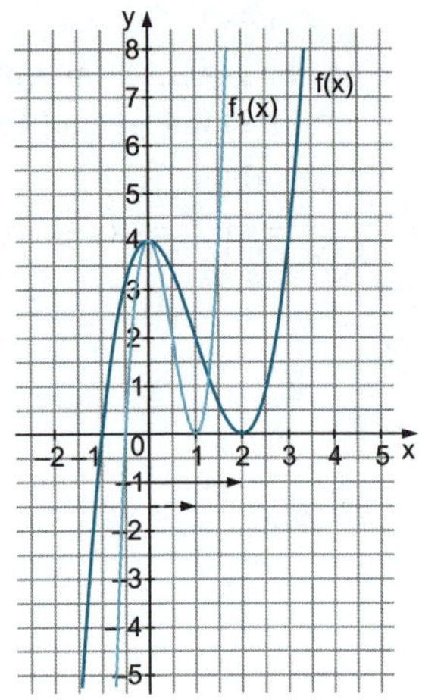

Die gewonnenen Kenntnisse werden dafür genutzt, zu gegebenen Schaubildern einen passenden Funktionsterm zu finden.

Beispiele

1. Geben Sie zu dem skizzierten Schaubild einen möglichen Funktionsterm an. Beschreiben Sie Ihre Überlegungen.

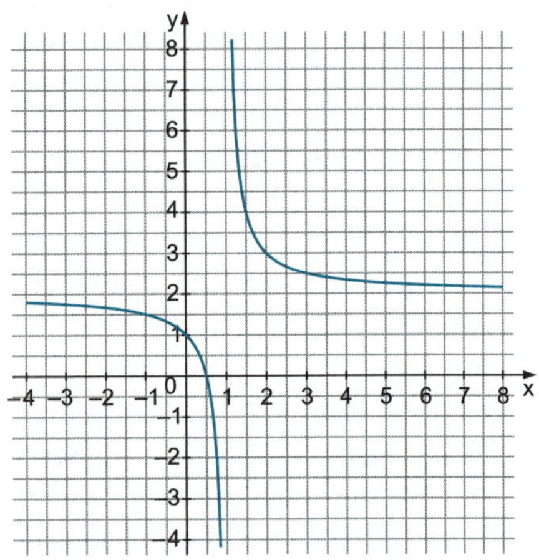

Lösung:

1. Schritt: Funktionstyp bestimmen
Das Schaubild lässt auf eine gebrochenrationale Funktion schließen.

2. Schritt: Schaubild analysieren
- Die Gerade $x = 1$ ist senkrechte Asymptote mit Vorzeichenwechsel.
- Die Gerade $y = 2$ ist waagerechte Asymptote.
- Das Schaubild ist punktsymmetrisch zum Punkt $Z(1 \mid 2)$.

3. Schritt: Möglichen Funktionsterm bestimmen
Das Schaubild der Funktion f mit $f(x)=\frac{1}{x}$ ist punktsymmetrisch zum Ursprung. Somit muss der Punkt $Z_1(0\,|\,0)$ in den Punkt $Z(1\,|\,2)$ verschoben werden. Dazu führt man eine vertikale Translation um 2 nach oben und eine horizontale Translation um 1 nach rechts aus.

- vertikale Translation von f(x) um 2 nach oben (2 zum Funktionsterm addieren):
  $f_1(x)=f(x)+2=\frac{1}{x}+2$
- horizontale Translation von $f_1(x)$ um 1 nach rechts (x durch $x-1$ ersetzen):
  $f_2(x)=f_1(x-1)=\frac{1}{x-1}+2$

Ergebnis: Ein möglicher Funktionsterm ist $f_2(x)=\frac{1}{x-1}+2$.

Überprüfung:
- Aus dem Schaubild sind die Punkte $(0\,|\,1)$ und $(2\,|\,3)$ ablesbar. Beide sind auch Punkte des Schaubilds von f_2 (Überprüfen durch Einsetzen).
- Die Asymptoten (einschließlich Vorzeichenwechsel) sind gleich.

2. Geben Sie zu dem skizzierten Schaubild einen möglichen Funktionsterm an. Beschreiben Sie Ihre Überlegungen.

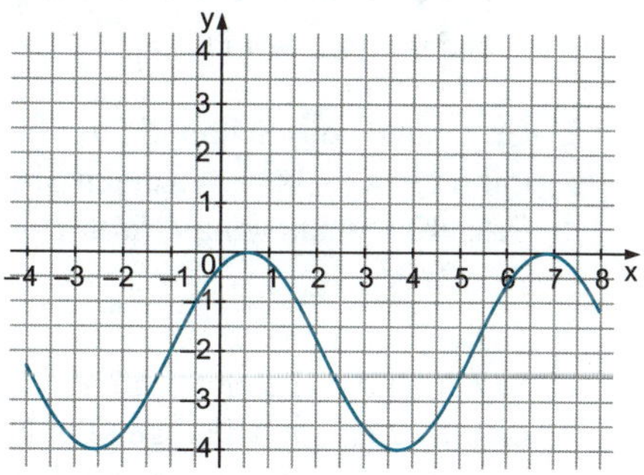

Lösung:
1. Schritt: Funktionstyp bestimmen
Das Schaubild lässt auf eine trigonometrische Funktion (genauer: Sinusfunktion) schließen.

2. Schritt: Schaubild analysieren
- Die Funktionswerte schwanken periodisch zwischen –4 und 0.
- Als Startpunkt einer Sinusschwingung kann man den Punkt $S(-1\,|\,-2)$ annehmen.
- Zwischen den x-Werten –1 und $\approx 5{,}2$ wird eine Schwingung durchlaufen. Die Länge dieses Intervalls ist ungefähr 2π.

3. Schritt: Möglichen Funktionsterm bestimmen

Ausgangspunkt ist die Funktion f mit $f(x) = \sin x$. Durch eine Streckung längs der y-Achse muss also zuerst die Amplitude auf 2 erhöht werden und anschließend muss der Startpunkt von $S(0\,|\,0)$ nach $S_1(-1\,|\,-2)$ verschoben werden.

– Streckung längs der y-Achse um den Faktor 2 (Funktionsterm mit 2 multiplizieren):
  $f_1(x) = 2 \cdot f(x) = 2 \cdot \sin x$
– Translation längs der y-Achse um 2 nach unten (vom Funktionsterm 2 subtrahieren):
  $f_2(x) = f_1(x) - 2 = 2 \cdot \sin x - 2$
– Translation längs der x-Achse um 1 nach links (x durch x + 1 ersetzen):
  $f_3(x) = f_2(x+1) - 2 = 2 \cdot \sin(x+1) - 2$

Ergebnis: Ein möglicher Funktionsterm ist $f_3(x) = 2 \cdot \sin(x+1) - 2$

Überprüfung:
– Der aus dem Schaubild ablesbare Punkt $(-1\,|\,-2)$ erfüllt die Funktionsgleichung von f_3.
– Die Funktionswerte von f_3 liegen im Bereich von -4 ($\sin\left(\frac{3\pi}{2}\right) = -1$) und 0 ($\sin \frac{\pi}{2} = +1$).

3. Gegeben ist das Schaubild der Funktion f mit $f(x) = x^3 - 3x^2 + 4$. Zeigen Sie, dass das Schaubild punktsymmetrisch zum Punkt $Z(1\,|\,2)$ ist.

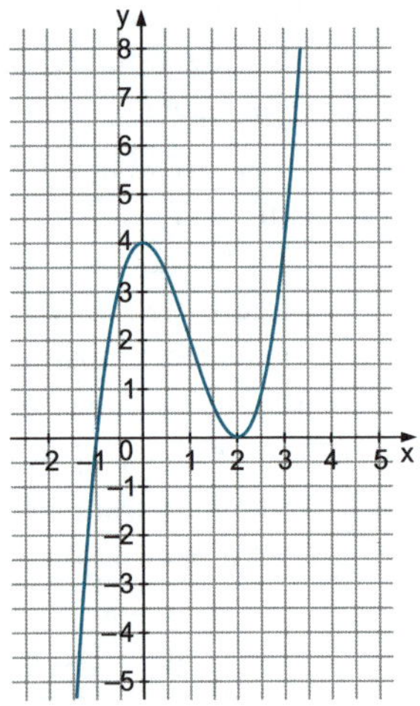

Lösung:

Sicher ist die Gleichung für die Punktsymmetrie zu einem beliebigen Punkt $Z(x_0\,|\,y_0)$ nicht mehr ohne Formelsammlung bekannt. Aber folgende Überlegungen können weiterhelfen:

Bekannt ist, dass ungerade, ganzrationale Funktionen (d. h. Funktionen, in deren Funktionsterm nur x-Potenzen mit ungeraden Hochzahlen auftreten) punktsymmetrisch zum Ursprung sind.

Das heißt, wenn das Schaubild der Funktion f so verschoben wird, dass der Punkt $Z(1\,|\,2)$ im Ursprung zu liegen kommt, und die Funktion, die durch das verschobene Schaubild dargestellt wird, ungerade ist, so ist f punktsymmetrisch zum Punkt Z.

Man verschiebt also das Schaubild der Funktion f so, dass der Punkt Z in den Ursprung wandert:

- Translation längs der y-Achse um 2 nach unten (vom Funktionsterm 2 subtrahieren):
  $f_1(x) = f(x) - 2 = x^3 - 3x^2 + 4 - 2$
- Translation längs der x-Achse um 1 nach links (x durch x + 1 ersetzen):
  $f_2(x) = f_1(x+1) = (x+1)^3 - 3(x+1)^2 + 2$
  $= x^3 + 3x^2 + 3x + 1 - 3x^2 - 6x - 3 + 2$
  $= x^3 - 3x$

Diese Funktion ist ungerade und damit ist ihr Schaubild punktsymmetrisch zum Ursprung. Also ist das Schaubild der Funktion f punktsymmetrisch zu Z.

4. Geben Sie zu dem skizzierten Schaubild einen möglichen Funktionsterm an. Beschreiben Sie Ihre Überlegungen.

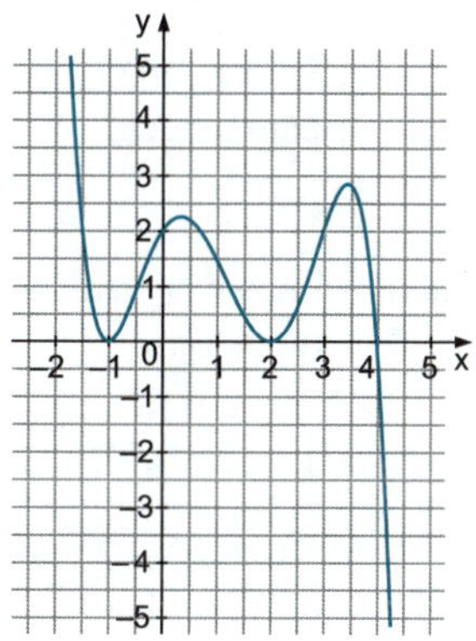

Lösung:

1. Schritt: Funktionstyp bestimmen

Das Schaubild lässt auf eine ganzrationale Funktion schließen.

2. Schritt: Schaubild analysieren

- Strebt x gegen $-\infty$, so strebt das Schaubild gegen ∞, strebt x gegen ∞, so strebt das Schaubild gegen $-\infty$.
- Bei $x = -1$ berührt das Schaubild die x-Achse ohne Vorzeichenwechsel, d. h. es hat eine Nullstelle gerader Ordnung.
- Das Gleiche gilt für $x = 2$.
- Bei $x = 4$ schneidet das Schaubild die x-Achse mit Vorzeichenwechsel, d. h. es liegt eine Nullstelle ungerader Ordnung vor.

3. Schritt: Möglichen Funktionsterm bestimmen

- doppelte Nullstelle bei $x = -1$: $(x+1)^2$
- doppelte Nullstelle bei $x = 2$: $(x-2)^2$
- einfache Nullstelle bei $x = 4$: $(x-4)$

Daraus ergibt sich der Funktionsterm: $f(x) = (x+1)^2(x-2)^2(x-4)$

Ausmultiplizieren des Funktionsterms ergibt $f(x) = x^5 + \ldots$, d. h. eine Funktion 5. Grades mit $a_5 = 1$. Diese Funktion erfüllt aber **nicht** die Bedingung

$\lim\limits_{x \to -\infty} f(x) = +\infty$ und $\lim\limits_{x \to +\infty} f(x) = -\infty$.

Um diese Bedingung zu erfüllen, muss das Schaubild an der x-Achse gespiegelt werden:

- Spiegelung an der x-Achse (Funktionsterm mit –1 multiplizieren):
  $f_1(x) = -f(x) = (-1)(x+1)^2(x-2)^2(x-4)$

Aus dem Schaubild ist der Punkt $(0|2)$ ablesbar. Für $f_1(x)$ ergibt sich aber $f_1(0) = 16$. Um die Bedingung $f_1(0) = 2$ noch zusätzlich zu erfüllen, muss also das Schaubild längs der y-Achse um den Faktor $\frac{1}{8}$ (= 2 geteilt durch 16) gestaucht werden:

- Stauchung längs der y-Achse um den Faktor $\frac{1}{8}$ (Funktionsterm mit $\frac{1}{8}$ multiplizieren):

  $f_2(x) = \frac{1}{8} \cdot f_1(x) = -\frac{1}{8}(x+1)^2(x-2)^2(x-4)$

Ergebnis:

Ein möglicher Funktionsterm ist $f_2(x) = -\frac{1}{8}(x+1)^2(x-2)^2(x-4)$.

Überprüfung:

Der zweite aus dem Schaubild ablesbare Punkt ist $(3|2)$. Es ergibt sich:

$f_2(3) = -\frac{1}{8} \cdot 4^2 \cdot 1^2 \cdot (-1) = 2$

Die Funktion $f_2(x)$ erfüllt damit alle aus dem Schaubild ablesbaren Bedingungen.

Aufgaben **49.** Bestimmen Sie zu den skizzierten Schaubildern jeweils einen möglichen Funktionsterm.

a)

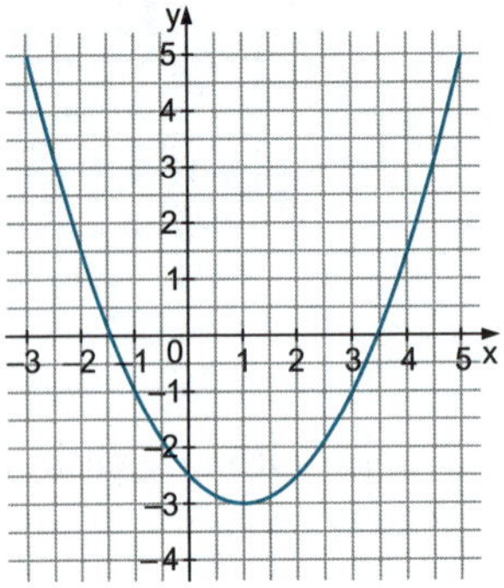

b)

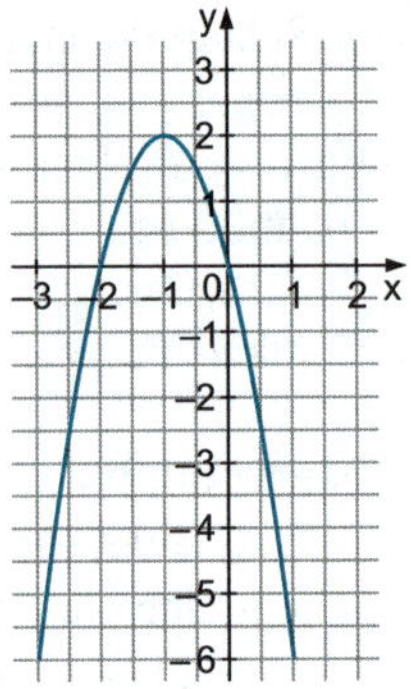

c)

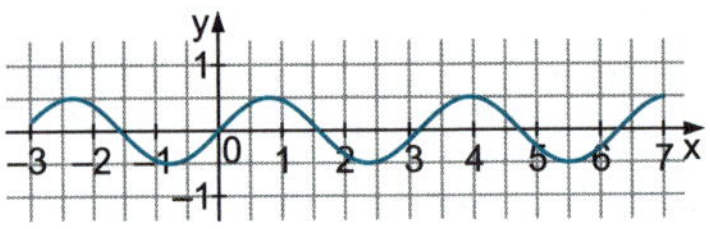

d)

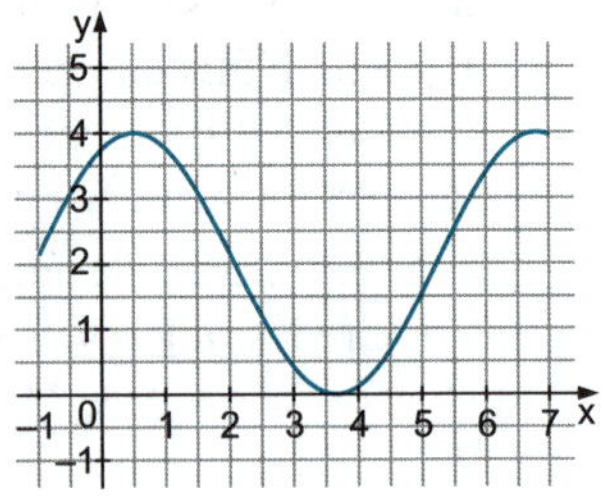

e)

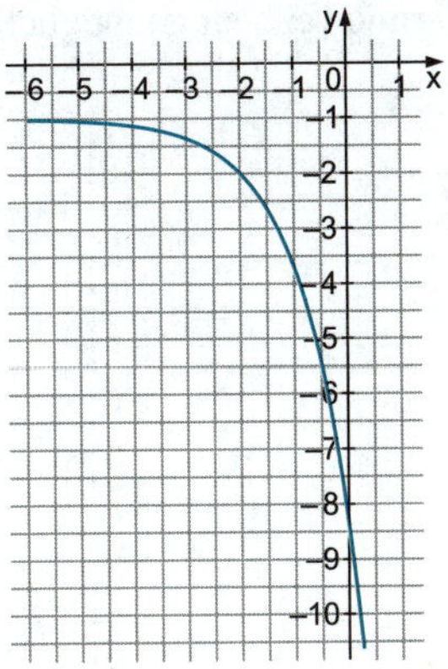
y
x
–6
–5
–4
–3
–2
–1
0
1
–1
–2
–3
–4
–5
–6
–7
–8
–9
–10

f)

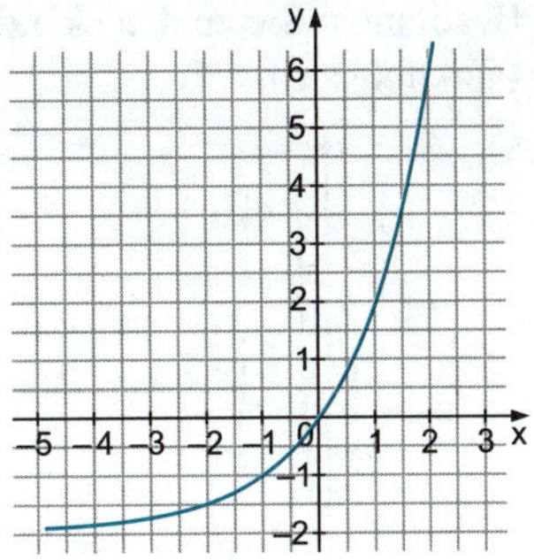
y
x
6
5
4
3
2
1
–5
–4
–3
–2
–1
0
1
2
3
–1
–2

g)

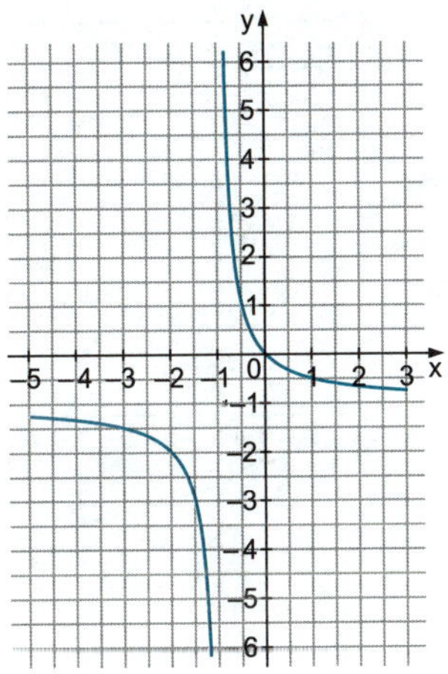
y
x
6
5
4
3
2
1
–5
–4
–3
–2
–1
0
1
2
3
–1
–2
–3
–4
–5
–6

h)

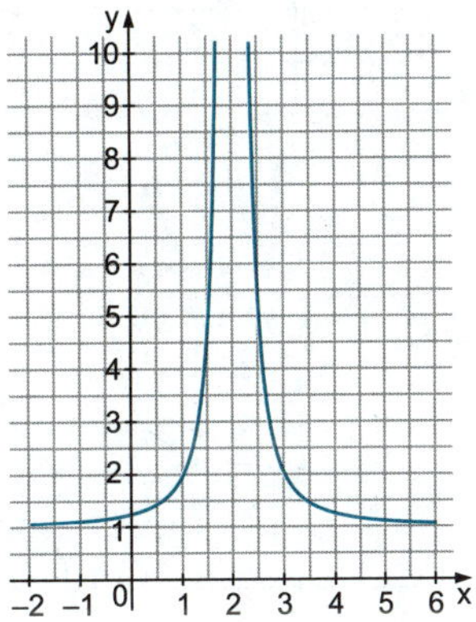
y
x
10
9
8
7
6
5
4
3
2
1
–2
–1
0
1
2
3
4
5
6

50. Bestimmen Sie zu den skizzierten Schaubildern jeweils einen möglichen Funktionsterm.

a)

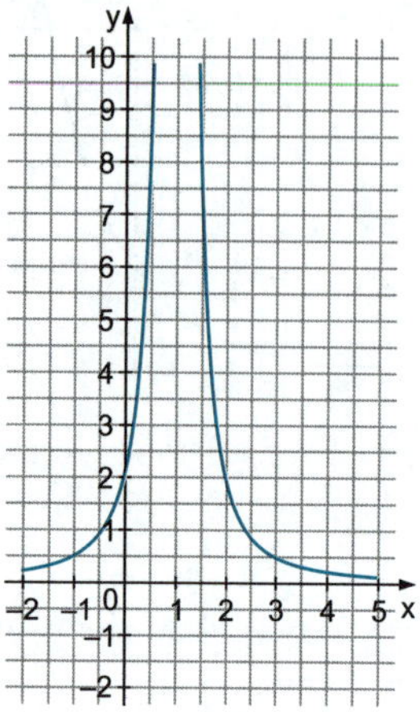

b)

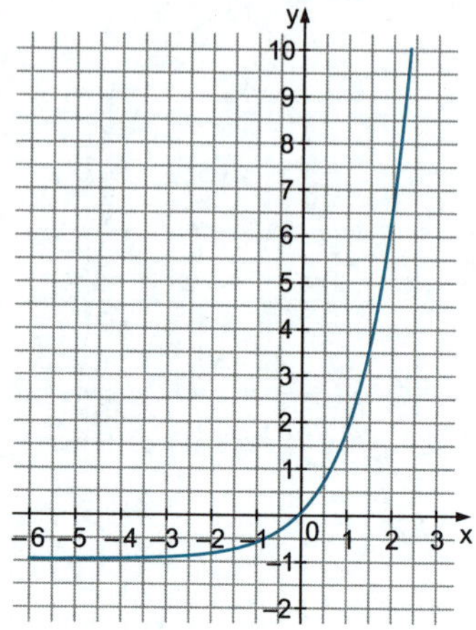

c)

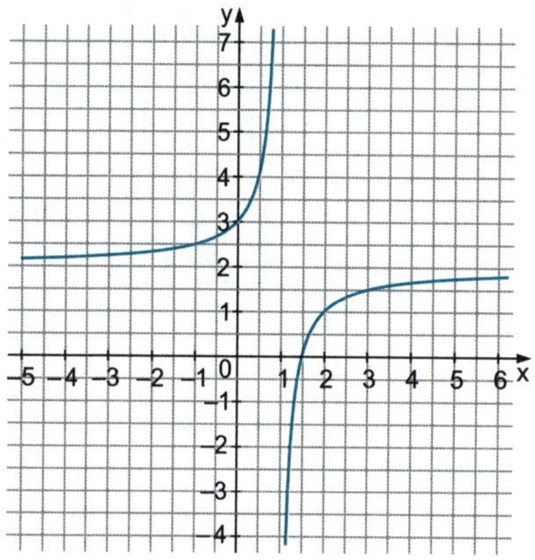

d)

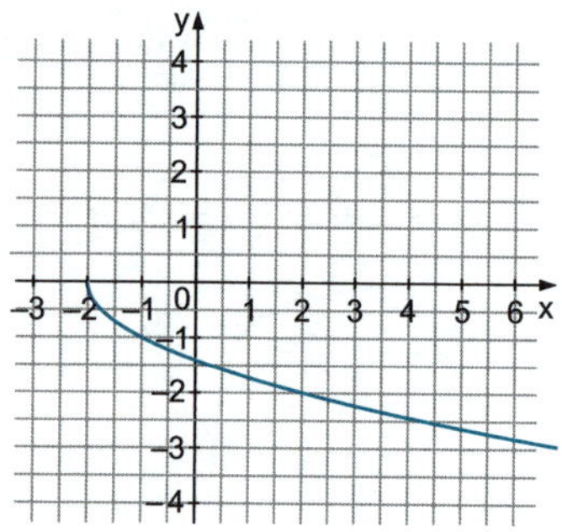

e)

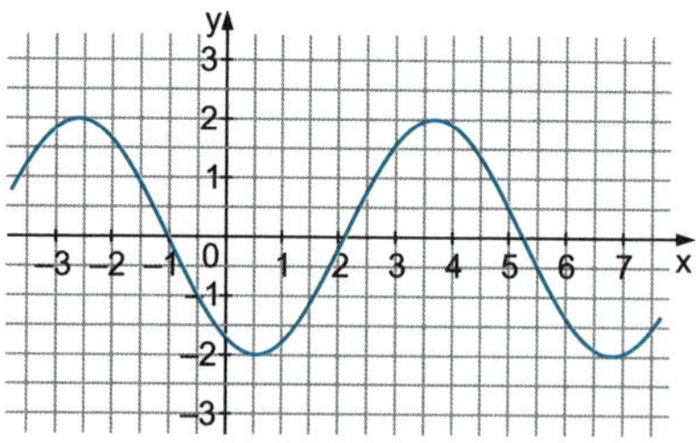

f)

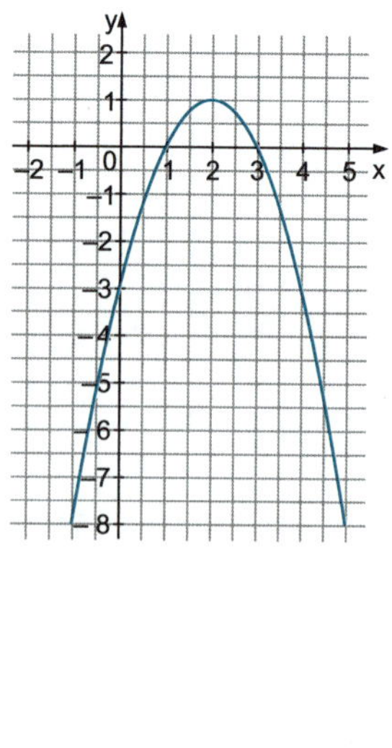

51. Stellen Sie eine Vermutung über die Symmetrieeigenschaften der folgenden Funktionen auf und weisen Sie diese nach.

a) $f(x) = x^3 + 3x^2 + 3x + 2$

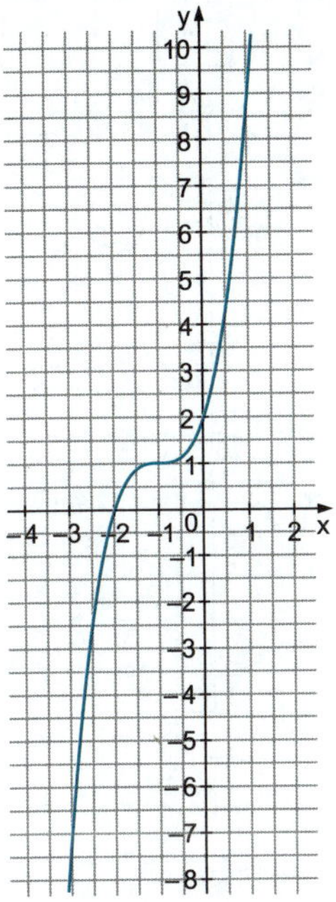

b) $f(x) = -x^2 + 2x + 3$

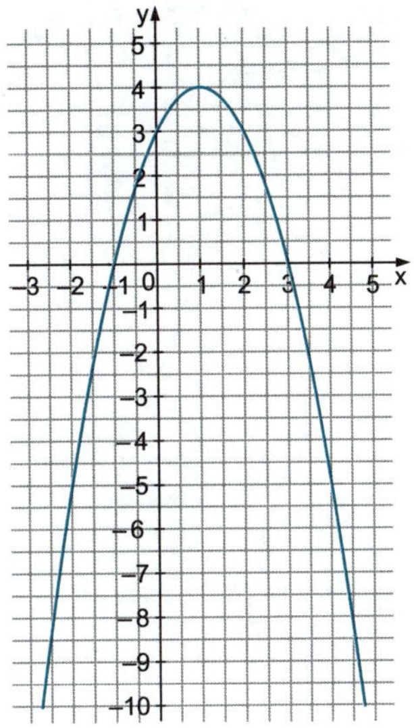

c) $f(x) = \frac{x^2 + 2x}{x^2 + 2x + 1}$

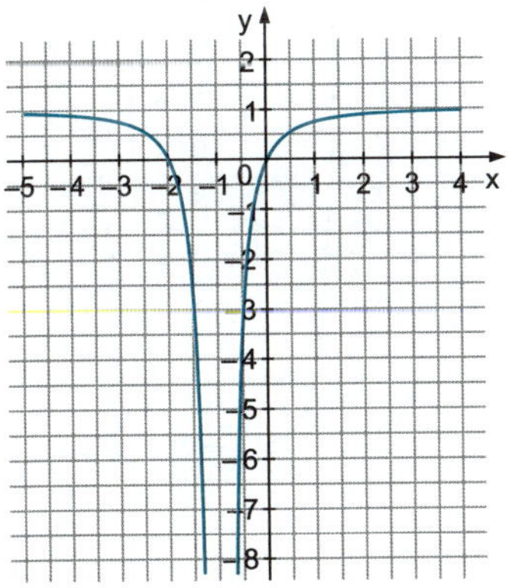

d) $f(x) = \frac{2x + 1}{x + 1}$

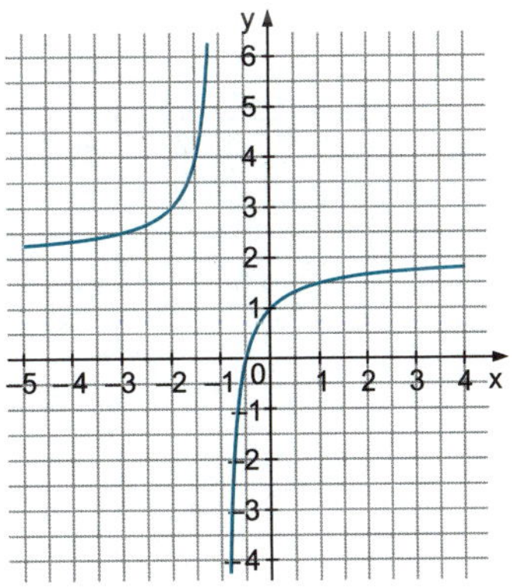

e) $f(x) = x^3 + 3x^2 - x - 3$

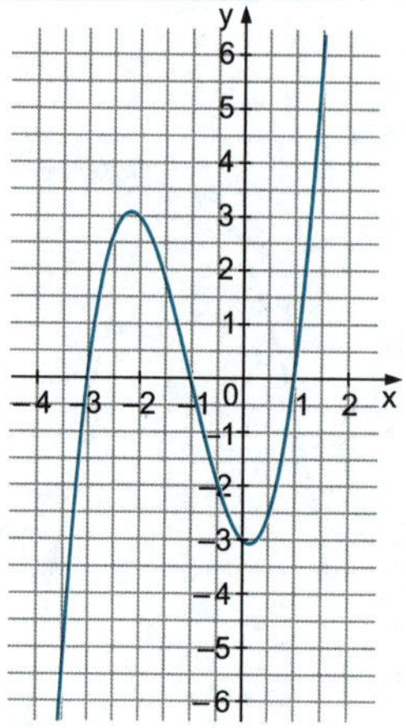

f) $f(x) = \frac{x^2}{x-1}$

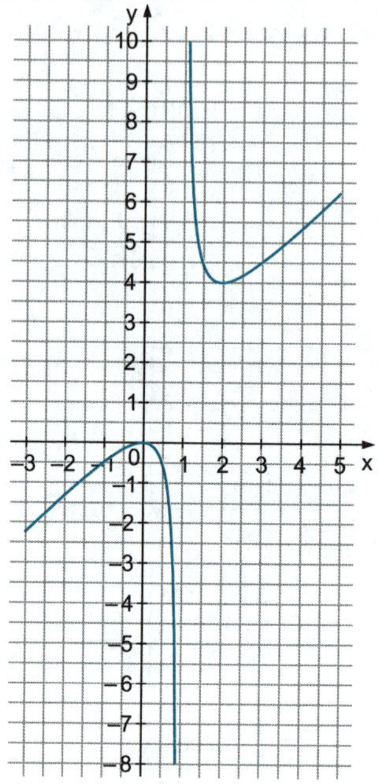

g) $f(x) = 2e^{-x^2+2x-1}$

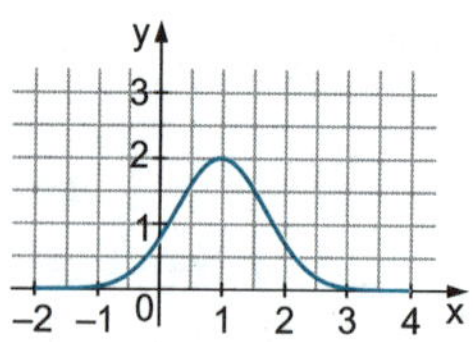

h) $f(x) = 0{,}1e^{x^2+2x+1}$

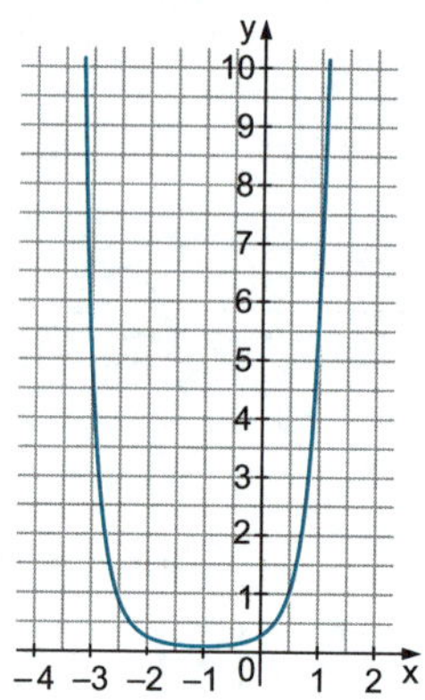

52. Stellen Sie die Eigenschaften zusammen, die sich den skizzierten Schaubildern entnehmen lassen.
Geben Sie jeweils einen möglichen Funktionsterm an.

a)

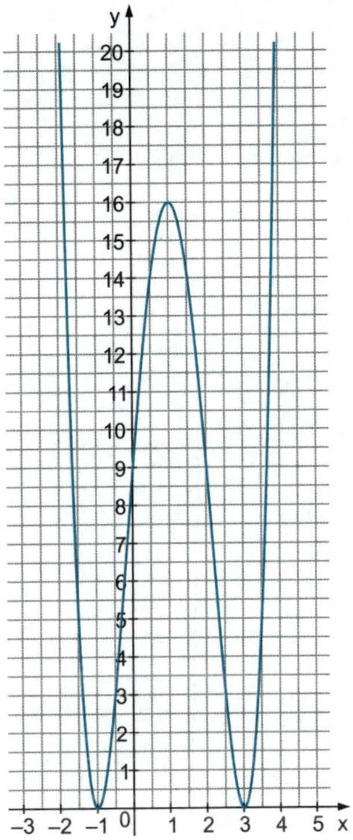

b)

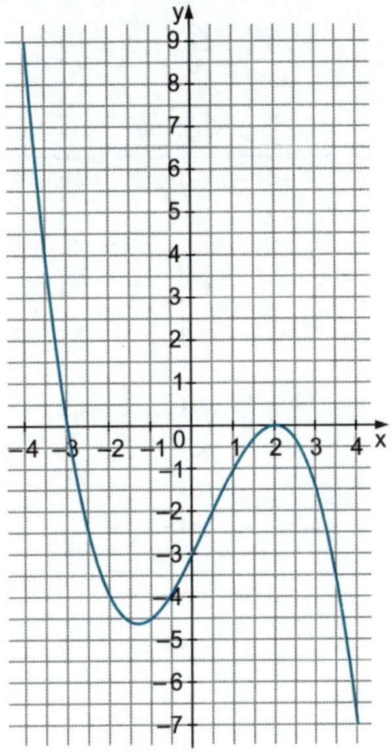

c)

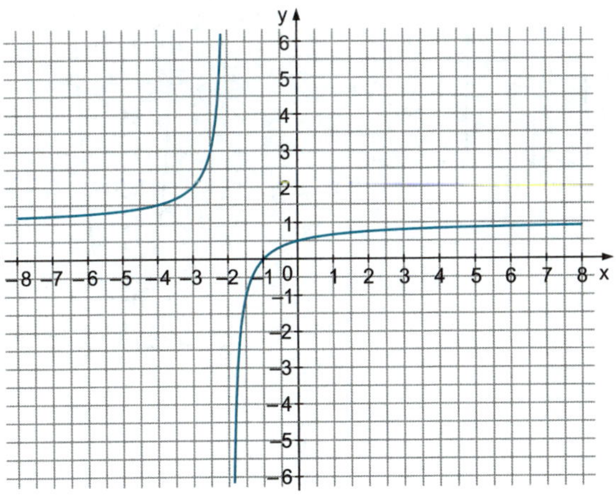

d)

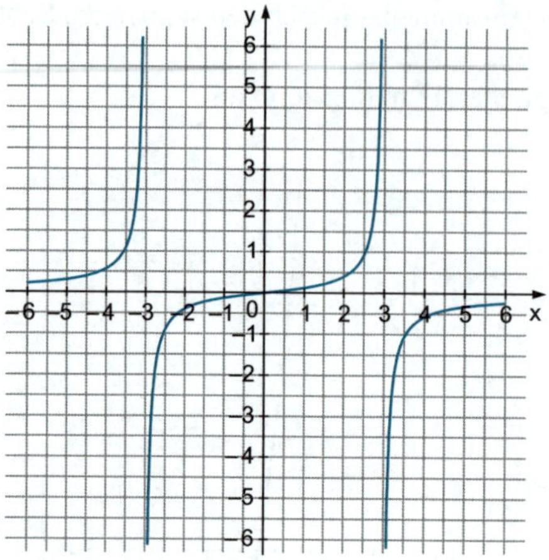
y
6
5
4
3
2
1
0
−1
−2
−3
−4
−5
−6
−6 −5 −4 −3 −2 −1 1 2 3 4 5 6 x

e)

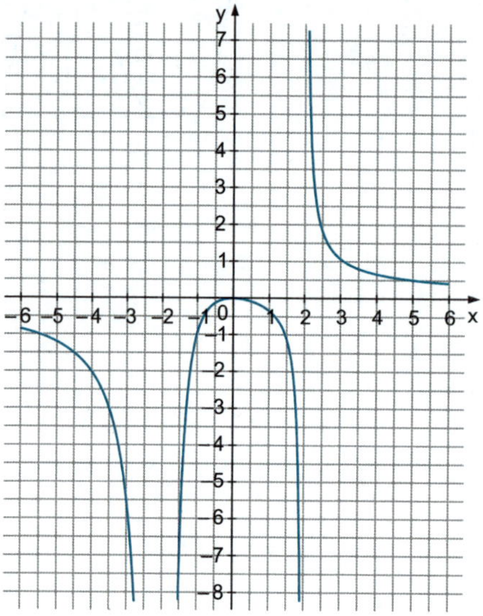
y
7
6
5
4
3
2
1
0
−1
−2
−3
−4
−5
−6
−7
−8
−6 −5 −4 −3 −2 −1 1 2 3 4 5 6 x

f)

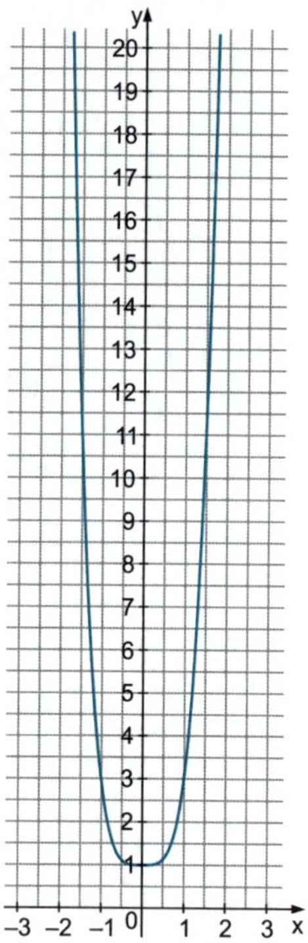
y
20
19
18
17
16
15
14
13
12
11
10
9
8
7
6
5
4
3
2
1
0
−3 −2 −1 1 2 3 x

Weitere funktionale Betrachtungen

Bei vielen Anwendungsproblemen ist der funktionale Zusammenhang zwischen Größen nicht durch einen Funktionsterm gegeben, sondern nur durch ein Schaubild oder andere grafische Darstellungen. Trotzdem möchte man Aussagen über die Änderungsraten der Größe und damit über charakteristische Stellen der Ableitungsfunktion treffen.
Umgekehrt kann auch der Fall eintreten, dass die Änderungsraten einer Größe nur in Form eines Schaubildes vorliegen und man Aussagen über charakteristische Stellen des Schaubildes der Größe bekommen möchte.
Man bezeichnet diese beiden Vorgehensweisen auch als **grafisches Differenzieren** und **grafisches Integrieren**.

1 Anhand des Schaubildes einer Funktion das Schaubild der Ableitungsfunktion skizzieren

Ziel dieses Abschnittes ist es, einen Überblick über das Schaubild der Ableitungsfunktion zu bekommen, ohne dass der Funktionsterm der Ausgangsfunktion gegeben ist (d. h., ohne dass man den Funktionsterm der Ableitungsfunktion durch Differenzieren bestimmen kann). Man muss also von Eigenschaften des Schaubildes der Funktion auf Eigenschaften des Schaubildes der Ableitungsfunktion schließen. Hierbei stehen im Wesentlichen qualitative Überlegungen im Vordergrund, die das Verständnis für den Zusammenhang zwischen dem Schaubild der Funktion und dem Schaubild der Ableitungsfunktion vertiefen sollen.

Beispiel

Gegeben sei das Schaubild einer Funktion f. Skizzieren Sie das Schaubild der Ableitungsfunktion.

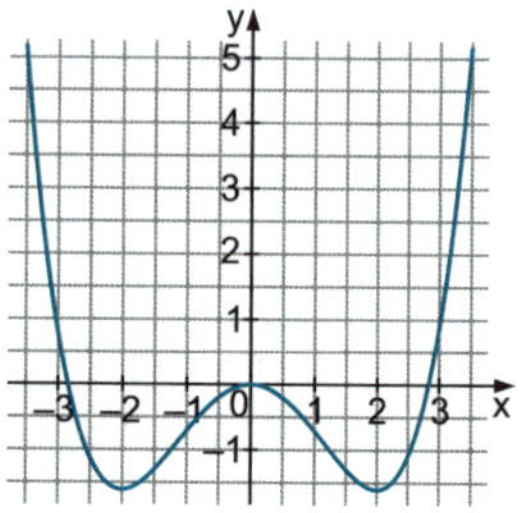

Lösung:
Um eine Vorstellung über den Verlauf des Schaubildes der Ableitungsfunktion zu bekommen, legt man an der Stelle $x = -3{,}5$ mit Geodreieck oder Lineal die Tangente an das Schaubild. Lässt man nun den Berührpunkt langsam an dem Schaubild entlangwandern und verändert entsprechend die Lage des Geodreiecks, so bekommt man einen ersten Eindruck vom Verlauf der Änderungsrate.

Ein etwas systematischeres Vorgehen besteht aus den folgenden Schritten:

1. Schritt:

Man bestimmt alle Stellen mit horizontaler Tangente. Dort hat die Ableitungsfunktion jeweils Nullstellen.
Hier sind das die Stellen $x_1 = -2$, $x_2 = 0$ und $x_3 = 2$. Diese können nun als Nullstellen der Ableitungsfunktion in das Schaubild von f' eingezeichnet werden. Die vertikalen Geraden $x = -2$, $x = 0$ und $x = 2$ werden ebenfalls in das Schaubild eingezeichnet. So ergibt sich das nebenstehende Bild.

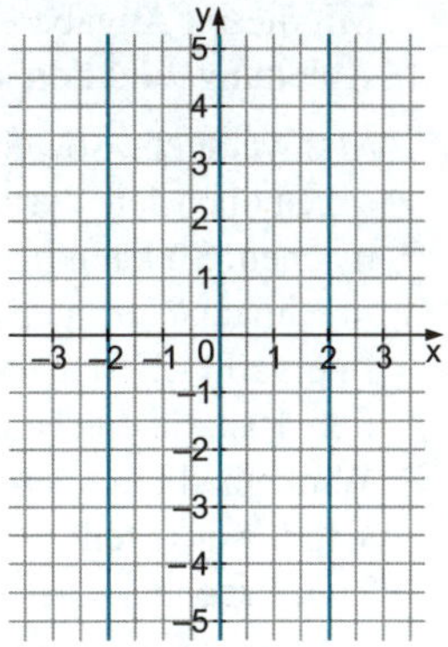

2. Schritt:

Für die Intervalle, die durch die Nullstellen festgelegt sind, wird das Vorzeichen der Ableitungsfunktion bestimmt.
Im Intervall (–3,5; –2) ist $f'(x) < 0$, da dort die Änderungsrate einen negativen Wert hat. Also kann der Bereich oberhalb der x-Achse für dieses Intervall ausgeschlossen und entsprechend markiert werden.
Im Intervall (–2; 0) ist $f'(x) > 0$, da die Änderungsrate positiv ist. Also wird für dieses Intervall der Bereich unterhalb der x-Achse ausgeschlossen.
Im Intervall (0; 2) ist $f'(x) < 0$ und im Intervall (2; +3,5) ist $f'(x) > 0$. So ergibt sich das nebenstehende Bild.

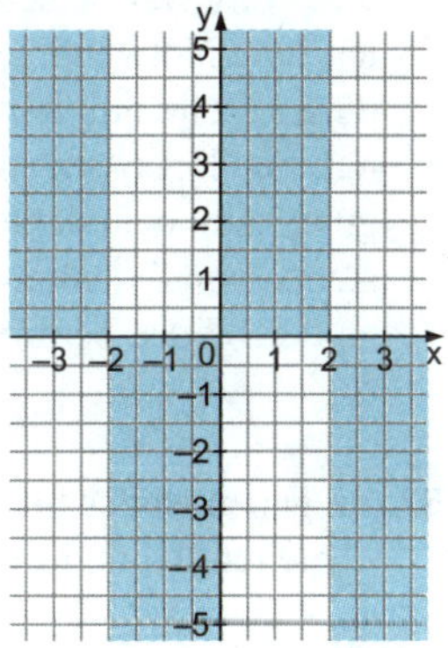

3. Schritt:

Für die einzelnen Intervalle versucht man nun, qualitative Aussagen über das Änderungsverhalten der Ableitungsfunktion aufzustellen:

- Im Intervall [–3,5; –2] sind die Werte der Ableitungsfunktion zuerst sehr stark negativ und wachsen monoton steigend gegen null.
- Im Intervall [–2; 0] wachsen die Funktionswerte der Ableitungsfunktion zuerst ungefähr bis zur Stelle $x = -1$. Dort erreichen sie ihren größten Wert. Anschließend fallen sie wieder bis zum Wert null.
- Im Intervall [0; 2] fallen die Funktionswerte weiter ins Negative, erreichen ungefähr an der Stelle $x = 1$ ihren tiefsten Wert und steigen anschließend wieder gegen null.
- Im Intervall [2; 3,5] wachsen die Werte der Ableitungsfunktion immer mehr und erreichen an der Stelle $x = 3,5$ ihren größten Wert.

4. Schritt:

Mit diesen Angaben kann nun das Schaubild der Ableitungsfunktion skizziert werden.

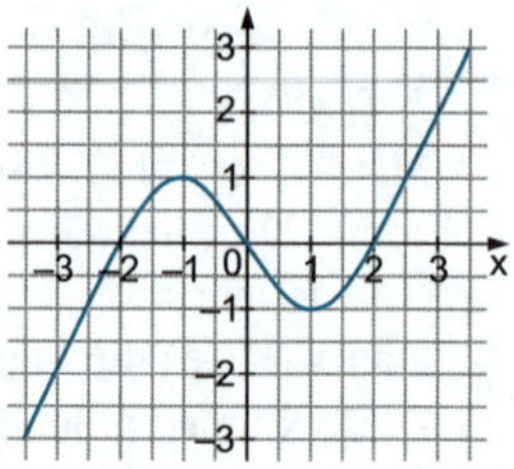

Man versucht, soweit möglich, noch weitere Aussagen über den Verlauf der Ableitungsfunktion zu machen. So kann hier festgestellt werden, dass der maximale Wert, den die Ableitungsfunktion im Intervall [–2; 0] an der Stelle –1 annimmt, ungefähr 1 ist, da die Tangente hier parallel zur ersten Winkelhalbierenden verläuft. Entsprechend ergibt sich für die Stelle x = 1 ein minimaler Wert von –1. Zum Ergebnis, dass die Ableitungsfunktion an den Stellen x = –1 und x = 1 jeweils eine horizontale Tangente hat, gelangt man auch, wenn man sich überlegt, dass das Schaubild von f bis zur Stelle x = –1 aus einer Linkskurve, von dort bis zur Stelle x = 1 aus einer Rechtskurve und anschließend wieder aus einer Linkskurve besteht. Die Stellen x = –1 und x = 1 müssen also Wendestellen sein. Notwendige Bedingung dafür ist aber, dass die 2. Ableitung von f an dieser Stelle null ist, d. h. dass die 1. Ableitung dort eine horizontale Tangente hat. Im Gegensatz zu der im vorangehenden Abschnitt ausgeführten Überlegung kann man daraus allerdings weder auf das Vorliegen relativer Extremstellen von f' schließen, noch erhält man die y-Werte der Ableitungsfunktion an den beiden betreffenden Stellen.

Aufgabe 53. Gegeben ist das Schaubild einer Funktion f. Skizzieren Sie das Schaubild der Ableitungsfunktion f'.

a)

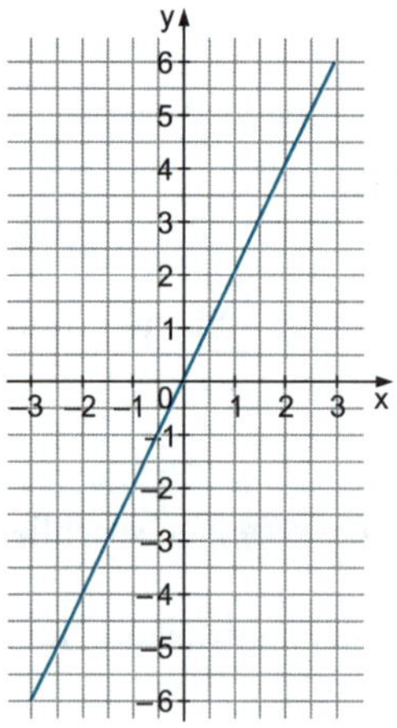

b)

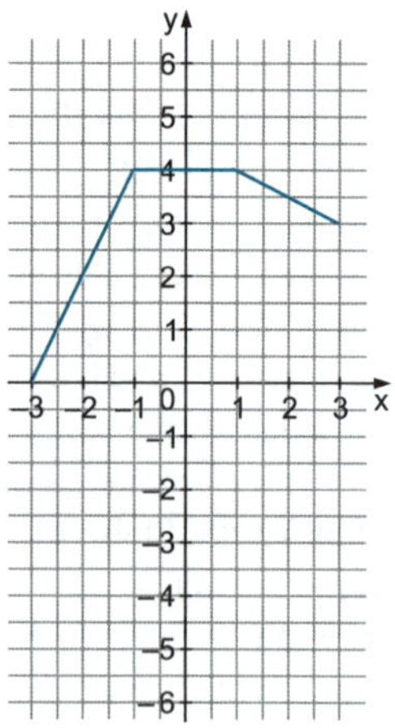

c)

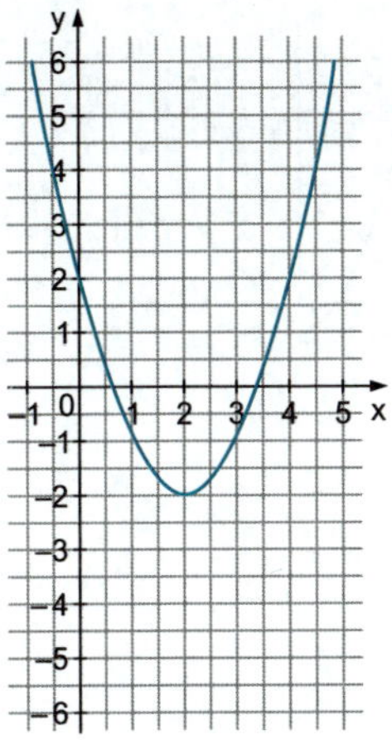
y
6
5
4
3
2
1
−1 0 1 2 3 4 5 x
−1
−2
−3
−4
−5
−6

d)

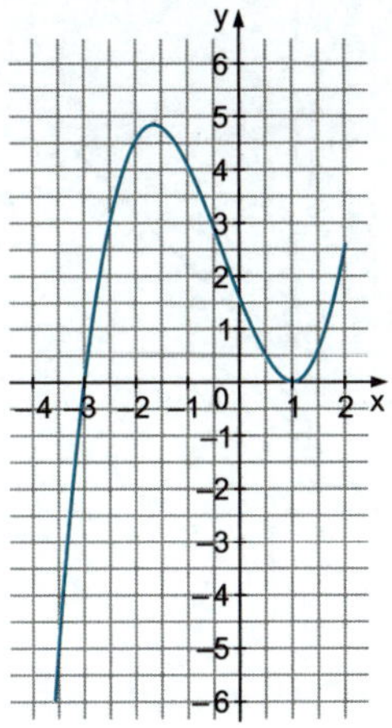
y
6
5
4
3
2
1
−4 −3 −2 −1 0 1 2 x
−1
−2
−3
−4
−5
−6

e)

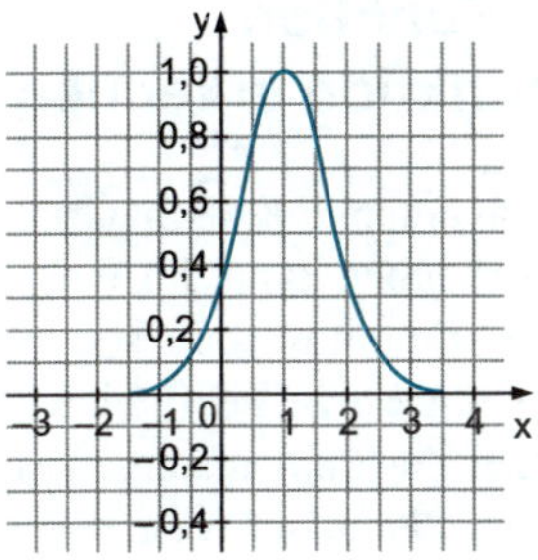
y
1,0
0,8
0,6
0,4
0,2
−3 −2 −1 0 1 2 3 4 x
−0,2
−0,4

f)

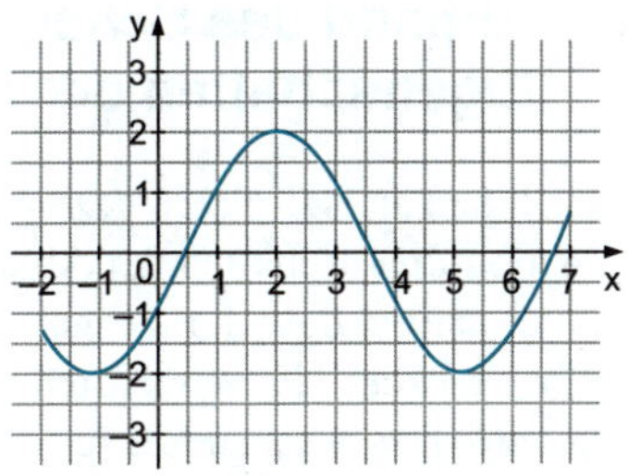
y
3
2
1
−2 −1 0 1 2 3 4 5 6 7 x
−1
−2
−3

g)

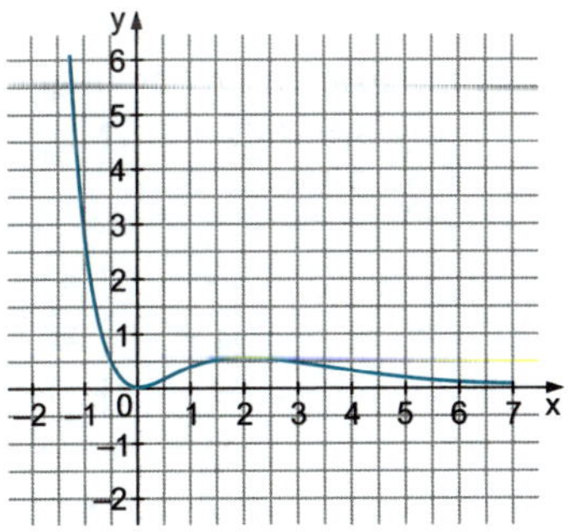
y
6
5
4
3
2
1
−2 −1 0 1 2 3 4 5 6 7 x
−1
−2

h)

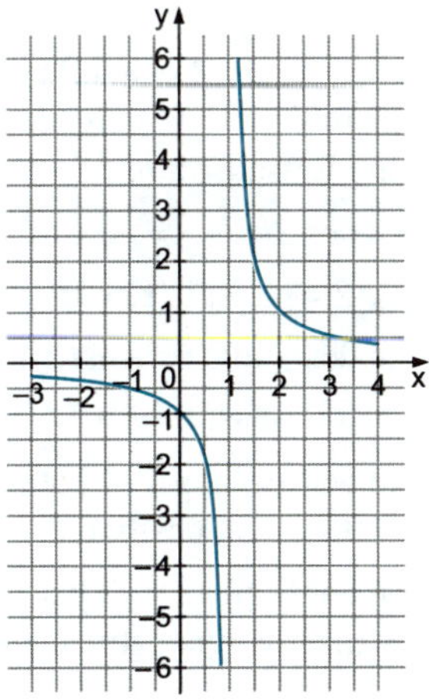
y
6
5
4
3
2
1
−3 −2 −1 0 1 2 3 4 x
−1
−2
−3
−4
−5
−6

i)

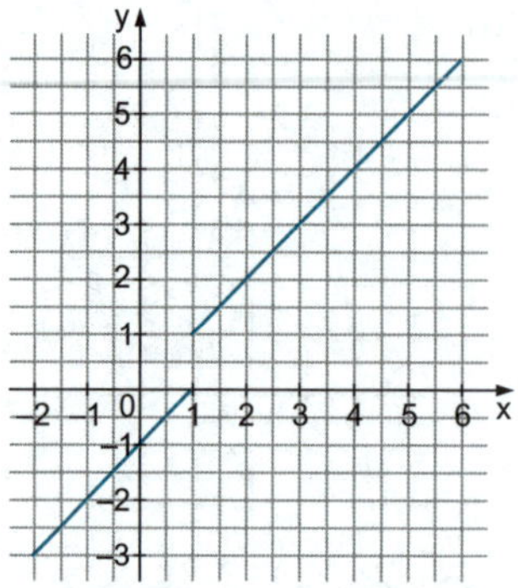

j)

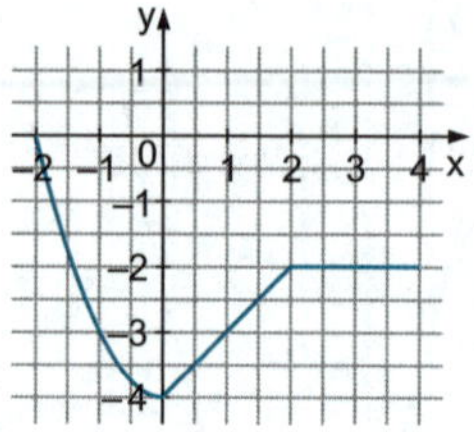

2 Anhand des Schaubildes einer Funktion Eigenschaften der Ableitungsfunktion erkennen

Es soll nun an Beispielen gezeigt werden, wie man anhand des Schaubildes einer Funktion Eigenschaften der Ableitungsfunktion erkennen kann. Im Wesentlichen geht es darum, dass diese Eigenschaften nicht nur erkannt werden, sondern dass dafür, dass diese Eigenschaften erfüllt sind, auch eine kurze Begründung gefunden wird. Das Verständnis für den mathematischen Zusammenhang zwischen den Eigenschaften von Funktion und Ableitungsfunktion kann auf diese Art vertieft werden.

Beispiel

Gegeben sei das Schaubild einer dreimal differenzierbaren Funktion f. Entscheiden Sie, ob die folgenden Aussagen richtig oder falsch sind. Begründen Sie Ihre Entscheidung.

a) An der Stelle $x = -2$ ist $f'(x) = 0$.

b) Für $x < -2$ ist $f'(x) < 0$.

c) An der Stelle $x = 1$ ist $f''(x) = 0$.

d) Für $x > -2$ ist $f'(x) > 0$.

e) An der Stelle $x = -1$ hat $f''(x)$ einen Vorzeichenwechsel von positiven zu negativen Werten.

f) An der Stelle $x = -2$ hat $f'(x)$ einen Vorzeichenwechsel von negativen zu positiven Werten.

g) Für $-1 < x < 1$ ist $f''(x) < 0$.

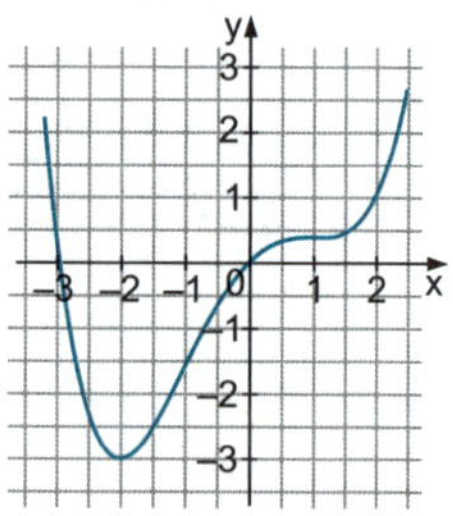

Lösung:

a) Die Aussage ist richtig, da das Schaubild an der Stelle $x = -2$ eine horizontale Tangente besitzt. Die momentane Änderungsrate ist also 0.
Eine andere Begründung ist, dass an der Stelle $x = -2$ ein lokales Minimum vorliegt. Die notwendige Bedingung für das Vorliegen eines lokalen Extremums ist bei differenzierbaren Funktionen aber, dass die erste Ableitung an dieser Stelle gleich null ist. Diese Bedingung muss also auf jeden Fall erfüllt sein.

b) Die Aussage ist richtig, da die Steigung der Tangente und damit die Änderungsrate für $x < -2$ negativ ist.

c) Die Aussage ist richtig, da an der Stelle $x = 1$ eine Wendestelle vorliegt. Die Krümmung ändert sich von einer Rechts- in eine Linkskrümmung. Notwendige Bedingung für eine Wendestelle x_0 ist, dass $f''(x_0) = 0$ ist.

d) Die Aussage ist falsch, da $f'(1) = 0$ ist (horizontale Tangente).

e) Die Aussage ist richtig, da die Funktion an der Stelle $x = -1$ eine Wendestelle hat. Der Krümmungssinn ändert sich von einer Linkskrümmung ($f''(x) > 0$) in eine Rechtskrümmung ($f''(x) < 0$).

f) Die Aussage ist richtig, da die Änderungsrate für $x < -2$ negativ ($f'(x) < 0$) und für $1 > x > -2$ positiv ist ($f'(x) > 0$).

g) Die Aussage ist richtig, da für $-1 < x < 1$ eine Rechtskrümmung vorliegt. Damit ist die Ableitungsfunktion streng monoton fallend und die Werte der zweiten Ableitungsfunktion müssen negativ sein.

Aufgaben **54.** Gegeben ist das Schaubild einer dreimal differenzierbaren Funktion f. Entscheiden Sie, ob die folgenden Aussagen richtig oder falsch sind. Begründen Sie Ihre Entscheidung.

a) Für $1 < x < 3$ ist $f'(x) < 0$.

b) Für $x = 2$ ist $f''(x) > 0$.

c) Für $x = -1$ ist $f'(x) = 0$.

d) Für $x = 0$ ist $f''(x) = 0$.

e) f' hat an der Stelle $x = 1$ einen Vorzeichenwechsel von positiven zu negativen Werten.

f) An der Stelle $x = -0{,}5$ ist $f'(x) < 0$.

g) An der Stelle $x = -2$ ist $f''(x) > 0$.

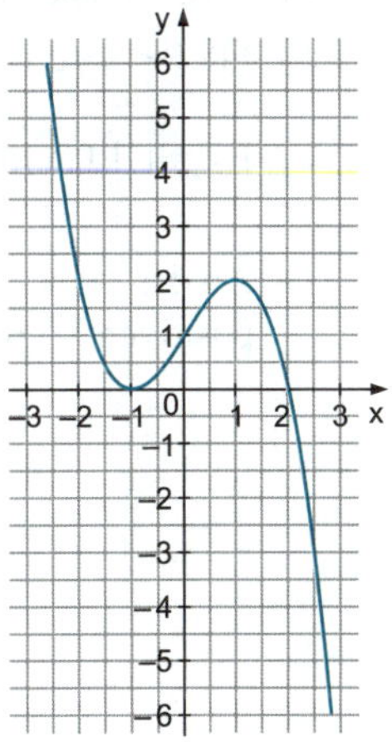

55. Gegeben ist das Schaubild einer dreimal differenzierbaren Funktion f. Entscheiden Sie, ob die folgenden Aussagen richtig oder falsch sind. Begründen Sie Ihre Entscheidung.

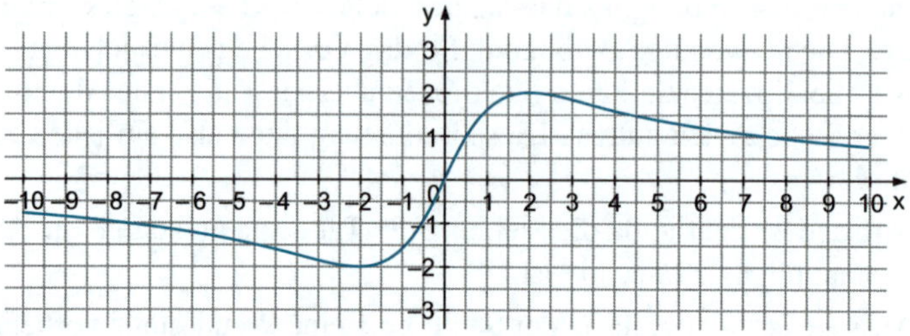

a) Für $-2 < x < 2$ ist $f'(x) > 0$.

b) Der Wert der Ableitungsfunktion an der Stelle $x = -8$ ist kleiner als der Wert der Ableitungsfunktion an der Stelle $x = -6$.

c) $f'(x)$ hat zwischen $x = 3$ und $x = 4$ ein Minimum.

d) An der Stelle $x = 2$ hat $f'(x)$ einen Vorzeichenwechsel von positiven zu negativen Werten.

e) Es gilt $\int_{-6}^{6} f(x)\,dx = 0$.

56. Gegeben ist das Schaubild einer dreimal differenzierbaren Funktion f. Entscheiden Sie, ob die folgenden Aussagen richtig oder falsch sind. Begründen Sie Ihre Entscheidung.

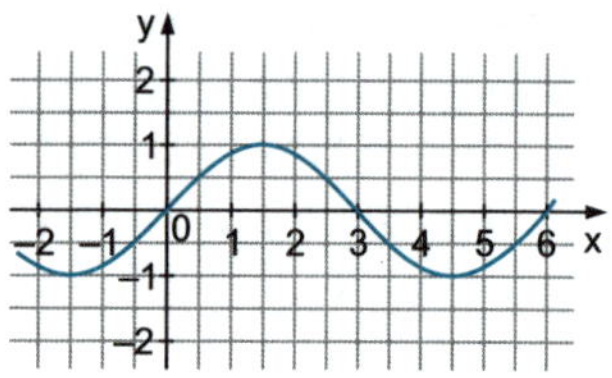

a) Für $x = 4{,}5$ ist $f'(x) = 0$.

b) Für $x = 0$ ist $f'(x) < 0$.

c) $x = 6$ ist eine Wendestelle.

d) Für $0 < x < 3$ ist $f'(x) > 0$.

e) Es gilt $\int_{0}^{6} f(x)\,dx = 0$.

f) An der Stelle $x = 1{,}5$ hat $f'(x)$ einen Vorzeichenwechsel von negativen zu positiven Werten.

57. Gegeben ist das Schaubild einer dreimal differenzierbaren Funktion f. Entscheiden und begründen Sie, ob folgende Aussagen richtig oder falsch sind:

a) Für $x > 0$ ist $f'(x)$ monoton wachsend.

b) Für $x = -1$ ist $f''(x) < 0$.

c) Für $x = -2$ ist $f''(x) = 0$.

d) An der Stelle $x = -2$ hat $f'(x)$ einen Vorzeichenwechsel.

e) An der Stelle $x = -1$ hat $f'(x)$ einen Vorzeichenwechsel von negativen zu positiven Werten.

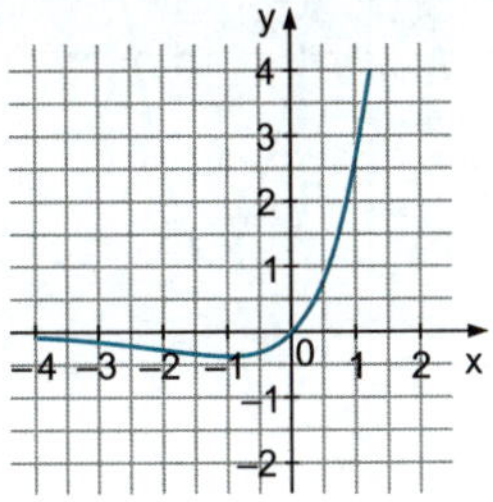

f) Für alle $x_1, x_2 \in [-4; 1]$ gilt: Wenn $x_1 < x_2$ ist, dann ist $f(x_1) < f(x_2)$.

58. Sie sehen unten abgebildet die Schaubilder einer Funktion, deren erster und zweiter Ableitungsfunktion. Entscheiden und begründen Sie, welches (A, B oder C) das Schaubild der Funktion, welches das Schaubild der ersten Ableitungsfunktion und welches das Schaubild der zweiten Ableitungsfunktion ist.

a)

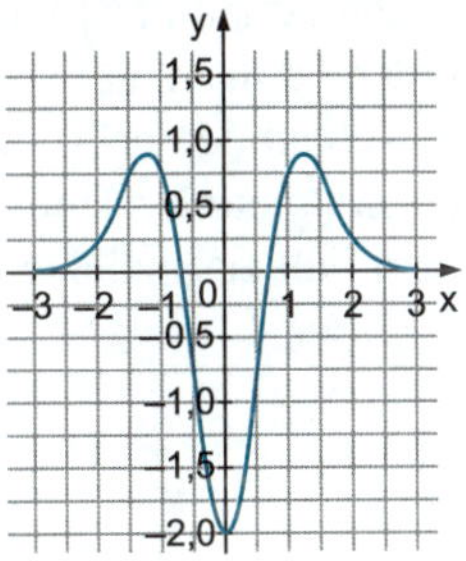

A

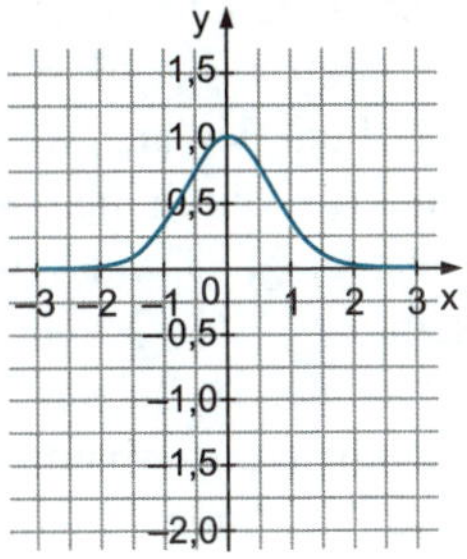

B

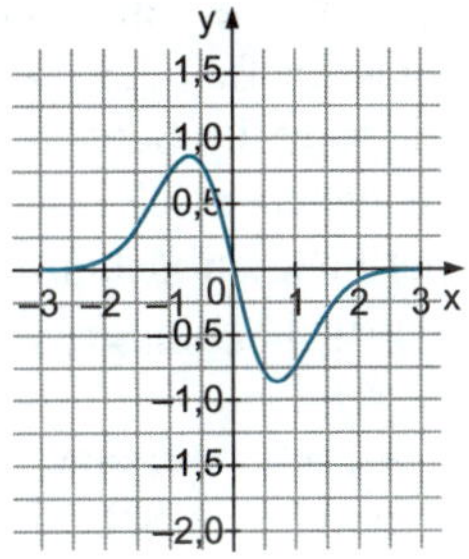

C

b)

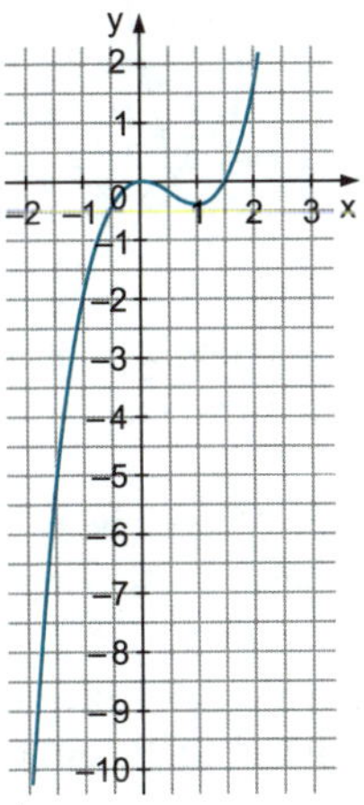

A

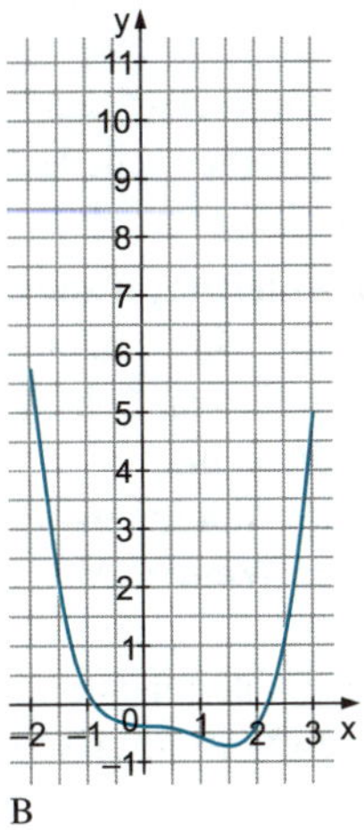

B

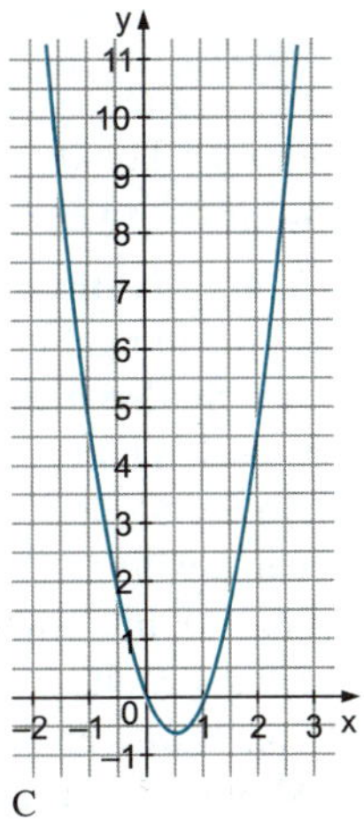

C

c)

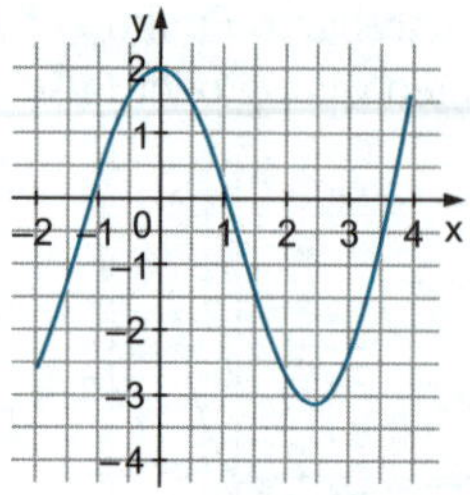

A

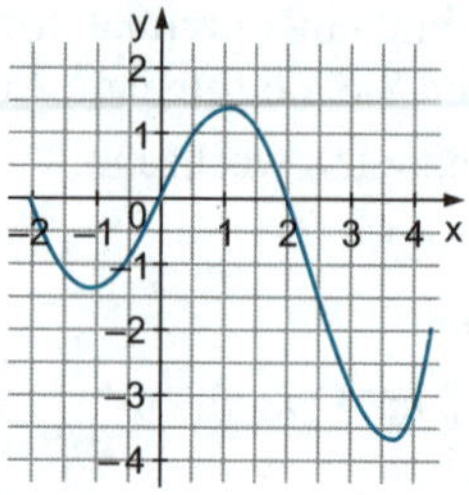

B

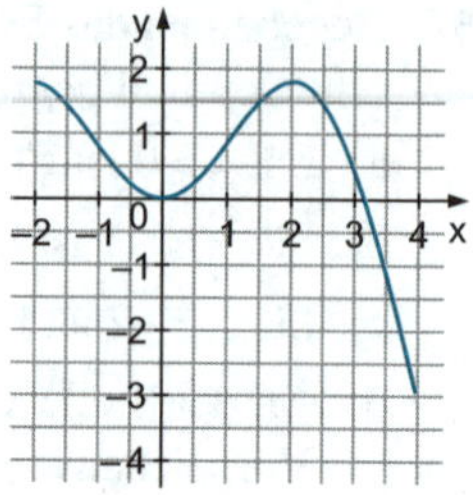

C

3 Anhand des Schaubildes der Ableitungsfunktion das Schaubild der Ausgangsfunktion skizzieren

Die Richtung der Überlegungen der beiden letzten Abschnitte soll nun umgekehrt werden. Wie kann von Eigenschaften des Schaubildes der Ableitungsfunktion auf Eigenschaften der Ausgangsfunktion geschlossen werden? Anders gesagt:
Wie sieht das Schaubild einer Funktion aus, wenn das Schaubild der Änderungsrate gegeben ist? Da eine Funktion durch die Änderungsrate nur eindeutig bis auf eine Integrationskonstante festgelegt ist, muss in diesem Fall zusätzlich eine Anfangsbedingung gegeben sein.

Beispiel

Gegeben sei eine zweimal differenzierbare Funktion f. Das Schaubild ihrer Ableitungsfunktion f' ist nebenstehend skizziert. Skizzieren Sie das Schaubild von f mit $f(-2) = 12$.

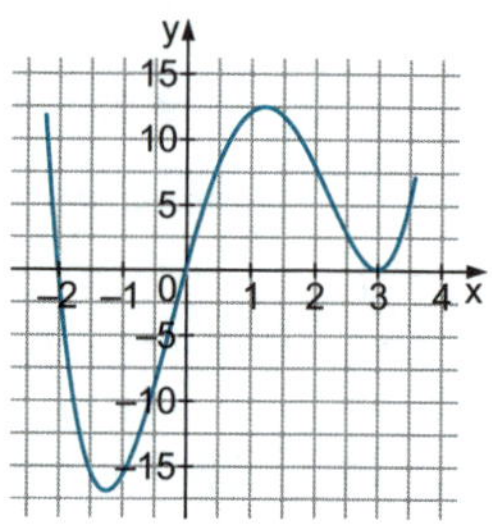

Lösung:
Um eine Vorstellung von dem Verlauf des Schaubildes der Funktion f zu bekommen, gliedert man den Lösungsweg in mehrere Schritte.

1. Schritt: **Nullstellen der Ableitungsfunktion**
Die Ableitungsfunktion hat die Nullstellen $x_1 = -2$, $x_2 = 0$ und $x_3 = 3$. An diesen Stellen hat das Schaubild von f eine horizontale Tangente. Diese Stellen werden nun genauer untersucht:
- An der Stelle $x = -2$ hat die Ableitungsfunktion einen Vorzeichenwechsel von positiven zu negativen Werten. Also muss an dieser Stelle ein relatives Maximum vorliegen.
- An der Stelle $x = 0$ hat die Ableitungsfunktion einen Vorzeichenwechsel von negativen zu positiven Werten. Also muss an dieser Stelle ein relatives Minimum vorliegen.

– Problematischer ist die Stelle x = 3, da hier kein Vorzeichenwechsel der Ableitungsfunktion vorliegt. Das Schaubild der Ableitungsfunktion berührt die x-Achse. Es handelt sich bei x = 3 also um eine relative Extremstelle der Ableitungsfunktion. Derartige besondere Stellen sollen im 2. Schritt näher untersucht werden.

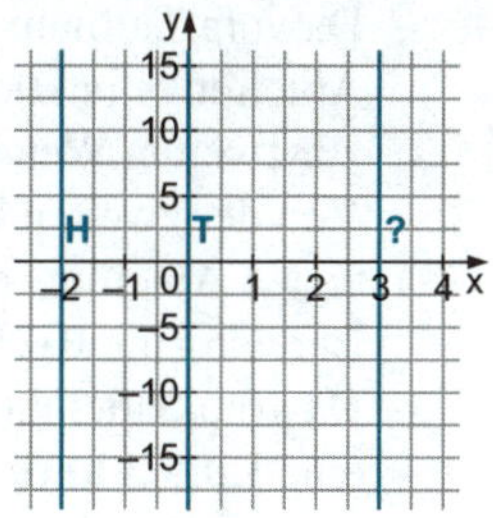

2. Schritt: **Untersuchung auf Wendestellen**

Im 2. Schritt nun möchte man mögliche Wendestellen der Ausgangsfunktion bestimmen. Dazu schließt man aus dem Verhalten der Ableitungsfunktion um ihre Extrema herum auf das Verhalten der 2. Ableitungsfunktion.

Die Ableitungsfunktion hat an den Stellen $x \approx -1{,}2$, $x \approx 1{,}2$ und $x = 3$ relative Extrema.

– Bei $x \approx -1{,}2$ ist die Steigung der Tangente an die Ableitungsfunktion vorher negativ und anschließend positiv. Die zweite Ableitungsfunktion hat also dort eine Nullstelle mit Vorzeichenwechsel. Damit hat die Ausgangsfunktion an dieser Stelle eine Wendestelle.

– Bei $x \approx 1{,}2$ ist die Änderungsrate der Ableitungsfunktion vorher positiv und anschließend negativ. Also hat die zweite Ableitungsfunktion auch hier eine Nullstelle mit Vorzeichenwechsel und damit hat die Ausgangsfunktion eine Wendestelle. Diese Wendestellen können nun zusätzlich eingetragen werden.

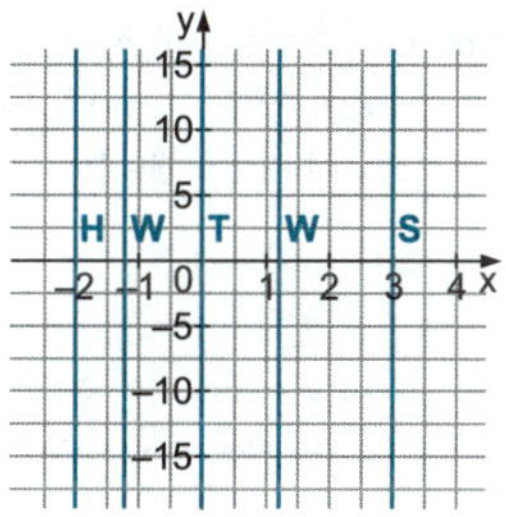

– Vor der Stelle x = 3 sind die Tangentensteigungen der Ableitungsfunktion negativ, an der Stelle x − 3 ist die Tangente horizontal und danach ist die Tangentensteigung positiv. Die zweite Ableitungsfunktion hat also an der Stelle x = 3 eine Nullstelle mit Vorzeichenwechsel. Also liegt bei x = 3 eine Wendestelle vor. Da außerdem noch f'(3) gleich null ist, hat das Schaubild der Funktion bei x = 3 einen Sattelpunkt.

3. Schritt:

Für die so festgelegten Bereiche versucht man nun qualitative Aussagen über den Verlauf der Ausgangsfunktion zu machen.

– Ausgehend von der Anfangsbedingung f(–2) = 12 ist die Änderungsrate der Ableitungsfunktion (d. h. f''(x)) bis zur ersten Wendestelle negativ. Es liegt also eine **Rechtskurve** vor.

– Von der Wendestelle bis zum relativen Minimum ist die Änderungsrate der Ableitungsfunktion (f''(x)) positiv, sodass sich in diesem Bereich eine **Linkskurve** ergibt.

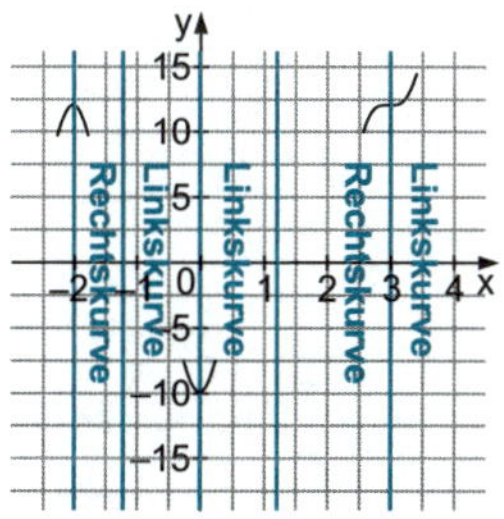

- Da vom Tiefpunkt bis zur zweiten Wendestelle die Änderungsrate der Ableitungsfunktion positiv bleibt, bleibt auch der Krümmungssinn bis zur zweiten Wendestelle erhalten **(Linkskurve)**.
- Von der zweiten Wendestelle bis zum Sattelpunkt ist die Änderungsrate der ersten Ableitungsfunktion wieder negativ. Damit ergibt sich in diesem Bereich eine **Rechtskurve**.
- Da vom Sattelpunkt an die Änderungsrate wieder positiv wird, liegt hier eine **Linkskurve** vor.

Nun kann die Skizze des Schaubildes fertiggestellt werden. Für die Ausgangsfunktion f ergibt sich das nebenstehende Schaubild. Die Funktionswerte für den Tief- und den Sattelpunkt sind dabei relativ willkürlich festgelegt.

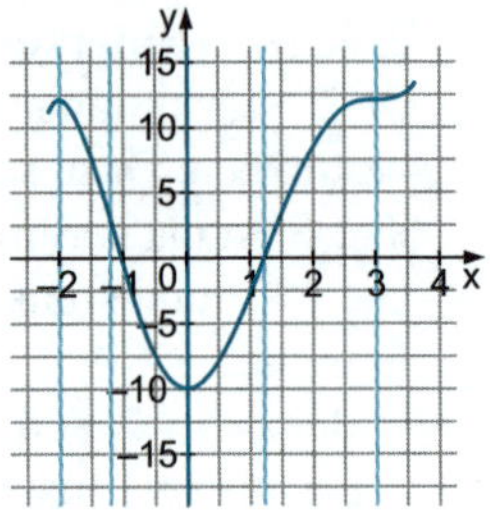

Aufgabe **59.** Gegeben sei eine zweimal differenzierbare Funktion f sowie das Schaubild ihrer Ableitungsfunktion f'. Skizzieren Sie das Schaubild von f mit der gegebenen Bedingung.

a) $f(0)=0$

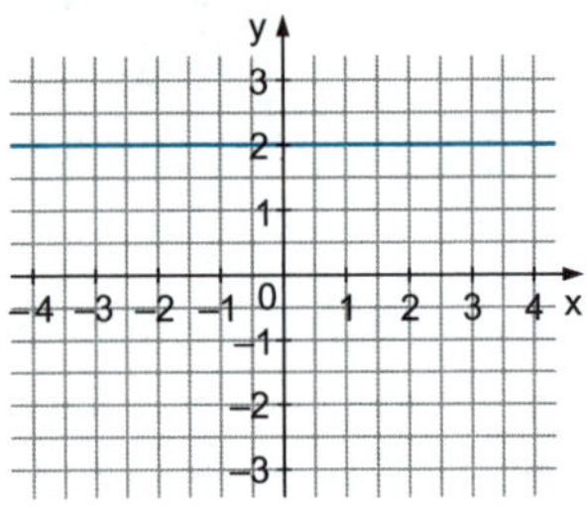

b) $f(0)=3$

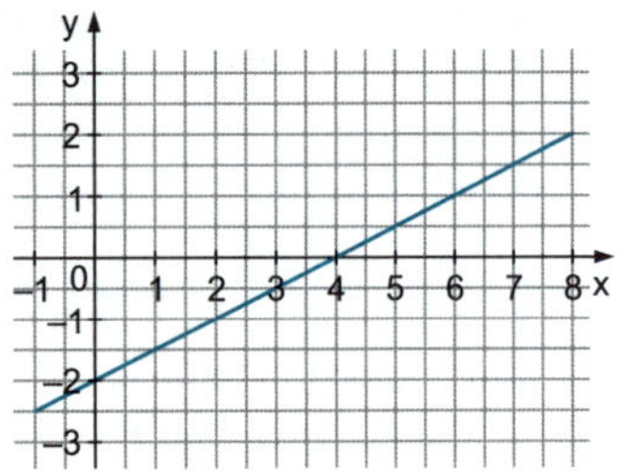

c) $f(2)=-3$

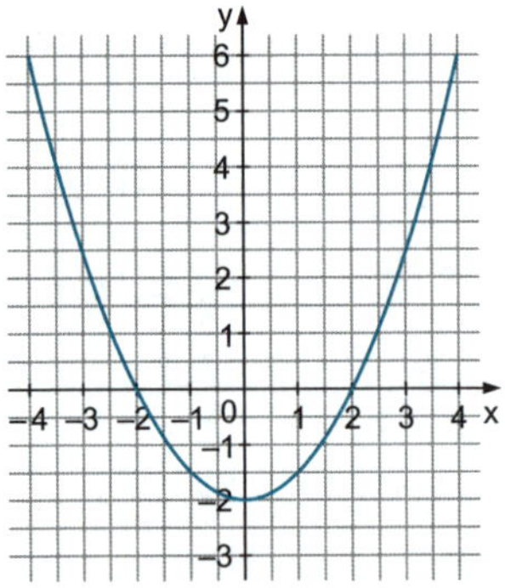

d) $f(0)=0$

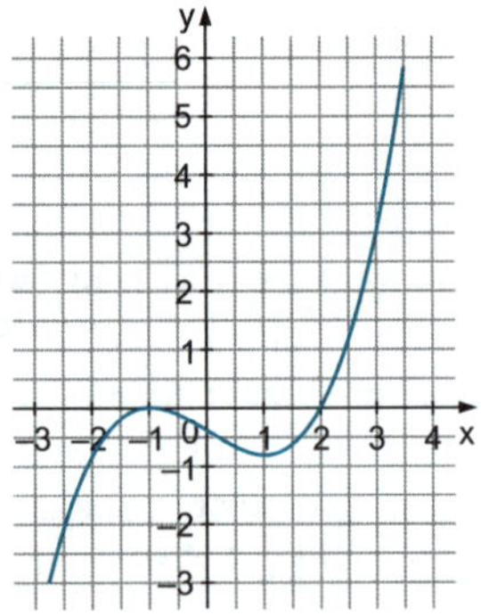

e) f(0) = 0

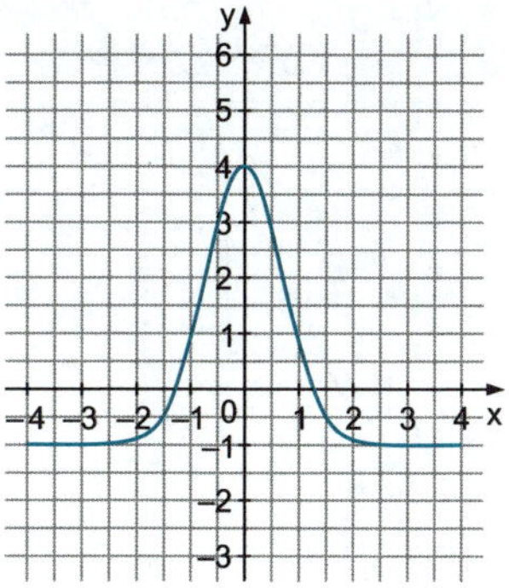

f) f(0) = −1

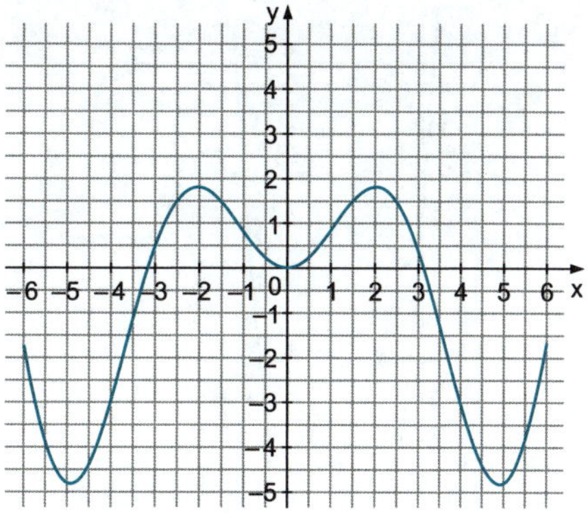

g) f(0) = −9

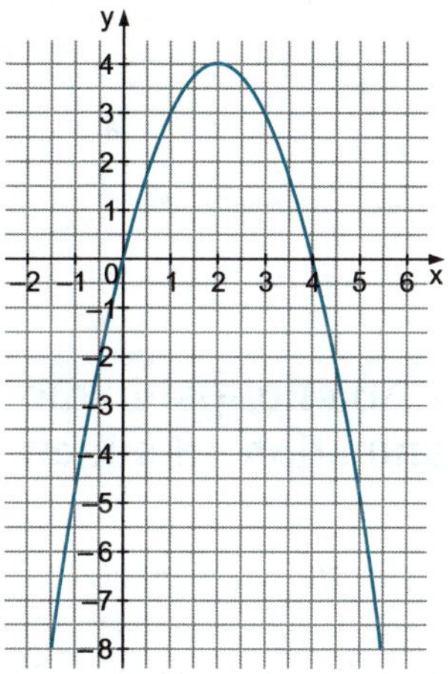

h) f(1) = −2

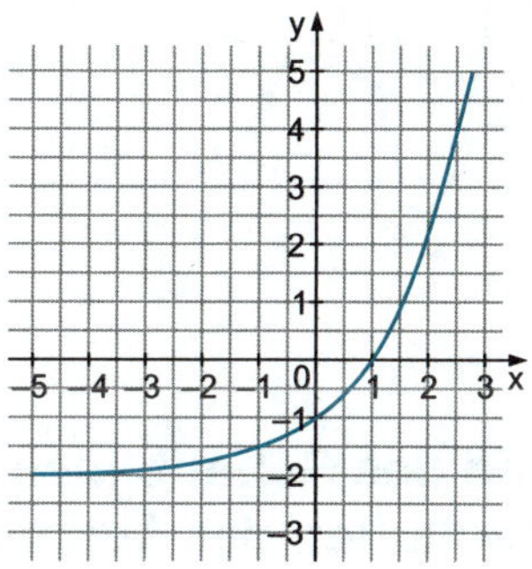

i) f(0) = 0

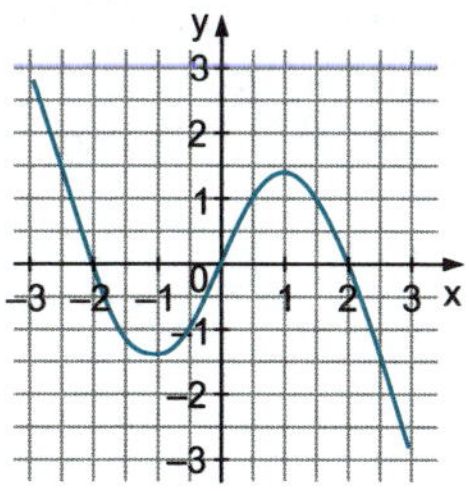

j) f(0) = 0

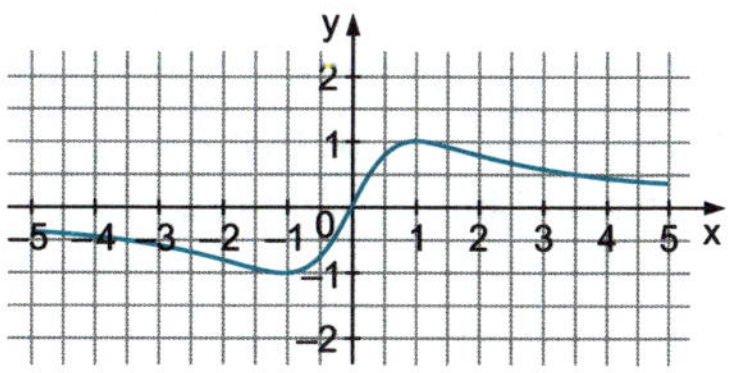

k) $f(0)=0$

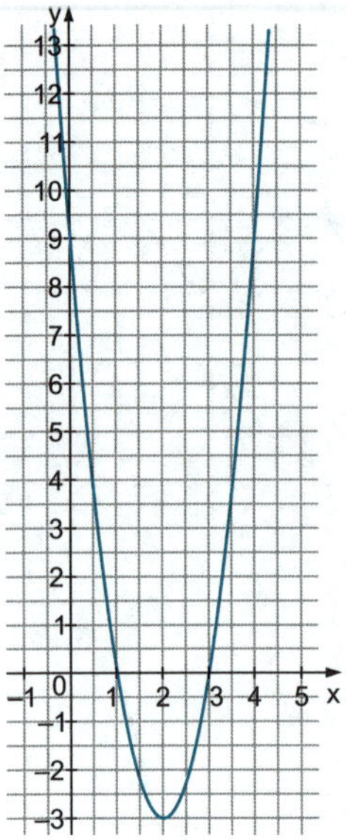

l) $f(0)=-4$

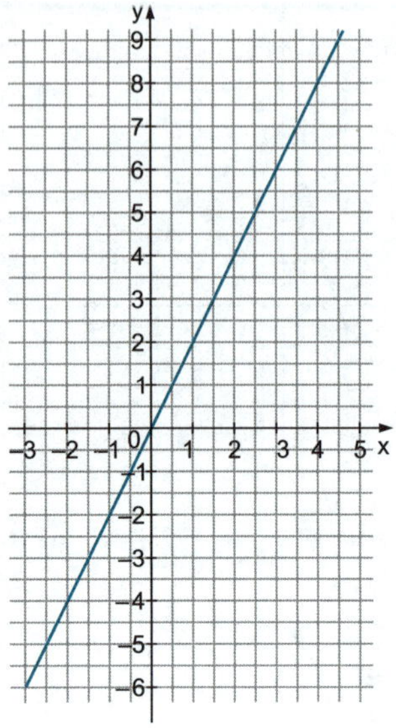

4 Anhand des Schaubildes der Ableitungsfunktion Eigenschaften der Ausgangsfunktion erkennen

Während im letzten Abschnitt das Schaubild einer Ausgangsfunktion anhand des Schaubildes ihrer Änderungsrate konstruiert wurde, sollen nun einzelne Eigenschaften der Ableitungsfunktion anhand des Schaubildes erkannt werden. Davon ausgehend kann man dann auf Eigenschaften der Ausgangsfunktion schließen. Dabei soll auch kurz begründet werden, ob die aufgestellten Aussagen für die Ausgangsfunktion richtig oder falsch sind. Diese Begründungen werden sich im Wesentlichen auf die Kriterien für relative Extremstellen, Wendestellen, Monotonie und Krümmungssinn konzentrieren.

Beispiel

Gegeben sei eine zweimal differenzierbare Funktion f. Das Schaubild ihrer Ableitungsfunktion f' ist skizziert. Entscheiden Sie, ob die folgenden Aussagen richtig oder falsch sind. Begründen Sie Ihre Entscheidung.

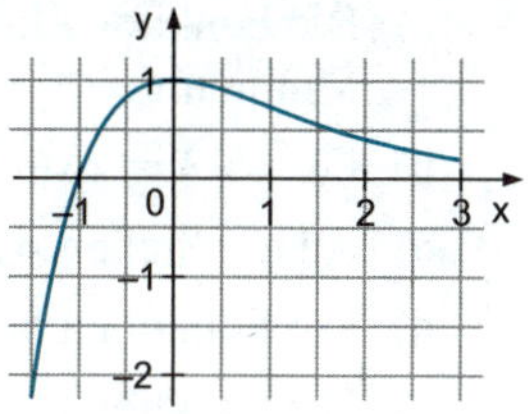

a) An der Stelle $x = -1$ hat das Schaubild von f einen Tiefpunkt.

b) An der Stelle $x = 0$ hat das Schaubild von f eine Tangente, die parallel ist zur Geraden mit der Gleichung $y = x - 7$.

c) f ist streng monoton wachsend für $-1{,}5 \leq x \leq 0$.

d) An der Stelle $x = 0$ hat das Schaubild von f eine Wendestelle.

e) Für $0 < x < 3$ hat das Schaubild von f eine Rechtskrümmung.

Lösung:

a) Die Aussage ist richtig, da das Schaubild von f' an der Stelle $x = 0$ eine Nullstelle mit Vorzeichenwechsel von negativen zu positiven Werten hat. Damit ist die hinreichende Bedingung für das Vorliegen eines Tiefpunktes erfüllt.

b) Die Aussage ist richtig, da f' an der Stelle $x = 0$ den Wert 1 hat. Die Steigung der Tangente und die Steigung der Geraden haben beide den Wert 1. Sie sind also parallel.

c) Die Aussage ist falsch. Für $-1{,}5 < x < -1$ ist $f'(x)$ negativ. Dann muss das Schaubild von f in diesem Intervall streng monoton fallend sein. Die Aussage ist richtig für das Intervall $-1 < x < 3$, da hier $f'(x) > 0$ ist.

d) Die Aussage ist richtig. Das Schaubild von f' hat an der Stelle $x = 0$ eine horizontale Tangente. Es gilt also $f''(0) = 0$ (notwendige Bedingung für das Vorliegen einer Wendestelle). Vor der Stelle $x = 0$ ist die Tangentensteigung des Schaubildes von f' positiv, anschließend negativ. Die Funktion f'' hat also an der Stelle $x = 0$ einen Vorzeichenwechsel. Damit ist auch ein hinreichendes Kriterium für das Vorliegen einer Wendestelle erfüllt.

e) Die Aussage ist richtig. Für $0 < x < 3$ ist das Schaubild von f' streng monoton fallend. Also ist in diesem Intervall $f''(x) < 0$. Damit hat das Schaubild von f in diesem Intervall eine Rechtskrümmung.

Aufgaben **60.** Gegeben ist eine dreimal differenzierbare Funktion f. Das Schaubild ihrer Ableitungsfunktion f' ist skizziert. Entscheiden Sie, ob die folgenden Aussagen richtig oder falsch sind. Begründen Sie Ihre Entscheidung.

a) Die Funktion f hat an der Stelle $x = 2$ ein Minimum.

b) Für $x > 3$ ist f streng monoton steigend.

c) An der Stelle $x = 3$ hat f ein lokales Minimum.

d) Die Funktion f hat eine Wendestelle bei $x = 2$.

e) Die Funktion f hat mindestens eine Nullstelle.

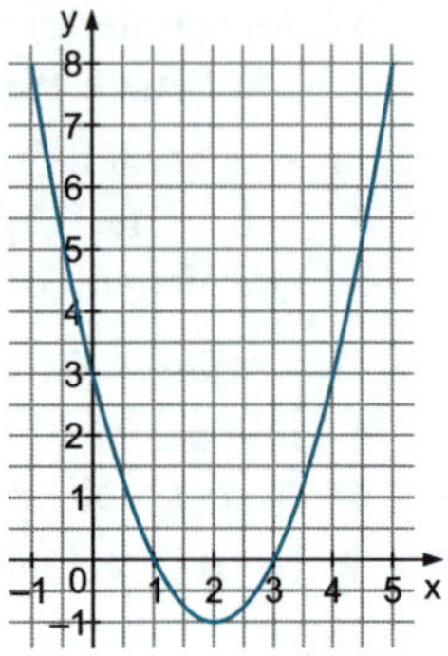

61. Gegeben ist eine dreimal differenzierbare Funktion f. Das Schaubild ihrer Ableitungsfunktion f' ist skizziert. Entscheiden Sie, ob die Aussagen richtig oder falsch sind. Begründen Sie Ihre Entscheidung.

a) An der Stelle $x = 0$ hat f eine Wendestelle.

b) An der Stelle $x = 0{,}8$ hat die Funktion f ein lokales Minimum.

c) Für $0{,}8 < x < 2{,}4$ ist die Funktion streng monoton wachsend.

d) Für $0 < x < 1{,}6$ ist das Schaubild von f linksgekrümmt.

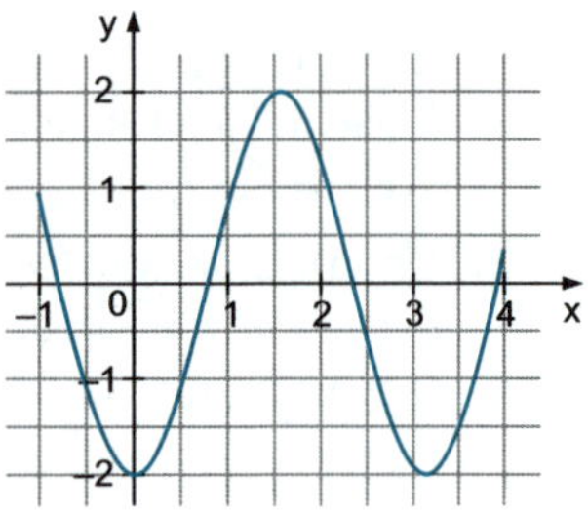

62. Gegeben ist eine dreimal differenzierbare Funktion f. Das Schaubild ihrer Ableitungsfunktion f' ist skizziert. Entscheiden Sie, ob die Aussagen richtig oder falsch sind. Begründen Sie Ihre Entscheidung.

a) Die Funktion f ist für $x > 0$ streng monoton fallend.

b) Die Funktion f hat bei $x = 2$ eine Extremstelle.

c) Die Funktion f hat keine Wendestelle.

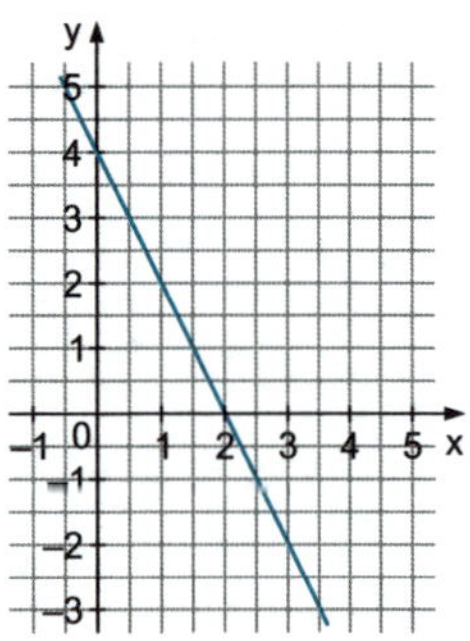

63. Gegeben ist eine dreimal differenzierbare Funktion f. Das Schaubild ihrer Ableitungsfunktion f' ist skizziert. Entscheiden Sie, ob die Aussagen richtig oder falsch sind. Begründen Sie Ihre Entscheidung.

a) An der Stelle $x=2$ hat f eine Extremstelle.

b) f hat keine Wendestelle.

c) Für $x<-2$ ist f streng monoton wachsend.

d) An der Stelle $x=0{,}5$ hat f eine Wendestelle.

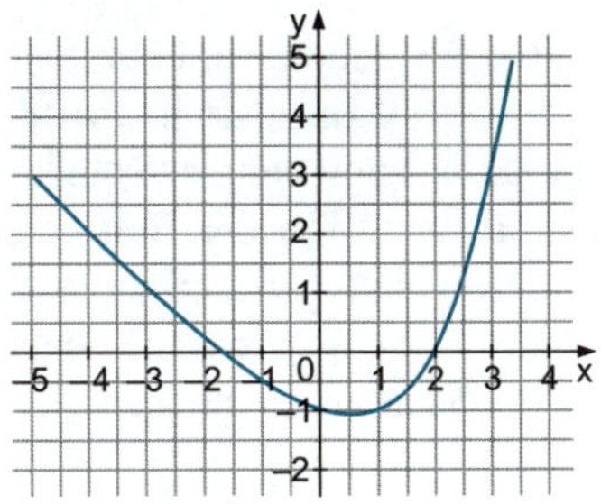

64. Gegeben ist eine dreimal differenzierbare Funktion f. Das Schaubild ihrer Ableitungsfunktion f' ist skizziert. Entscheiden Sie, ob die Aussagen richtig oder falsch sind. Begründen Sie Ihre Entscheidung.

a) An der Stelle $x=-2$ hat f ein relatives Maximum.

b) Für $0<x<2$ ist f streng monoton fallend.

c) An der Stelle $x=3{,}7$ hat f eine Wendestelle.

d) Für $-1<x<1$ ist das Schaubild von f linksgekrümmt.

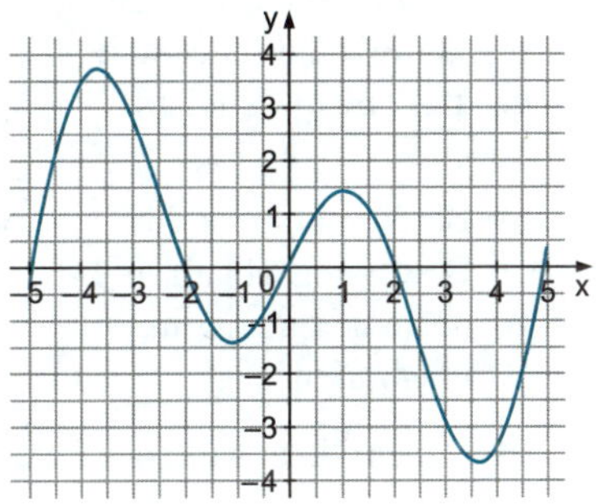

65. Gegeben ist eine dreimal differenzierbare Funktion f. Das Schaubild ihrer Ableitungsfunktion f' ist skizziert. Entscheiden Sie, ob die Aussagen richtig oder falsch sind. Begründen Sie Ihre Entscheidung.

a) An der Stelle $x=0$ hat f ein relatives Maximum.

b) Für $x>0$ ist f streng monoton fallend.

c) An der Stelle $x\approx 0{,}8$ hat f eine Wendestelle.

d) Die Änderungsrate hat bei $x\approx 0{,}8$ ein relatives Minimum.

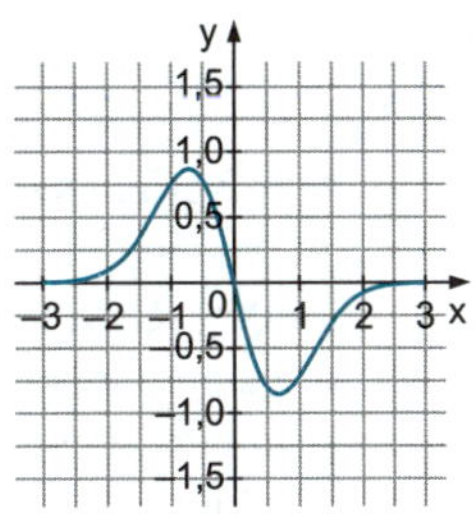

5 Schaubilder in einem anwendungsorientierten Zusammenhang interpretieren

Auch bei anwendungsorientierten Problemen kann es passieren, dass man sich zuerst einen skizzenhaften Überblick über Entwicklungen verschaffen will, ohne die Funktionsgleichungen exakt zu bestimmen und daraus die Folgerungen zu ziehen. In den folgenden Beispielen soll versucht werden, Aussagen über die Entwicklungen eines Systems zu machen. Hierbei soll das Schaubild der Änderungsrate eines Systems zugrunde liegen und versucht werden, Aussagen über den Zustand des Systems zu machen.

Beispiel

Die vertikale Geschwindigkeit v eines Heißluftballons sei durch das folgende Diagramm skizziert (t in s, v in $\frac{m}{s}$). Zum Zeitpunkt t = 0 s befindet sich der Ballon auf dem Erdboden.

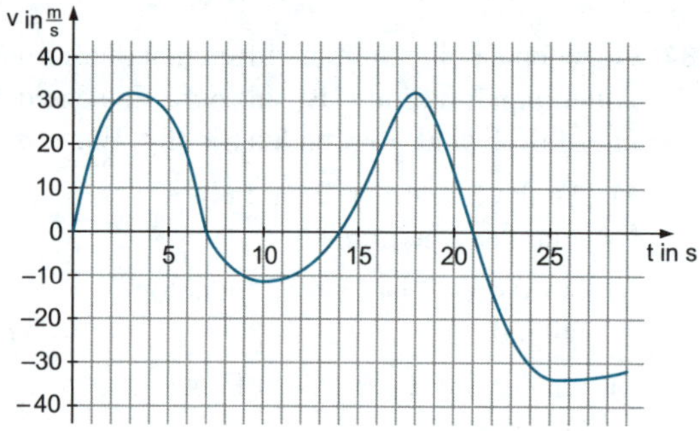

a) Beschreiben Sie den Bewegungsablauf in den einzelnen Zeitintervallen.

b) Geben Sie anhand des Diagramms eine Schätzung für die nach 5 Sekunden erreichte Höhe ab.

c) Geben Sie anhand des Diagramms eine Schätzung für die maximal erreichte Höhe ab.

d) Wie würde sich im Diagramm eine weiche Landung äußern?

Lösung:

a) In den ersten 3 Sekunden steigt der Ballon mit wachsender Geschwindigkeit. Dann verlangsamt sich die Steiggeschwindigkeit, bis der Ballon nach 7 Sekunden eine maximale Höhe erreicht und wieder zu sinken beginnt. Diese Sinkgeschwindigkeit steigert sich bis zur 10. Sekunde und nimmt dann langsam wieder ab. Ab der 14. Sekunde steigt der Ballon wieder, erreicht in der 18. Sekunde seine maximale Steiggeschwindigkeit, um bis zur 21. Sekunde immer langsamer zu steigen. Ab der 21. Sekunde sinkt der Ballon wieder und erreicht in der 25. Sekunde seine maximale Sinkgeschwindigkeit, die fast unverändert beibehalten wird.

b) Um ein Maß für die erreichte Höhe zu ermitteln, muss der Flächeninhalt zwischen dem Schaubild und der x-Achse in den ersten 5 Sekunden geschätzt werden. Die Geschwindigkeit ist die Änderungsrate der erreichten Höhe oder $h = \int v(t)\,dt$.

Der Flächeninhalt jedes Rechtecks im Diagramm ist $A = 10\,\frac{m}{s} \cdot 1\,s = 10\,m$. Durch Abzählen und Ausgleichen bestimmt man den Flächeninhalt in den ersten 5 Sekunden mit ca. 12 Rechtecksflächen, d. h. die erreichte Höhe kann auf ca. 120 m geschätzt werden.

c) Wie im Aufgabenteil b wird die in den ersten 7 Sekunden erreichte Höhe durch Auszählen der Rechtecksflächen auf 160 Meter geschätzt. Zwischen der 7. und 14. Sekunde sinkt der Ballon. Durch das Auszählen der Rechtecksflächen erhält man ein Maß für die Strecke, die der Ballon in dieser Zeit sinkt. Es sind ca. 50 Meter. Nach 14 Sekunden hat der Ballon also noch eine Höhe von 110 Metern über dem Erdboden. Zwischen der 14. und 21. Sekunde steigt der Ballon wieder. Das Auszählen der Rechtecksflächen ergibt anschließend eine Steighöhe von 110 Metern. In der 21. Sekunde ist damit eine Höhe von 220 Metern über dem Erdboden erreicht.

Anschließend sinkt der Ballon nur noch. Damit liegt die geschätzte maximale Steighöhe bei 220 Metern.

d) Für eine weiche Landung zum Zeitpunkt t_0 müssten folgende Bedingungen gelten:

- Die Flächen oberhalb der x-Achse (Steigstrecken) und unterhalb der x-Achse (Sinkstrecken) müssten im Diagramm zusammen gleich groß sein. Dann befindet sich zum Zeitpunkt t_0 der Ballon wieder auf der Erdoberfläche.

  Bedingung: $\int_0^{t_0} v(t)\,dt = 0$

- Zum Zeitpunkt t_0 muss die x-Achse horizontale Tangente an das Schaubild von v sein. Da ferner eine weiche Landung nur aus der Sinkphase möglich ist, muss das Diagramm zum Zeitpunkt t_0 wie nebenstehend dargestellt aussehen.

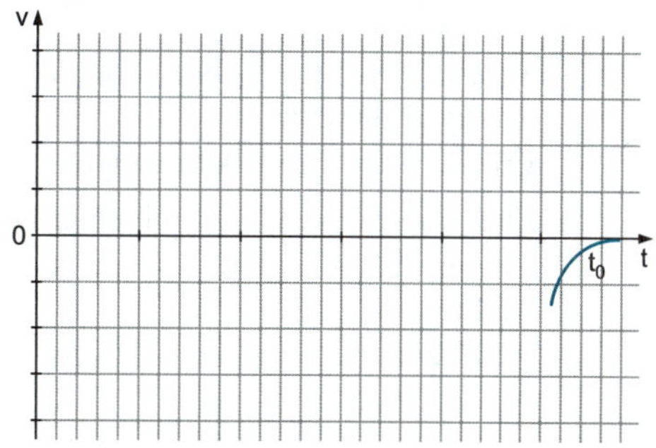

Aufgaben **66.** Einem Rückhaltebecken für Trinkwasser kann über eine Pumpenleitung sowohl Wasser zugeführt als auch Wasser entnommen werden. Im Becken befindet sich zur Zeit $t = 0$ eine Wassermenge von 400 hℓ (Hektolitern). Die dem Becken pro Stunde zugeführte bzw. entnommene Wassermenge w wird mithilfe des Diagramms skizziert (t in Stunden, w in Hektolitern pro Stunde).

a) Beschreiben Sie die Änderung der Wassermenge im Becken in der angegebenen Zeit.

b) Wie viel Wasser befindet sich nach 6 Stunden im Becken (Schätzung)?

c) Wann enthält das Becken an diesem Tag die größte Wassermenge und wie groß ist sie (Schätzung)?

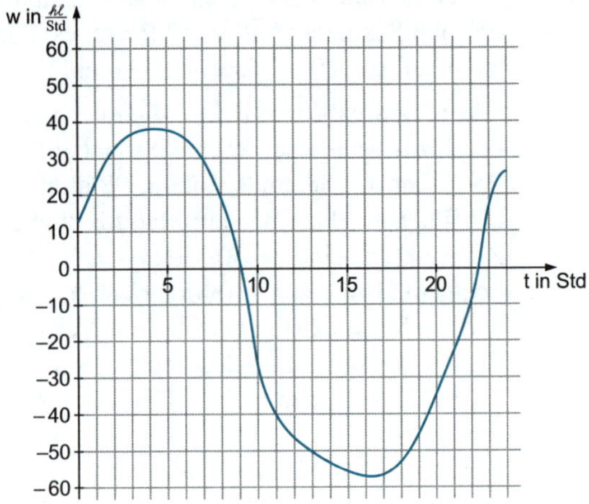

d) Wann befinden sich im Laufe des Tages wieder 400 hℓ Wasser im Becken (Schätzung)?

e) Wann enthält das Becken die kleinste Wassermenge und wie groß ist sie (Schätzung)?

f) Wie viel Wasser befindet sich nach 24 Stunden im Becken (Schätzung)?

67. a) Eine Kugel rollt auf einer ebenen Fläche mit einer Anfangsgeschwindigkeit von 10 $\frac{cm}{s}$ und kommt nach 5 Sekunden zur Ruhe.

- Skizzieren Sie das Zeit-Geschwindigkeit-Diagramm.
- Skizzieren Sie anschließend das Zeit-Weg-Diagramm.

Erläutern Sie Ihre Überlegungen.

b) Eine Kugel bewegt sich mit einer konstanten Geschwindigkeit von 10 $\frac{cm}{s}$ auf eine 50 cm entfernte Wand zu, in der sie beim Auftreffen stecken bleibt.

- Skizzieren Sie das Zeit-Geschwindigkeit-Diagramm.
- Skizzieren Sie anschließend das Zeit-Weg-Diagramm.

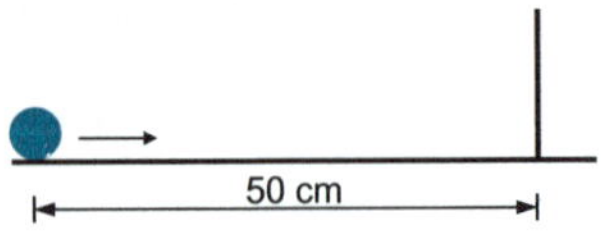

Erläutern Sie Ihre Überlegungen.

c) Eine Kugel rollt aus der Ruhe heraus auf der nebenstehenden Bahn. Skizzieren Sie das Zeit-Geschwindigkeit-Diagramm. Erläutern Sie Ihre Überlegungen.

d) Eine Kugel wird aus der Ruhe heraus losgelassen und rollt auf der nebenstehenden Bahn. Skizzieren Sie das Zeit-Geschwindigkeit-Diagramm.
Erläutern Sie Ihre Überlegungen.

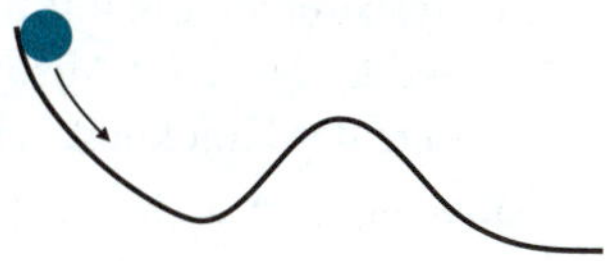

68. Algenwachstum

Die Wachstumsgeschwindigkeit v (in m^2 pro Tag) von Algen auf der Oberfläche eines Sees ist in dem Diagramm skizziert (t in Tagen, v in Quadratmetern pro Tag). Zur Zeit $t=0$ befinden sich 5 m^2 Algen auf der Seeoberfläche.

a) Beschreiben Sie das Wachstum der Algen in der angegebenen Zeit.

b) Wann ist das Algenwachstum am größten?

c) Wann ist die von den Algen bedeckte Fläche am größten?

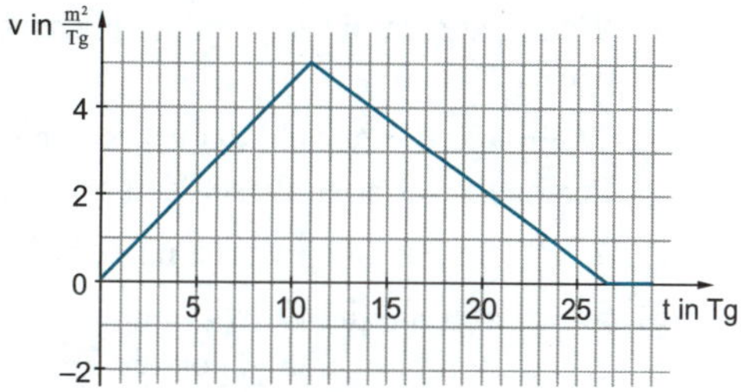

d) Wie groß ist die Algenfläche nach 10 Tagen (Schätzung)?

e) Wie groß ist die Algenfläche nach 30 Tagen (Schätzung)?

f) Skizzieren Sie die Entwicklung der Algenfläche in den 30 Tagen in einem Diagramm.

69. Bei einer ansteckenden Krankheit ist die tägliche Änderung r der Anzahl von erkrankten Personen (hinzukommende neue Erkrankungen und geheilte Personen zusammengenommen) in einem Diagramm wiedergegeben (t in Tagen und r in Personen pro Tag).

a) Beschreiben Sie mit Ihren Worten, wie die Ausbreitung der Krankheit verläuft.

b) Wenn zu Beginn (t = 0) 100 Personen erkrankt waren, wie viele Personen sind dann bis zum 5. Tag erkrankt?

c) In welchem Zeitraum stagnierte die Anzahl der erkrankten Personen?

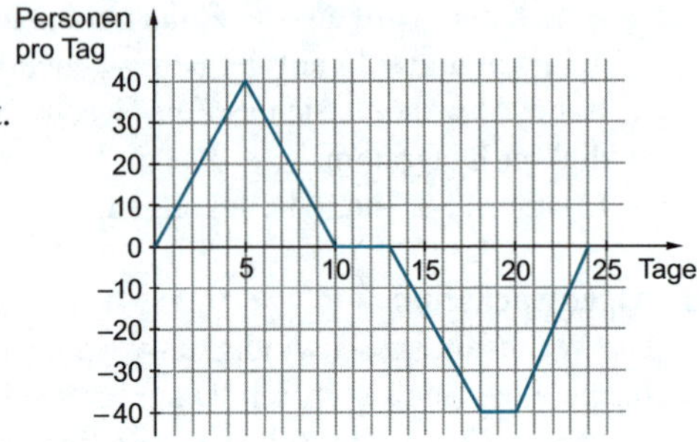

d) Wann hat sich die Anzahl der erkrankten Personen am stärksten verändert?

e) Wann war die Anzahl der erkrankten Personen am größten und wie viele Personen waren zu dieser Zeit erkrankt?

f) Wie viele Personen waren nach 24 Tagen noch erkrankt?

g) Skizzieren Sie die Entwicklung der Krankheit, indem Sie die Anzahl der erkrankten Personen gegen die Zeit auftragen.

70. Das Wachstum einer Fichte ist in einem Diagramm skizziert (Höhe in Metern, Zeit in Jahren).

a) Beschreiben Sie das Wachstum der Fichte mit Ihren Worten.

b) Wann ist die Wachstumsgeschwindigkeit der Fichte am größten? Geben Sie eine Schätzung ab, wie groß das jährliche Wachstum der Fichte zu diesem Zeitpunkt ist.

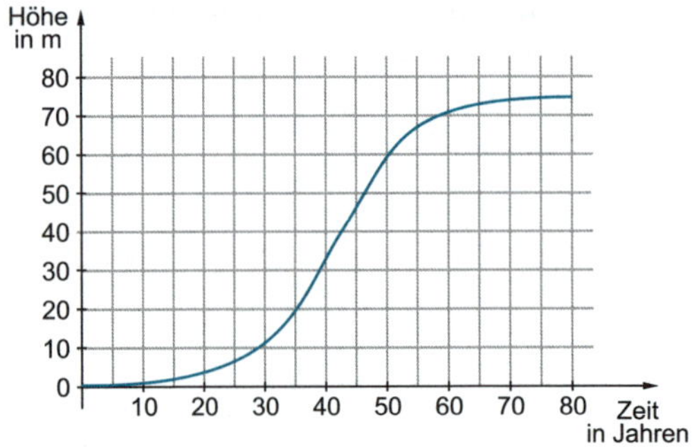

c) Skizzieren Sie den Verlauf der Wachstumsgeschwindigkeit.

71. Der Zerfall einer radioaktiven Tochtersubstanz wird mithilfe des Diagramms (vorhandene Masse in Mikrogramm, Zeit in Jahren) skizziert.

a) Beschreiben Sie die Entwicklung der Masse der Tochtersubstanz mit Ihren Worten.

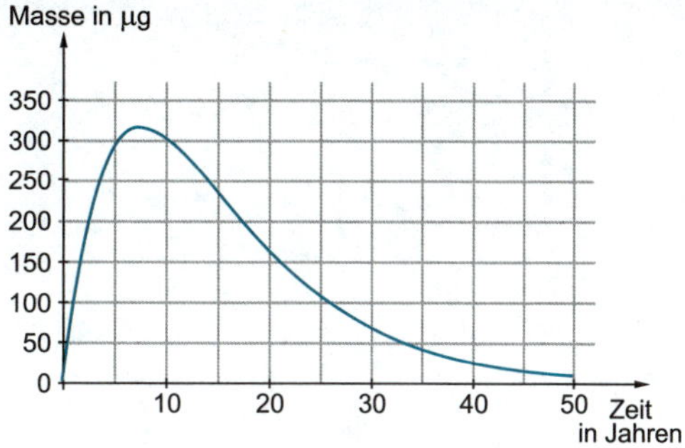

b) Wann nimmt die Masse der Tochtersubstanz am schnellsten ab? Wie groß ist zu diesem Zeitpunkt die Änderungsrate (Schätzung!)?

c) Nach wie vielen Jahren erreicht die Tochtersubstanz ihre größte Masse? Wie groß ist zu diesem Zeitpunkt die Änderungsrate?

d) Skizzieren Sie den Verlauf der Änderungsrate im betrachteten Zeitraum.

72. Eine Person infiziert sich zum Zeitpunkt $t = 0$ Tage mit einer ansteckenden Krankheit. Das Schaubild zeigt den Verlauf der Wahrscheinlichkeit an, dass die Krankheit zum Zeitpunkt t nach der Infektion ausbricht.

a) Wie groß ist die Wahrscheinlichkeit, dass die Krankheit am 3. Tag ausbricht?

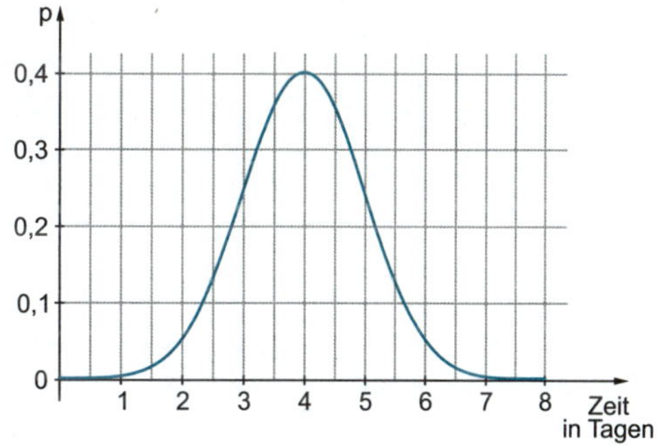

b) Wie viele Tage nach der Infektion ist die Wahrscheinlichkeit für den Ausbruch am größten? Wie groß ist an diesem Tag die Wahrscheinlichkeit für den Ausbruch der Krankheit?

c) Wie groß (ungefähr) ist die Wahrscheinlichkeit, dass die Krankheit in den ersten drei Tagen ausbricht?

d) Zeigen Sie, dass die Krankheit mit an Sicherheit grenzender Wahrscheinlichkeit auf jeden Fall ausbricht.

Beschreibung mathematischer Zusammenhänge

In den Aufgaben der schriftlichen Abiturprüfung sowie in Klausuraufgaben wird oft auch eine kurze verbale Beschreibung mathematischer Begriffe oder Zusammenhänge erwartet. Ein möglicher Weg für die Erstellung eines solchen Beitrags soll zum Schluss noch skizziert werden:

Planungsschritte
für die Beschreibung mathematischer Begriffe oder Zusammenhänge

1. Schritt: Formulieren Sie möglichst exakt die mathematische Definition oder den Begriff.
2. Schritt: Fertigen Sie eine – möglichst saubere – Skizze an, die diesen Zusammenhang verdeutlicht.
3. Schritt: Erläutern Sie den Zusammenhang zwischen den in der Definition benutzten mathematischen Begriffen und der Skizze.
4. Schritt: Erläutern Sie die Folgerungen, die sich aus dieser Definition ergeben. Beschreiben Sie ihre Grenzen.

Beispiel

Erläutern Sie die Definition der Ableitung einer Funktion f an der Stelle x_0.

Lösung:

1. Schritt: **Formulierung der mathematischen Definition**

$$\lim_{x \to x_0} \frac{f(x) - f(x_0)}{x - x_0} = f'(x_0) \quad \text{oder} \quad \lim_{h \to 0} \frac{f(x_0 + h) - f(x_0)}{h} = f'(x_0)$$

2. Schritt: **Anfertigen einer Skizze**

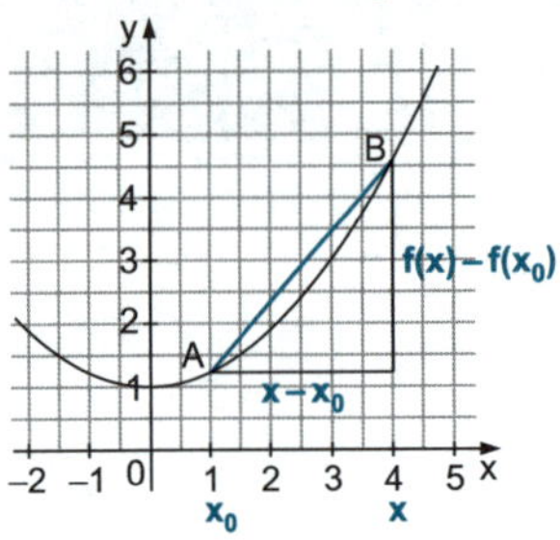

3. Schritt: **Erläutern des Zusammenhangs zwischen Definition und Skizze**

An der Stelle x_0 ist der Funktionswert $f(x_0)$ und an der Stelle x ist der Funktionswert entsprechend f(x). Die Änderung der Funktionswerte zwischen diesen beiden Stellen beträgt also $f(x) - f(x_0)$. Diese Änderung muss zur Bestimmung der mittleren Änderungsrate durch die Intervalllänge $x - x_0$ dividiert werden. Man erhält so als mittlere Änderungsrate den Differenzenquotienten

$$m_s = \frac{f(x) - f(x_0)}{x - x_0}.$$

Will man die momentane Änderungsrate an der Stelle x_0 bestimmen, so muss x gegen x_0 streben. Man erhält den Differenzialquotienten

$$m_t = \lim_{x \to x_0} \frac{f(x) - f(x_0)}{x - x_0}.$$

Wenn dieser Grenzwert existiert, ist die Funktion an der Stelle x_0 differenzierbar.

Statt mit den Änderungsraten zu argumentieren, kann man auch die Sekante durch die Punkte A und B des Schaubildes betrachten. Dann kann m_s als Steigung der Sekante interpretiert werden und der Übergang von der mittleren Änderungsrate zur momentanen Änderungsrate würde dann dem Übergang von der Steigung der Sekante zur Steigung der Tangente im Punkt A entsprechen.

4. Schritt: **Folgerungen und Grenzen der Definition**

Um die Änderungsrate (Steigung der Tangente) an der Stelle x_0 zu bestimmen, hätte man den Punkt B auch zuerst vor den Punkt A (also $x < x_0$) legen und die gleichen Überlegungen durchführen können. Man erwartet, dass die (momentane) Änderungsrate (Steigung der Tangente) unabhängig vom gewählten Grenzübergang ist, d. h. die beiden Grenzwerte

$$\lim_{x \to x_0} \frac{f(x) - f(x_0)}{x - x_0} \quad \text{mit } x > x_0 \quad \text{und}$$

$$\lim_{x \to x_0} \frac{f(x) - f(x_0)}{x - x_0} \quad \text{mit } x < x_0$$

müssen existieren und gleich sein. Nur wenn diese Bedingung erfüllt ist, ist die Funktion f an der Stelle x_0 differenzierbar.

Aufgaben

73. Erläutern Sie die Definition des Integrals.

74. Nennen Sie ein hinreichendes Kriterium für das Vorliegen eines lokalen Maximums und erläutern Sie es an Beispielen.

75. Nennen Sie ein hinreichendes Kriterium für das Vorliegen einer Wendestelle und erläutern Sie es an Beispielen.

76. Nennen Sie ein hinreichendes Kriterium für Monotonie und erläutern Sie es an einem Beispiel.

Lösungen

1. a) $2^x + 4^x - 20 = 0$ | **Substitution $z = 2^x$; $4^x = 2^{2x}$**

$z^2 + z - 20 = 0$ | Lösung mit p-q-Formel

$z_{1;2} = -\frac{1}{2} \pm \sqrt{\frac{1}{4} + 20}$

$z_1 = 4 \vee z_2 = -5$ | **Resubstitution**

$\mathbf{2^x} = 4 \vee \mathbf{2^x} = -5$ | Vergleich der Exponenten ($4 = 2^2$; 2^x ist positiv für alle reellen x)

$x = 2$

Lösungsmenge $\mathbb{L} = \{2\}$

b) $5^{-x} + 5 \cdot 5^x = 6$ | Multiplikation mit 5^x

$1 + 5 \cdot 5^{2x} = 6 \cdot 5^x$ | **Substitution $z = 5^x$**

$5z^2 - 6z + 1 = 0$ | Division durch 5

$z^2 - \frac{6}{5}z + \frac{1}{5} = 0$ | Lösung mit p-q-Formel

$z_{1;2} = \frac{3}{5} \pm \sqrt{\frac{9}{25} - \frac{1}{5}}$

$z_1 = 1 \vee z_2 = \frac{1}{5}$ | **Resubstitution**

$\mathbf{5^x} = 1 \vee \mathbf{5^x} = \frac{1}{5}$ | Vergleich der Exponenten ($1 = 5^0$; $\frac{1}{5} = 5^{-1}$)

$x = 0 \vee x = -1$

Lösungsmenge $\mathbb{L} = \{-1; 0\}$

c) $7^x - 21 \cdot 7^{-x} = 4$ | Multiplikation mit 7^x

$7^{2x} - 4 \cdot 7^x - 21 = 0$ | **Substitution $z = 7^x$**

$z^2 - 4z - 21 = 0$ | Lösung mit p-q-Formel

$z_{1;2} = 2 \pm \sqrt{4 + 21}$

$z_1 = 7 \vee z_2 = -3$ | **Resubstitution**

$\mathbf{7^x} = 7 \vee \mathbf{7^x} = -3$ | Vergleich der Exponenten ($7 = 7^1$; 7^x ist positiv für alle reellen x)

$x = 1$

Lösungsmenge $\mathbb{L} = \{1\}$

d) $e^x - 4 + \frac{3}{e^x} = 0$ | Multiplikation mit e^x

$e^{2x} - 4e^x + 3 = 0$ | **Substitution $z = e^x$**

$z^2 - 4z + 3 = 0$ | Lösung mit p-q-Formel

$z_{1;2} = 2 \pm \sqrt{4 - 3}$

$z_1 = 3 \vee z_2 = 1$ | **Resubstitution**

$\mathbf{e^x} = 3 \vee \mathbf{e^x} = 1$ | Logarithmieren

$x = \ln 3 \vee x = \ln 1 = 0$

Lösungsmenge $\mathbb{L} = \{0; \ln 3\}$

e) $e^{3x} - 2 = 6$

$$e^{3x} = 8 \qquad |\text{Logarithmieren}$$
$$3x = \ln 8$$
$$x = \tfrac{1}{3}\ln 8$$
$$x = \ln 2$$

Lösungsmenge $\mathbb{L} = \{\ln 2\}$

f) $\frac{a}{e^x} - e^x = 0 \qquad |\text{Multiplikation mit } e^x$

$$a = e^{2x} \qquad |\text{Logarithmieren} \quad (a > 0)$$
$$2x = \ln a$$
$$x = \tfrac{1}{2}\ln a = \ln\sqrt{a}$$

Lösungsmenge $\mathbb{L} = \left\{\ln\sqrt{a} \mid a > 0\right\}$

g) $e^x + 2e^{-x} = 3 \qquad |\text{Multiplikation mit } e^x$

$$e^{2x} - 3e^x + 2 = 0 \qquad |\textbf{Substitution } \mathbf{z = e^x}$$
$$z^2 - 3z + 2 = 0 \qquad |\text{Lösung mit p-q-Formel}$$
$$z_{1;2} = \tfrac{3}{2} \pm \sqrt{\tfrac{9}{4} - 2}$$
$$z_1 = 2 \lor z_2 = 1 \qquad |\textbf{Resubstitution}$$
$$\mathbf{e^x} = 2 \lor \mathbf{e^x} = 1 \qquad |\text{Logarithmieren}$$
$$x = \ln 2 \lor x = \ln 1 = 0$$

Lösungsmenge $\mathbb{L} = \{0; \ln 2\}$

h) $e^{-2x} - e^{3x} = 0$

$$e^{-2x} = e^{3x} \qquad |\text{Multiplikation mit } e^{2x}$$
$$e^{5x} = 1 \qquad |\text{Logarithmieren}$$
$$5x = \ln 1 = 0$$
$$x = 0$$

Lösungsmenge $\mathbb{L} = \{0\}$

i) $e^x = 5 - 6e^{-x} \qquad |\text{Multiplikation mit } e^x$

$$e^{2x} - 5e^x + 6 = 0 \qquad |\textbf{Substitution } \mathbf{z = e^x}$$
$$z^2 - 5z + 6 = 0 \qquad |\text{Lösung mit p-q-Formel}$$
$$z_{1;2} = \tfrac{5}{2} \pm \sqrt{\tfrac{25}{4} - 6}$$
$$z_1 = 3 \lor z_2 = 2 \qquad |\textbf{Resubstitution}$$
$$\mathbf{e^x} = 3 \lor \mathbf{e^x} = 2 \qquad |\text{Logarithmieren}$$
$$x = \ln 3 \lor x = \ln 2$$

Lösungsmenge $\mathbb{L} = \{\ln 2; \ln 3\}$

j) $e^x - e^{-x} = 0$ | Multiplikation mit e^x

$e^{2x} - 1 = 0$

$e^{2x} = 1$ | Logarithmieren

$2x = \ln 1 = 0$

$x = 0$

Lösungsmenge $\mathbb{L} = \{0\}$

k) $e^{x+1} - e^x = 0$ | e^x ausklammern

$e^x(e-1) = 0$ | $e^x > 0$ für alle reellen x; $e - 1 > 0$

Lösungsmenge $\mathbb{L} = \{\ \}$

l) $e^x = 6e^{-x} - 1$ | Multiplikation mit e^x

$e^{2x} + e^x - 6 = 0$ | **Substitution $z = e^x$**

$z^2 + z - 6 = 0$ | Lösung mit p-q-Formel

$z_{1;2} = -\frac{1}{2} \pm \sqrt{\frac{1}{4} + 6}$

$z_1 = 2 \lor z_2 = -3$ | **Resubstitution**

$\mathbf{e^x} = 2 \lor \mathbf{e^x} = -3$ | Logarithmieren der linken Gleichung; e^x ist positiv für alle reellen x

$x = \ln 2$

Lösungsmenge $\mathbb{L} = \{\ln 2\}$

2. a) $(x^2 - 4)(3x - 9) = 0$

$x^2 - 4 = 0$ oder $3x - 9 = 0$

$x_{1;2} = \pm\sqrt{4}$ oder $x = 3$

$x_1 = -2;\ x_2 = 2$ oder $x = 3$

Lösungsmenge $\mathbb{L} = \{-2; 2; 3\}$

b) $(x^2 + 1)(x^2 - x - 2) = 0$

$x^2 + 1 = 0$ oder $x^2 - x - 2 = 0$

$x^2 = -1$ oder $x_{1;2} = \frac{1}{2} \pm \sqrt{\frac{1}{4} + 2}$ | x^2 ist positiv für alle reellen x

$x_1 = 2;\ x_2 = -1$

Lösungsmenge $\mathbb{L} = \{-1; 2\}$

c) $x^4 + 8x = 0$ | x ausklammern

$x(x^3 + 8) = 0$

$x = 0$ oder $x^3 + 8 = 0$

$x = 0$ oder $x^3 = -8$

$x = 0$ oder $x = -2$

Lösungsmenge $\mathbb{L} = \{-2; 0\}$

d) $x^3 - 9x = 0$ | x ausklammern

$x(x^2 - 9) = 0$

$x = 0$ oder $x^2 - 9 = 0$

$x = 0$ oder $x_{1;\,2} = \pm\sqrt{9}$

$x = 0$ oder $x_1 = -3;\; x_2 = 3$

Lösungsmenge $\mathbb{L} = \{-3; 0; 3\}$

e) $x^3 + 4x^2 + 3x = 0$ | x ausklammern

$x(x^2 + 4x + 3) = 0$

$x = 0$ oder $x^2 + 4x + 3 = 0$

$x = 0$ oder $x_{1;\,2} = -2 \pm \sqrt{4 - 3}$

$x = 0$ oder $x_1 = -1;\; x_2 = -3$

Lösungsmenge $\mathbb{L} = \{-3; -1; 0\}$

f) $2x^3 + 2x^2 - 4x = 0$ | 2x ausklammern

$2x(x^2 + x - 2) = 0$

$2x = 0$ oder $x^2 + x - 2 = 0$

$x = 0$ oder $x_{1;\,2} = -\frac{1}{2} \pm \sqrt{\frac{1}{4} + 2}$

$x = 0$ oder $x_1 = 1;\; x_2 = -2$

Lösungsmenge $\mathbb{L} = \{-2; 0; 1\}$

g) $x^3 - 2x^2 - 8x = 0$ | x ausklammern

$x(x^2 - 2x - 8) = 0$

$x = 0$ oder $x^2 - 2x - 8 = 0$

$x = 0$ oder $x_{1;\,2} = 1 \pm \sqrt{1 + 8}$

$x = 0$ oder $x_1 = 4;\; x_2 = -2$

Lösungsmenge $\mathbb{L} = \{-2; 0; 4\}$

h) $e^{2x} - e^x = 0$ | e^x ausklammern

$e^x(e^x - 1) = 0$

$e^x = 0 \;\vee\; e^x - 1 = 0$

$e^x = 0 \;\vee\; e^x = 1$ | Vergleich der Exponenten ($1 = e^0$; e^x ist positiv für alle reellen x)

$x = 0$

Lösungsmenge $\mathbb{L} = \{0\}$

i) $e^{x+1} - e^{2x} = 0$ | e^x ausklammern

$e^x(e - e^x) = 0$

$e^x = 0 \quad \vee \quad e - e^x = 0$

$e^x = 0 \quad \vee \quad e^x = e$ | Vergleich der Exponenten ($e = e^1$; e^x ist positiv für alle reellen x)

$x = 1$

Lösungsmenge $\mathbb{L} = \{1\}$

3. a) Da $x = -1$ Lösung der Gleichung ist, muss der Faktor $x + 1$ in der Produktdarstellung auftreten.
Da $x = 5$ Lösung der Gleichung ist, muss der Faktor $x - 5$ in der Produktdarstellung auftreten.
Eine Produktdarstelllung ist also:
$(x+1)(x-5) = 0$
$x^2 - 4x - 5 = 0$
Die Gleichung kann noch mit einer Konstanten $a \neq 0$ multipliziert werden:
$ax^2 - 4ax - 5a = 0$
Beispielsweise erhält man für $a = -2$: $-2x^2 + 8x + 10 = 0$

b) Da $x = -4$ Lösung der Gleichung ist, muss der Faktor $x + 4$ in der Produktdarstellung auftreten.
Da $x = 1$ Lösung der Gleichung ist, muss der Faktor $x - 1$ in der Produktdarstellung auftreten.
Da $x = 3$ Lösung der Gleichung ist, muss der Faktor $x - 3$ in der Produktdarstellung auftreten.
Eine Produktdarstellung ist also:
$(x+4)(x-1)(x-3) = 0$
$(x^2 + 3x - 4)(x-3) = 0$
$x^3 - 13x + 12 = 0$
Die Gleichung kann noch mit einer Konstanten $a \neq 0$ multipliziert werden:
$ax^3 - 13ax + 12a = 0$

c) Da $x = 2$ Lösung der Gleichung ist, muss der Faktor $x - 2$ in der Produktdarstellung auftreten.
Da $x = 0$ Lösung der Gleichung ist, muss der Faktor $x - 0$ in der Produktdarstellung auftreten.
Ein Produkt dieser beiden Faktoren ergäbe aber eine Gleichung 2. Grades. Also muss einer der beiden Faktoren zweifach auftreten.

1. Fall: $(x-2)(x-2)x = 0$
$x^3 - 4x^2 + 4x = 0$

2. Fall: $(x-2)x^2 = 0$
$x^3 - 2x^2 = 0$

d) Da $x=-1$ Lösung der Gleichung ist, muss der Faktor $x+1$ in der Produktdarstellung auftreten.
Da $x=2$ Lösung der Gleichung ist, muss der Faktor $x-2$ in der Produktdarstellung auftreten.
Da $x=5$ Lösung der Gleichung ist, muss der Faktor $x-5$ in der Produktdarstellung auftreten.
Ein Produkt dieser drei Faktoren ergäbe aber eine Gleichung 3. Grades. Also muss einer der Faktoren zweifach auftreten.

1. Fall: $(x+1)^2(x-2)(x-5)=0$
$x^4-5x^3-3x^2+13x+10=0$

2. Fall: $(x+1)(x-2)^2(x-5)=0$
$x^4-8x^3+15x^2+4x-20=0$

3. Fall: $(x+1)(x-2)(x-5)^2=0$
$x^4-11x^3+33x^2-5x-50=0$

e) Die Gleichung $x^4+1=0$ kann keine reellen Lösungen haben, da für alle reellen Zahlen $x^4\geq 0$ ist und damit $x^4+1>0$ ist.

f) Eine ganzrationale Funktion 3. Grades strebt für $x\to-\infty$ gegen $-\infty$ und für $x\to+\infty$ gegen $+\infty$ oder umgekehrt, je nachdem, ob der Faktor vor x^3 positiv oder negativ ist. Also muss das Schaubild die x-Achse mindestens einmal schneiden, d. h für $a\neq 0$ hat die Gleichung $ax^3+bx^2+cx+d=0$ mindestens eine Lösung.

4. a) Durch Gleichsetzen der Funktionsterme erhält man folgende Gleichung:
$\frac{1}{x+2}=\frac{-1}{x}$
Die Definitionsmenge dieser Gleichung lautet: $\mathbb{D}=\mathbb{R}\setminus\{-2;0\}$
Multiplikation der Gleichung mit dem Hauptnenner $x(x+2)$ liefert:
$x=-x-2$
$2x=-2$
$x=-1$
Lösungsmenge $\mathbb{L}=\{-1\}$

b) Durch Gleichsetzen der Funktionsterme erhält man folgende Gleichung:
$\frac{-2x}{x+3}=\frac{6}{x+3}$
Die Definitionsmenge dieser Gleichung lautet: $\mathbb{D}=\mathbb{R}\setminus\{-3\}$
Multiplikation mit $x+3$ liefert:
$-2x=6$
$x=-3 \quad |-3\notin\mathbb{D}$
Lösungsmenge $\mathbb{L}=\{\ \}$

c) Durch Gleichsetzen der Funktionsterme erhält man folgende Gleichung:
$\frac{4x}{x+1} = 2 + \frac{2x}{x-1}$
Die Definitionsmenge dieser Gleichung lautet: $\mathbb{D} = \mathbb{R} \setminus \{-1; 1\}$
Multiplikation der Gleichung mit dem Hauptnenner $(x-1)(x+1)$ liefert:
$$4x^2 - 4x = 2x^2 - 2 + 2x^2 + 2x$$
$$-6x = -2$$
$$x = \frac{1}{3}$$
Lösungsmenge $\mathbb{L} = \left\{\frac{1}{3}\right\}$

d) Durch Gleichsetzen der Funktionsterme erhält man folgende Gleichung:
$\frac{1}{x-5} = 2 - \frac{1}{x+3}$
Die Definitionsmenge dieser Gleichung lautet: $\mathbb{D} = \mathbb{R} \setminus \{-3; 5\}$
Multiplikation der Gleichung mit dem Hauptnenner $(x-5)(x+3)$ liefert:
$$x + 3 = 2x^2 - 4x - 30 - x + 5$$
$$2x^2 - 6x - 28 = 0$$
$$x^2 - 3x - 14 = 0$$
$$x_{1;2} = \frac{3}{2} \pm \sqrt{\frac{9}{4} + 14}$$
$$x_1 = \frac{3}{2} + \frac{1}{2}\sqrt{65}; \quad x_2 = \frac{3}{2} - \frac{1}{2}\sqrt{65}$$
Lösungsmenge $\mathbb{L} = \left\{\frac{3}{2} - \frac{1}{2}\sqrt{65}; \frac{3}{2} + \frac{1}{2}\sqrt{65}\right\}$

e) Durch Gleichsetzen der Funktionsterme erhält man folgende Gleichung:
$x = \frac{a}{x-2}$
Die Definitionsmenge dieser Gleichung lautet: $\mathbb{D} = \mathbb{R} \setminus \{2\}$
Multiplikation der Gleichung mit $(x-2)$ liefert:
$$x(x-2) = a$$
$$x^2 - 2x - a = 0$$
$$x_{1;2} = 1 \pm \sqrt{1+a}$$
Für alle $a > 0$ gibt es 2 Lösungen.
Lösungsmenge $\mathbb{L} = \left\{1 - \sqrt{1+a}; 1 + \sqrt{1+a}\right\}$

f) Durch Gleichsetzen der Funktionsterme erhält man folgende Gleichung:
$\frac{1}{x-1} = \frac{1}{x}$
Die Definitionsmenge dieser Gleichung lautet: $\mathbb{D} = \mathbb{R} \setminus \{0; 1\}$
Multiplikation der Gleichung mit dem Hauptnenner $x(x-1)$ liefert:
$$x = x - 1$$
$$0 = -1$$
Lösungsmenge $\mathbb{L} = \{\ \}$
Die Schaubilder schneiden sich nicht.

g) Durch Gleichsetzen der Funktionsterme erhält man folgende Gleichung:
$\frac{1}{2}=\frac{x-1}{x^2-1}$
Die Definitionsmenge dieser Gleichung lautet: $\mathbb{D}=\mathbb{R}\setminus\{-1;\,1\}$
Multiplikation der Gleichung mit dem Hauptnenner $2(x^2-1)$ liefert:

$$x^2-1=2x-2$$
$$x^2-2x+1=0$$
$$(x-1)^2=0$$
$$x=1 \qquad |\,1\notin\mathbb{D}$$

Lösungsmenge $\mathbb{L}=\{\,\}$
Die Lösung $x=1$ ist nicht im Definitionsbereich der obigen Gleichung enthalten. Interpretation: Der Wert $x=1$ ist keine Schnittstelle der Schaubilder, da die Funktion g an dieser Stelle nicht definiert ist.

h) Durch Gleichsetzen der Funktionsterme erhält man folgende Gleichung:
$\frac{x+2}{x^2-4}=\frac{1}{x-2}$
Die Definitionsmenge dieser Gleichung lautet: $\mathbb{D}=\mathbb{R}\setminus\{-2;\,2\}$
Multiplikation der Gleichung mit dem Hauptnenner $(x^2-4)(x-2)$ liefert:

$$(x+2)(x-2)=x^2-4$$
$$x^2-4=x^2-4$$
$$0=0$$

Lösungsmenge $\mathbb{L}=\mathbb{D}=\mathbb{R}\setminus\{-2;\,2\}$
Die Schaubilder fallen zusammen. An der Stelle $x=-2$ hat die Funktion f eine Lücke, während die Funktion g dort definiert ist.

5. a) Die Definitionsmenge enthält alle x-Werte, für die das Argument des Logarithmus positiv ist: $\mathbb{D}=\{x\,|\,x>1\}$
Man löst die Gleichung wie folgt:

$$\ln(x-1)=3 \qquad |\text{e-Funktion anwenden}$$
$$x-1=e^3$$
$$x=e^3+1 \qquad |(e^3+1\approx 21>1)$$

Lösungsmenge $\mathbb{L}=\{e^3+1\}$

b) Die Definitionsmenge enthält alle x-Werte, für die das Argument des Logarithmus positiv ist: $\mathbb{D}=\mathbb{R}\setminus\{0\}$
Man löst die Gleichung wie folgt:

$$\ln(x^2)=1 \qquad |\text{e-Funktion anwenden}$$
$$x^2=e^1$$
$$x_{1;\,2}=\pm\sqrt{e}$$

Lösungsmenge $\mathbb{L}=\left\{-\sqrt{e};\,\sqrt{e}\right\}$

c) Die Definitionsmenge enthält alle x-Werte, für die das Argument des Logarithmus positiv ist: $\mathbb{D}=\{x \mid x>2\}$
Man löst die Gleichung wie folgt:

$$\ln(2x-4)=4 \qquad |\text{e-Funktion anwenden}$$
$$2x-4=e^4$$
$$2x=e^4+4$$
$$x=\frac{e^4+4}{2} \qquad \left|\ \frac{e^4+4}{2}\approx 29{,}3>2\right.$$

Lösungsmenge $\mathbb{L}=\left\{\frac{e^4+4}{2}\right\}$

d) Die e-Funktion (und damit die betrachtete Gleichung) ist auf ganz $\mathbb{R}$ definiert: $\mathbb{D}=\mathbb{R}$
Man löst die Gleichung wie folgt:

$$e^{3x-1}=1 \qquad |\text{Logarithmieren}$$
$$3x-1=\ln 1 \qquad |\ln 1=0$$
$$3x=1$$
$$x=\frac{1}{3}$$

Lösungsmenge $\mathbb{L}=\left\{\frac{1}{3}\right\}$

e) Die Gleichung ist für alle x-Werte definiert, für die der Wurzelterm definiert ist: $\mathbb{D}=\{x \mid x\geq 0\}$
Man löst die Gleichung wie folgt:

$$e^{\sqrt{x}}=2 \qquad |\text{Logarithmieren}$$
$$\sqrt{x}=\ln 2$$
$$x=(\ln 2)^2 \qquad |(\ln 2)^2>0$$

Lösungsmenge $\mathbb{L}=\{(\ln 2)^2\}$

f) Die Definitionsmenge enthält alle x-Werte, für die das Argument des Logarithmus positiv ist: $\mathbb{D}=\mathbb{R}$
Man löst die Gleichung wie folgt:

$$\ln(2e^{x+1})=0 \qquad |\text{e-Funktion anwenden}$$
$$2e^{x+1}=1$$
$$e^{x+1}=\frac{1}{2} \qquad |\text{Logarithmieren}$$
$$x+1=\ln\frac{1}{2}$$
$$x=\ln\frac{1}{2}-1$$

Lösungsmenge $\mathbb{L}=\left\{\ln\frac{1}{2}-1\right\}$

g) Die Definitionsmenge enthält alle x-Werte, für die das Argument des Logarithmus positiv ist: $\mathbb{D} = \{x \mid x > 2\}$
Man löst die Gleichung wie folgt:

$$\begin{aligned} \ln(2x-4) &= 0 && \mid \text{e-Funktion anwenden} \\ 2x-4 &= e^0 = 1 \\ 2x &= 5 \\ x &= \tfrac{5}{2} \end{aligned}$$

Lösungsmenge $\mathbb{L} = \left\{\frac{5}{2}\right\}$

h) Die Definitionsmenge enthält alle x-Werte, für die das Argument des Logarithmus positiv ist: $\mathbb{D} = \mathbb{R}$
Man löst die Gleichung wie folgt:

$$\begin{aligned} \ln(e^x) &= 1 \\ x \cdot \ln e &= 1 && \mid \ln e = 1 \\ x &= 1 \end{aligned}$$

Lösungsmenge $\mathbb{L} = \{1\}$

i) Die Definitionsmenge enthält alle x-Werte, für die das Argument des Logarithmus positiv ist: $\mathbb{D} = \{x \mid -2 < x < 2\}$
Man löst die Gleichung wie folgt:

$$\begin{aligned} \ln(4-x^2) &= 1 && \mid \text{e-Funktion anwenden} \\ x^2 &= 4-e \\ x_{1;2} &= \pm\sqrt{4-e} && \mid -2 < -1{,}14 \approx -\sqrt{4-e};\ \sqrt{4-e} \approx 1{,}14 < 2 \end{aligned}$$

Lösungsmenge $\mathbb{L} = \left\{-\sqrt{4-e};\ \sqrt{4-e}\right\}$

j) Die e-Funktion (und damit die betrachtete Gleichung) ist auf ganz $\mathbb{R}$ definiert: $\mathbb{D} = \mathbb{R}$
Man löst die Gleichung wie folgt:

$$\begin{aligned} e^{x^2} &= 1 && \mid \text{Logarithmieren} \\ x^2 &= \ln 1 = 0 \\ x &= 0 \end{aligned}$$

Lösungsmenge $\mathbb{L} = \{0\}$

6. a) Die Definitionsmenge umfasst alle diejenigen x-Werte, für die die Argumente aller auftretenden Logarithmusterme größer null sind: $\mathbb{D} = \mathbb{R}^+$

$$\begin{aligned} \ln(9x) + \ln x &= 4 && \mid \text{Logarithmusregeln anwenden} \\ \ln(9x^2) &= 4 && \mid \text{e-Funktion anwenden} \\ 9x^2 &= e^4 \\ x^2 &= \frac{e^4}{9} \\ x_{1;2} &= \pm\sqrt{\frac{e^4}{9}} = \pm\frac{e^2}{3} && \mid -\tfrac{e^2}{3} \notin \mathbb{D} \end{aligned}$$

Lösungsmenge $\mathbb{L}=\left\{\frac{e^2}{3}\right\}$

b) Die Definitionsmenge umfasst alle diejenigen x-Werte, für die die Argumente aller auftretenden Logarithmusterme größer null sind: $\mathbb{D}=\mathbb{R}^+$

$$\ln(x+2)+\ln\frac{1}{x}-\ln x=0 \qquad |\text{Logarithmusregeln anwenden}$$
$$\ln\left(\frac{x+2}{x^2}\right)=0 \qquad |\text{e-Funktion anwenden}$$
$$\frac{x+2}{x^2}=e^0=1$$
$$x+2=x^2$$
$$x^2-x-2=0 \qquad |\text{Lösung mit p-q-Formel}$$
$$x_{1;2}=\frac{1}{2}\pm\sqrt{\frac{1}{4}+2}$$
$$x_1=2;\quad x_2=-1 \qquad |-1\notin\mathbb{D}$$

Lösungsmenge $\mathbb{L}=\{2\}$

c) Die Definitionsmenge umfasst alle diejenigen x-Werte, für die die Argumente aller auftretenden Logarithmusterme größer null sind: $\mathbb{D}=\{x\,|\,x>1\}$

$$2\ln(x-1)-\ln x=0 \qquad |\text{Logarithmusregeln anwenden}$$
$$\ln\left(\frac{(x-1)^2}{x}\right)=0 \qquad |\text{e-Funktion anwenden}$$
$$\frac{(x-1)^2}{x}=e^0=1$$
$$x^2-2x+1=x$$
$$x^2-3x+1=0 \qquad |\text{Lösung mit p-q-Formel}$$
$$x_{1;2}=\frac{3}{2}\pm\sqrt{\frac{9}{4}-1}$$
$$x_1=\frac{3+\sqrt{5}}{2};\quad x_2=\frac{3-\sqrt{5}}{2} \qquad \left|\frac{3-\sqrt{5}}{2}\notin\mathbb{D}\right.$$

Lösungsmenge $\mathbb{L}=\left\{\frac{3+\sqrt{5}}{2}\right\}$

d) Die Definitionsmenge umfasst alle diejenigen x-Werte, für die die Argumente aller auftretenden Logarithmusterme größer null sind: $\mathbb{D}=\mathbb{R}^+$

$$\ln(x^2)-\ln\sqrt{x}=3 \qquad |\text{Logarithmusregeln anwenden}$$
$$2\ln x-\frac{1}{2}\ln x=3$$
$$\frac{3}{2}\ln x=3$$
$$\ln x=2 \qquad |\text{e-Funktion anwenden}$$
$$x=e^2$$

Lösungsmenge $\mathbb{L}=\{e^2\}$

e) Die Definitionsmenge enthält alle x-Werte, für die das Argument des Logarithmus positiv ist: $\mathbb{D}=\mathbb{R}^+$

$$x \cdot \ln x = 2x$$
$$x \cdot \ln x - 2x = 0$$
$$x(\ln x - 2) = 0$$

$x = 0$ oder $\ln x - 2 = 0$

$x = 0$ oder $\ln x = 2$ | e-Funktion anwenden

$x = 0$ oder $x = e^2$ | $0 \notin \mathbb{D}$

Lösungsmenge $\mathbb{L}=\{e^2\}$

f) Die Definitionsmenge umfasst alle diejenigen x-Werte, für die die Argumente aller auftretenden Logarithmusterme größer null sind: $\mathbb{D}=\{x \mid x>2\}$

$\ln(x-2)+\ln(x+3)-\ln(x^2+x-6)=0$ | Logarithmusregeln anwenden

$$\ln\left(\frac{(x-2)(x+3)}{x^2+x-6}\right)=0$$
$$\ln\left(\frac{x^2-2x+3x-6}{x^2+x-6}\right)=0$$
$$\ln 1 = 0$$

Lösungsmenge $\mathbb{L}=\mathbb{D}=\{x \mid x>2\}$

g) Die Definitionsmenge enthält alle x-Werte, für die das Argument des Logarithmus positiv ist: $\mathbb{D}=\{x \mid x>1\}$

$$e^{\ln(x-1)}=2$$
$$x-1=2$$
$$x=3$$

Lösungsmenge $\mathbb{L}=\{3\}$

h) Die Definitionsmenge umfasst alle diejenigen x-Werte, für die die Argumente aller auftretenden Logarithmusterme größer null sind: $\mathbb{D}=\mathbb{R}^+$

$\ln x+\ln(x+1)=0$ | Logarithmusregeln anwenden

$\ln(x(x+1))=0$ | e-Funktion anwenden

$x^2+x=e^0=1$

$x^2+x-1=0$ | p-q-Formel

$$x_{1;2}=-\frac{1}{2}\pm\sqrt{\frac{1}{4}+1}$$

$x_1=-\frac{1}{2}+\frac{1}{2}\sqrt{5};\quad x_2=-\frac{1}{2}-\frac{1}{2}\sqrt{5}$ | $-\frac{1}{2}-\frac{1}{2}\sqrt{5}\notin\mathbb{D}$

Lösungsmenge $\mathbb{L}=\left\{-\frac{1}{2}+\frac{1}{2}\sqrt{5}\right\}$

i) Die Definitionsmenge umfasst alle diejenigen x-Werte, für die die Argumente aller auftretenden Logarithmusterme größer null sind: $\mathbb{D} = \mathbb{R}^+$

$$\ln(x+1) - \ln x = 0 \quad |\text{Logarithmusregeln anwenden}$$
$$\ln\left(\frac{x+1}{x}\right) = 0 \quad |\text{e-Funktion anwenden}$$
$$\frac{x+1}{x} = e^0 = 1$$
$$x+1 = x$$
$$1 = 0 \quad |\text{Widerspruch}$$

Lösungsmenge $\mathbb{L} = \{\ \}$

j) Die Definitionsmenge enthält alle x-Werte, für die das Argument des Logarithmus positiv ist: $\mathbb{D} = \{x \mid x > -1\}$

$$\ln\sqrt{x+1} = 0 \quad |\text{e-Funktion anwenden}$$
$$\sqrt{x+1} = e^0 = 1$$
$$x+1 = 1$$
$$x = 0$$

Lösungsmenge $\mathbb{L} = \{0\}$

7. a)
$$\begin{array}{ll} \text{I} & 2x_1 - x_2 = 7 \\ \text{II} & 3x_1 + 2x_2 = 0 \quad |2 \cdot \text{II} - 3 \cdot \text{I} \end{array}$$
$$\begin{array}{ll} \text{I} & 2x_1 - x_2 = 7 \\ \text{II'} & 7x_2 = -21 \end{array}$$

$x_2 = -3$ in I eingesetzt: $x_1 = 2$

Lösungsmenge $\mathbb{L} = \{(2 \mid -3)\}$

b)
$$\begin{array}{ll} \text{I} & \frac{1}{2}x_1 + 2x_2 = 5 \\ \text{II} & 2x_1 + 8x_2 = 20 \quad |4 \cdot \text{I} - \text{II} \end{array}$$
$$\begin{array}{ll} \text{I} & \frac{1}{2}x_1 + 2x_2 = 5 \\ \text{II'} & 0x_2 = 0 \end{array}$$

$x_2 = t$ in I eingesetzt: $x_1 = -4t + 10$

Lösungsmenge $\mathbb{L} = \{(-4t + 10 \mid t) \mid t \in \mathbb{R}\}$

c)
$$\begin{array}{ll} \text{I} & 9x_1 - 15x_2 = 3 \\ \text{II} & 6x_1 - 10x_2 = 5 \quad |2 \cdot \text{I} - 3 \cdot \text{II} \end{array}$$
$$\begin{array}{ll} \text{I} & 9x_1 - 15x_2 = 3 \\ \text{II'} & 0x_2 = -9 \end{array}$$

Lösungsmenge $\mathbb{L} = \{\ \}$

d) I $2x_1 - 5x_2 = 7$
II $x_1 + 2x_2 = -1$ $|I - 2 \cdot II$
I $2x_1 - 5x_2 = 7$
II' $-9x_2 = 9$
Es ergibt sich $x_2 = -1$ und $x_1 = 1$.
Lösungsmenge $\mathbb{L} = \{(1|-1)\}$

e) Da der Koeffizient von x_2 in Gleichung I genau das (–1)-Fache des Koeffizienten von x_2 in Gleichung II ist, ist es in diesem Fall (in dem das Gleichungssystem nur aus zwei Gleichungen mit zwei Variablen besteht) günstiger, x_2 aus Gleichung II zu eliminieren.
I $3x_1 - x_2 = -3$
II $x_1 + x_2 = 3$ $|I + II$
I $3x_1 - x_2 = -3$
II' $4x_1 = 0$
Es ergibt sich $x_1 = 0$ und $x_2 = 3$.
Lösungsmenge $\mathbb{L} = \{(0|3)\}$

f) I $2x_1 - 3x_2 = 5$
II $4x_1 - 6x_2 = 2$ $|2 \cdot I - II$
I $2x_1 - 3x_2 = 5$
II' $0 = 8$
Lösungsmenge $\mathbb{L} = \{\ \}$

8. a) I $2x_1 + x_2 - 5x_3 = 1$
II $x_1 + 2x_2 + 2x_3 = 5$ $|(2 \cdot II - I)$
III $3x_1 - x_2 + 3x_3 = 12$ $|(3 \cdot I - 2 \cdot III)$
I $2x_1 + x_2 - 5x_3 = 1$
II' $3x_2 + 9x_3 = 9$
III' $5x_2 - 21x_3 = -21$ $|(5 \cdot II' - 3 \cdot III')$
I $2x_1 + x_2 - 5x_3 = 1$
II' $3x_2 + 9x_3 = 9$
III'' $108x_3 = 108$
$x_3 = 1$ in II' eingesetzt: $x_2 = 0$, in I eingesetzt: $x_1 = 3$
Lösungsmenge $\mathbb{L} = \{(3|0|1)\}$

b) I $x_1 - 5x_2 - x_3 = 2$
II $x_1 + x_2 - 2x_3 = 3$ $|(II - I)$
III $x_1 - x_2 - x_3 = 2$ $|(III - I)$

$$\begin{array}{lrl} \text{I} & x_1 - 5x_2 - x_3 &= 2 \\ \text{II'} & 6x_2 - x_3 &= 1 \\ \text{III'} & 4x_2 + 0x_3 &= 0 \end{array}$$

Aus III': $x_2 = 0$, in II' eingesetzt: $x_3 = -1$, in I eingesetzt: $x_1 = 1$
Lösungsmenge $\mathbb{L} = \{(1|0|-1)\}$

c)
$$\begin{array}{lrll} \text{I} & 4x_1 + 9x_2 - 7x_3 &= 32 & \\ \text{II} & x_1 + 4x_2 - 4x_3 &= 16 & |(\text{I} - 4 \cdot \text{II}) \\ \text{III} & 3x_1 + 2x_2 + 8x_3 &= -12 & |(3 \cdot \text{II} - \text{III}) : 10 \end{array}$$

$$\begin{array}{lrll} \text{I} & 4x_1 + 9x_2 - 7x_3 &= 32 & \\ \text{II'} & -7x_2 + 9x_3 &= -32 & \\ \text{III'} & x_2 - 2x_3 &= 6 & |(\text{II'} + 7 \cdot \text{III'}) \end{array}$$

$$\begin{array}{lrl} \text{I} & 4x_1 + 9x_2 - 7x_3 &= 32 \\ \text{II'} & -7x_2 + 9x_3 &= -32 \\ \text{III''} & -5x_3 &= 10 \end{array}$$

Aus III'': $x_3 = -2$, in II' eingesetzt: $x_2 = 2$, in I eingesetzt: $x_1 = 0$
Lösungsmenge $\mathbb{L} = \{(0|2|-2)\}$

d)
$$\begin{array}{lrll} \text{I} & 8x_1 + x_2 + 7x_3 &= -6 & \\ \text{II} & x_1 - 3x_2 + 4x_3 &= -7 & |(8 \cdot \text{II} - \text{I}) : 25 \\ \text{III} & 2x_1 - 9x_2 + 3x_3 &= 4 & |(2 \cdot \text{II} - \text{III}) \end{array}$$

$$\begin{array}{lrll} \text{I} & 8x_1 + x_2 + 7x_3 &= -6 & \\ \text{II'} & -x_2 + x_3 &= -2 & \\ \text{III'} & 3x_2 + 5x_3 &= -18 & |(3 \cdot \text{II'} + \text{III'}) \end{array}$$

$$\begin{array}{lrl} \text{I} & 8x_1 + x_2 + 7x_3 &= -6 \\ \text{II'} & -x_2 + x_3 &= -2 \\ \text{III''} & 8x_3 &= -24 \end{array}$$

Aus III'': $x_3 = -3$, in II' eingesetzt: $x_2 = -1$, in I eingesetzt: $x_1 = 2$
Lösungsmenge $\mathbb{L} = \{(2|-1|-3)\}$

e)
$$\begin{array}{lrll} \text{I} & x_1 + 2x_2 &= 6 & \\ \text{II} & x_1 + 3x_2 - x_3 &= 5 & |(\text{II} - \text{I}) \\ \text{III} & 2x_1 + x_2 + 3x_3 &= 0 & |(2 \cdot \text{I} - \text{III}) \end{array}$$

$$\begin{array}{lrll} \text{I} & x_1 + 2x_2 &= 6 & \\ \text{II'} & x_2 - x_3 &= -1 & \\ \text{III'} & 3x_2 - 3x_3 &= 12 & |(\text{III'} - 3 \cdot \text{II'}) \end{array}$$

$$\begin{array}{lrl} \text{I} & x_1 + 2x_2 &= 6 \\ \text{II'} & x_2 - x_3 &= -1 \\ \text{III''} & 0x_3 &= 15 \end{array}$$

Lösungsmenge $\mathbb{L} = \{\ \}$

f)
$$\begin{array}{lrl} \text{I} & x_1 + x_2 - x_3 = 1 & \\ \text{II} & x_1 + 3x_2 = 3 & |(\text{II} - \text{I}) \\ \text{III} & 2x_1 + 4x_2 - x_3 = 7 & |(\text{III} - 2 \cdot \text{I}) \end{array}$$

$$\begin{array}{lrl} \text{I} & x_1 + x_2 - x_3 = 1 & \\ \text{II'} & 2x_2 + x_3 = 2 & \\ \text{III'} & 2x_2 + x_3 = 5 & |(\text{III'} - \text{II'}) \end{array}$$

$$\begin{array}{lr} \text{I} & x_1 + x_2 - x_3 = 1 \\ \text{II'} & 2x_2 + x_3 = 2 \\ \text{III''} & 0x_3 = 3 \end{array}$$

Lösungsmenge $\mathbb{L} = \{\ \}$

g)
$$\begin{array}{lrl} \text{I} & 2x_1 - 4x_2 + 5x_3 = -5 & \\ \text{II} & x_1 - x_2 + 2x_3 = -2 & |(2 \cdot \text{II} - \text{I}) \\ \text{III} & 3x_1 - x_2 + 5x_3 = -5 & |(2 \cdot \text{III} - 3 \cdot \text{I}) \end{array}$$

$$\begin{array}{lrl} \text{I} & 2x_1 - 4x_2 + 5x_3 = -5 & \\ \text{II'} & 2x_2 - x_3 = 1 & \\ \text{III'} & 10x_2 - 5x_3 = 5 & |(\text{III'} - 5 \cdot \text{II'}) \end{array}$$

$$\begin{array}{lr} \text{I} & 2x_1 - 4x_2 + 5x_3 = -5 \\ \text{II'} & 2x_2 - x_3 = 1 \\ \text{III''} & 0x_3 = 0 \end{array}$$

$x_3 = t$ in II' eingesetzt: $x_2 = \frac{t}{2} + \frac{1}{2}$, in I eingesetzt: $x_1 = -\frac{3}{2}t - \frac{3}{2}$

Lösungsmenge $\mathbb{L} = \left\{ \left(-\frac{3}{2}t - \frac{3}{2} \;\middle|\; \frac{t}{2} + \frac{1}{2} \;\middle|\; t \right) \;\middle|\; t \in \mathbb{R} \right\}$

h)
$$\begin{array}{lrl} \text{I} & 2x_1 - x_2 + x_3 = 3 & \\ \text{II} & 3x_1 + 2x_2 - 4x_3 = -5 & |(2 \cdot \text{II} - 3 \cdot \text{I}) \\ \text{III} & x_1 + 3x_2 - 5x_3 = -8 & |(2 \cdot \text{III} - \text{I}) \end{array}$$

$$\begin{array}{lrl} \text{I} & 2x_1 - x_2 + x_3 = 3 & \\ \text{II'} & 7x_2 - 11x_3 = -19 & \\ \text{III'} & 7x_2 - 11x_3 = -19 & |(\text{II'} - \text{III'}) \end{array}$$

$$\begin{array}{lr} \text{I} & 2x_1 - x_2 + x_3 = 3 \\ \text{II'} & 7x_2 - 11x_3 = -19 \\ \text{III''} & 0x_3 = 0 \end{array}$$

$x_3 = t$ in II' eingesetzt: $x_2 = \frac{11}{7}t - \frac{19}{7}$, in I eingesetzt: $x_1 = \frac{2}{7}t + \frac{1}{7}$

Lösungsmenge $\mathbb{L} = \left\{ \left(\frac{2}{7}t + \frac{1}{7} \;\middle|\; \frac{11}{7}t - \frac{19}{7} \;\middle|\; t \right) \;\middle|\; t \in \mathbb{R} \right\}$

i)
$$\begin{array}{lrl} \text{I} & 2x_1 - x_2 + x_3 = 3 & \\ \text{II} & 3x_1 + 2x_2 - 4x_3 = -5 & |(2 \cdot \text{II} - 3 \cdot \text{I}) \\ \text{III} & x_1 + 3x_2 - 3x_3 = -2 & |(2 \cdot \text{III} - \text{I}) \end{array}$$

$$\begin{array}{lrl} \text{I} & 2x_1 - x_2 + x_3 = & 3 \\ \text{II'} & 7x_2 - 11x_3 = & -19 \\ \text{III'} & 7x_2 - 7x_3 = & -7 \quad |(\text{III'} - \text{II'}) \end{array}$$

$$\begin{array}{lrl} \text{I} & 2x_1 - x_2 + x_3 = & 3 \\ \text{II'} & 7x_2 - 11x_3 = & -19 \\ \text{III''} & 4x_3 = & 12 \end{array}$$

Aus III'': $x_3 = 3$, in II' eingesetzt: $x_2 = 2$, in I eingesetzt: $x_1 = 1$
Lösungsmenge $\mathbb{L} = \{(1|2|3)\}$

j)
$$\begin{array}{lrl} \text{I} & x_1 + x_2 + x_3 = & 0 \\ \text{II} & x_1 - 2x_2 + 3x_3 = & 3 \quad |(\text{II} - \text{I}) \\ \text{III} & x_1 + 2x_2 + x_3 = & -1 \quad |(\text{III} - \text{I}) \end{array}$$

$$\begin{array}{lrl} \text{I} & x_1 + x_2 + x_3 = & 0 \\ \text{II'} & -3x_2 + 2x_3 = & 3 \\ \text{III'} & x_2 = & -1 \end{array}$$

Aus III': $x_2 = -1$, in II' eingesetzt: $x_3 = 0$, in I eingesetzt: $x_1 = 1$
Lösungsmenge $\mathbb{L} = \{(1|-1|0)\}$

9. a)
$$\begin{array}{lrl} \text{I} & x_1 + 2x_2 + x_3 = & 7 \\ \text{II} & 2x_1 + x_2 + 3x_3 = & 4 \quad |(2 \cdot \text{I} - \text{II}) \\ \text{III} & 3x_1 + 3x_2 + 4x_3 = & 11 \quad |(3 \cdot \text{I} - \text{III}) \end{array}$$

$$\begin{array}{lrl} \text{I} & x_1 + 2x_2 + x_3 = & 7 \\ \text{II'} & 3x_2 - x_3 = & 10 \\ \text{III'} & 3x_2 - x_3 = & 10 \quad |(\text{II'} - \text{III'}) \end{array}$$

$$\begin{array}{lrl} \text{I} & x_1 + 2x_2 + x_3 = & 7 \\ \text{II'} & 3x_2 - x_3 = & 10 \\ \text{III''} & 0x_3 = & 0 \end{array}$$

Das Gleichungssystem hat unendlich viele Lösungen. x_3 ist beliebig.
Die Lösung für $x_3 = -1$ erhält man, indem man diesen Wert für x_3 in II' einsetzt. Man erhält $x_2 = 3$ und damit $x_1 = 2$ aus Gleichung I. Ergebnis:
Für $x_3 = -1$ hat das Gleichungssystem die Lösungsmenge $\mathbb{L} = \{(2|3|-1)\}$.

b)
$$\begin{array}{lrl} \text{I} & 2x_1 + x_2 - 2x_3 = & 2 \\ \text{II} & x_1 + 2x_2 + x_3 = & 1 \quad |(2 \cdot \text{II} - \text{I}) \end{array}$$

$$\begin{array}{lrl} \text{I} & 2x_1 + x_2 - 2x_3 = & 2 \\ \text{II'} & 3x_2 + 4x_3 = & 0 \end{array}$$

$x_3 = t$ in II' eingesetzt: $x_2 = -\frac{4}{3}t$, in I eingesetzt: $x_1 = 1 + \frac{5}{3}t$.
Lösungsmenge $\mathbb{L} = \left\{\left(1 + \frac{5}{3}t \,\middle|\, -\frac{4}{3}t \,\middle|\, t\right) \,\middle|\, t \in \mathbb{R}\right\}$

Falls $x_3 < 0$, gilt: $x_2 > 0$. Die in der Aufgabe gestellte Bedingung, dass alle $x_i < 0$ ($i = 1, 2, 3$) sein sollen, kann also **nicht erfüllt** werden.

c) Ein mögliches Gleichungssystem ist:

$$\begin{array}{ll} \text{I} & x_1 + x_2 + x_3 = 0 \\ \text{II} & x_1 + x_2 - x_3 = 0 \\ \text{III} & x_1 - x_2 + x_3 = 2 \end{array}$$

d)

$$\begin{array}{lll} \text{I} & x_1 + x_2 - x_3 = 1 & \\ \text{II} & x_1 - x_2 + x_3 = 0 & |(\text{I} - \text{II}) \\ \text{III} & x_1 + x_2 + ax_3 = 1 & |(\text{I} - \text{III}) \end{array}$$

$$\begin{array}{ll} \text{I} & x_1 + x_2 - x_3 = 1 \\ \text{II'} & 2x_2 - 2x_3 = 1 \\ \text{III'} & (-1 - a)x_3 = 0 \end{array}$$

Für $a = -1$ ergibt sich III'': $0x_3 = 0$

Das Gleichungssystem hat für $a = -1$ unendlich viele Lösungen.

10. a) Man wählt beispielsweise $x_3 = 1$, $x_2 = 2$ und $x_1 = 3$.

Nun kann eine beliebige Gleichung aufgestellt werden, z. B.:

I $x_1 + x_2 + x_3 = 6$

Beim Aufstellen der Gleichung II muss nur darauf geachtet werden, dass sie kein Vielfaches der Gleichung I ist, also z. B.:

II $x_1 - x_2 + x_3 = 2$

Die Gleichung III darf nun keine Linearkombination der Gleichungen I und II sein, z. B.:

III $x_1 - x_2 - x_3 = 0$

Das folgende Gleichungssystem erfüllt also die in der Aufgabe gestellten Bedingungen:

$$\begin{array}{ll} \text{I} & x_1 + x_2 + x_3 = 6 \\ \text{II} & x_1 - x_2 + x_3 = 2 \\ \text{III} & x_1 - x_2 - x_3 = 0 \end{array}$$

b) Zunächst stellt man eine beliebige Gleichung auf, z. B.:

I $x_1 + x_2 + x_3 = 6$

Beim Aufstellen der Gleichung II muss nur darauf geachtet werden, dass sie kein Vielfaches der Gleichung I ist, also z. B.:

II $x_1 - x_2 + x_3 = 2$

Wenn Gleichung III nun eine Linearkombination von I und II ist – im einfachsten Fall Gleichung II + Gleichung I – also

III $2x_1 \quad + 2x_3 = 8$,

dann hat das **Gleichungssystem unendlich viele Lösungen**:

$$\begin{array}{ll} \text{I} & x_1 + x_2 + x_3 = 6 \\ \text{II} & x_1 - x_2 + x_3 = 2 \\ \text{III} & 2x_1 \quad + 2x_3 = 8 \end{array}$$

Wenn man stattdessen Gleichung III so wählt, dass auf der linken Seite die Summe der linken Seiten von Gleichung II und Gleichung I steht und auf der rechten Seite nicht die Summe der rechten Seiten von Gleichung II und Gleichung I steht, also z. B.

III $2x_1 \quad + 2x_3 = 5$,

dann hat das **Gleichungssystem keine Lösung**:

I $\quad x_1 + x_2 + x_3 = 6$

II $\quad x_1 - x_2 + x_3 = 2$

III $\quad 2x_1 \quad + 2x_3 = 5$

c) I $\quad x_1 + x_2 = a$

II $\quad x_1 + bx_2 = 1 \quad |(I - II)$

I $\quad x_1 + x_2 = a$

II' $\quad (1-b)x_2 = a - 1$

1. Fall: Für $b \neq 1$ ergibt sich $x_2 = \frac{a-1}{1-b}$ und $x_1 = a - \frac{a-1}{1-b}$
Das Gleichungssystem hat eine eindeutige Lösung.

2. Fall: Für $b = 1$ und $a = 1$ ergibt Gleichung II": $0 = 0$
Das Gleichungssystem hat unendlich viele Lösungen.

3. Fall: Für $b = 1$ und $a \neq 1$ ergibt Gleichung II" eine für alle x_2 falsche Gleichung. Das Gleichungssystem hat keine Lösung.

11. a) $f(x) = x^2 \cdot \cos x$

Setze: $u(x) = x^2 \qquad v(x) = \cos x$

$u'(x) = 2x \qquad v'(x) = -\sin x$

In die Produktregel eingesetzt ergibt sich:

$f'(x) = 2x \cdot \cos x + x^2(-\sin x) = 2x \cdot \cos x - x^2 \cdot \sin x$

b) $f(x) = (2x^3 - 3x + 1)e^x$

Setze: $u(x) = 2x^3 - 3x + 1 \qquad v(x) = e^x$

$u'(x) = 6x^2 - 3 \qquad v'(x) = e^x$

In die Produktregel eingesetzt ergibt sich:

$f'(x) = (6x^2 - 3)e^x + (2x^3 - 3x + 1)e^x = (2x^3 + 6x^2 - 3x - 2)e^x$

c) $f(x) = (2x^2 + 5)\sqrt{x}$

Setze: $u(x) = 2x^2 + 5 \qquad v(x) = \sqrt{x}$

$u'(x) = 4x \qquad v'(x) = \frac{1}{2\sqrt{x}}$

In die Produktregel eingesetzt ergibt sich:

$f'(x) = 4x \cdot \sqrt{x} + (2x^2 + 5)\frac{1}{2\sqrt{x}} = \frac{8x^2}{2\sqrt{x}} + \frac{2x^2 + 5}{2\sqrt{x}} = \frac{10x^2 + 5}{2\sqrt{x}}$

d) $f(x) = \sqrt{x} \sin x$

Setze: $u(x) = \sqrt{x}$ $\qquad v(x) = \sin x$

$u'(x) = \frac{1}{2\sqrt{x}}$ $\qquad v'(x) = \cos x$

In die Produktregel eingesetzt ergibt sich:

$f'(x) = \frac{1}{2\sqrt{x}} \cdot \sin x + \sqrt{x} \cos x$

e) $f(x) = x \cdot \ln x$

Setze: $u(x) = x$ $\qquad v(x) = \ln x$

$u'(x) = 1$ $\qquad v'(x) = \frac{1}{x}$

In die Produktregel eingesetzt ergibt sich:

$f'(x) = 1 \cdot \ln x + \frac{1}{x} \cdot x = \ln x + 1$

f) $f(x) = e^x \cdot \sin x$

Setze: $u(x) = e^x$ $\qquad v(x) = \sin x$

$u'(x) = e^x$ $\qquad v'(x) = \cos x$

In die Produktregel eingesetzt ergibt sich:

$f'(x) = e^x \cdot \sin x + e^x \cdot \cos x = e^x(\sin x + \cos x)$

g) $f(x) = e^x \cdot e^x$

Setze: $u(x) = e^x$ $\qquad v(x) = e^x$

$u'(x) = e^x$ $\qquad v'(x) = e^x$

In die Produktregel eingesetzt ergibt sich:

$f'(x) = e^x \cdot e^x + e^x \cdot e^x = 2(e^x \cdot e^x) = 2(e^x)^2 = 2e^{2x}$

h) $f(x) = \frac{1}{x} \cdot \sqrt[3]{x}$

Setze: $u(x) = \frac{1}{x}$ $\qquad v(x) = \sqrt[3]{x} = x^{\frac{1}{3}}$

$u'(x) = -\frac{1}{x^2}$ $\qquad v'(x) = \frac{1}{3\sqrt[3]{x^2}}$

In die Produktregel eingesetzt ergibt sich:

$f'(x) = -\frac{1}{x^2} \sqrt[3]{x} + \frac{1}{3\sqrt[3]{x^2}} \cdot \frac{1}{x} = -x^{-\frac{5}{3}} + \frac{1}{3} x^{-\frac{5}{3}} = -\frac{2}{3\sqrt[3]{x^5}}$

i) $f(x) = (2x^3 - 4)(x^2 + 3x)$

Setze: $u(x) = 2x^3 - 4$ $\qquad v(x) = x^2 + 3x$

$u'(x) = 6x^2$ $\qquad v'(x) = 2x + 3$

In die Produktregel eingesetzt ergibt sich:

$f'(x) = 6x^2(x^2 + 3x) + (2x + 3)(2x^3 - 4)$

$= 6x^4 + 18x^3 + 4x^4 - 8x + 6x^3 - 12$

$= 10x^4 + 24x^3 - 8x - 12$

j) $f(x) = x^2 \cdot \sin x$

Setze: $u(x) = x^2$ $\qquad v(x) = \sin x$

$u'(x) = 2x$ $\qquad v'(x) = \cos x$

In die Produktregel eingesetzt ergibt sich:

$f'(x) = 2x \cdot \sin x + x^2 \cdot \cos x$

k) $f(x) = e^x \cdot \ln x$

Setze: $u(x) = e^x$ $\qquad v(x) = \ln x$

$u'(x) = e^x$ $\qquad v'(x) = \frac{1}{x}$

In die Produktregel eingesetzt ergibt sich:

$f'(x) = e^x \cdot \ln x + \frac{1}{x} \cdot e^x$

l) $f(x) = \frac{1}{x} \cdot e^x$

Setze: $u(x) = \frac{1}{x}$ $\qquad v(x) = e^x$

$u'(x) = -\frac{1}{x^2}$ $\qquad v'(x) = e^x$

In die Produktregel eingesetzt ergibt sich:

$f'(x) = -\frac{1}{x^2} \cdot e^x + \frac{1}{x} \cdot e^x$

m) $f(x) = (x^2 - 4)\sin x$

Setze: $u(x) = x^2 - 4$ $\qquad v(x) = \sin x$

$u'(x) = 2x$ $\qquad v'(x) = \cos x$

In die Produktregel eingesetzt ergibt sich:

$f'(x) = 2x \cdot \sin x + (x^2 - 4)\cos x$

n) $f(x) = \sin x \cdot \cos x$

Setze: $u(x) = \sin x$ $\qquad v(x) = \cos x$

$u'(x) = \cos x$ $\qquad v'(x) = -\sin x$

In die Produktregel eingesetzt ergibt sich:

$f'(x) = \cos^2 x - \sin^2 x$

12. a) $f(x) = (3x + 1)^2$

Setze: $v(x) = 3x + 1$ $\qquad u(v) = v^2$

Dann ist $v'(x) = 3$ und $u'(v) = 2v$.

In die Kettenregel eingesetzt ergibt sich:

$f'(x) = 2v \cdot 3 = 2(3x + 1) \cdot 3 = 6(3x + 1)$

b) $f(x) = \frac{1}{(2x+1)^2}$

Setze: $v(x) = 2x + 1 \qquad u(v) = v^{-2}$

Dann ist $v'(x) = 2$ und $u'(v) = -2v^{-3}$.

In die Kettenregel eingesetzt ergibt sich:

$f'(x) = -2v^{-3} \cdot 2 = \frac{-4}{v^3} = \frac{-4}{(2x+1)^3}$

c) $f(x) = \sin(3x - 1)$

Setze: $v(x) = 3x - 1 \qquad u(v) = \sin v$

Dann ist $v'(x) = 3$ und $u'(v) = \cos v$.

In die Kettenregel eingesetzt ergibt sich:

$f'(x) = 3\cos v = 3\cos(3x - 1)$

d) $f(x) = e^{x^2}$

Setze: $v(x) = x^2 \qquad u(v) = e^v$

Dann ist $v'(x) = 2x$ und $u'(v) = e^v$.

In die Kettenregel eingesetzt ergibt sich:

$f'(x) = e^v \cdot 2x = 2x \cdot e^{x^2}$

e) $f(x) = \sqrt{2x+3}$

Setze: $v(x) = 2x + 3 \qquad u(v) = \sqrt{v} = v^{\frac{1}{2}}$

Dann ist $v'(x) = 2$ und $u'(v) = \frac{1}{2} v^{-\frac{1}{2}} = \frac{1}{2\sqrt{v}}$.

In die Kettenregel eingesetzt ergibt sich:

$f'(x) = \frac{1}{2\sqrt{v}} \cdot 2 = \frac{1}{\sqrt{2x+3}}$

f) $f(x) = \sqrt{\frac{1}{3x+1}} = \frac{1}{\sqrt{3x+1}} = (3x+1)^{-\frac{1}{2}}$

Setze: $v(x) = 3x + 1 \qquad u(v) = v^{-\frac{1}{2}}$

Dann ist $v'(x) = 3$ und $u'(v) = -\frac{1}{2} v^{\frac{3}{2}} = -\frac{1}{2\sqrt{v^3}}$.

In die Kettenregel eingesetzt ergibt sich:

$f'(x) = -\frac{1}{2\sqrt{v^3}} \cdot 3 = \frac{-3}{2\sqrt{(3x+1)^3}}$

g) $f(x) = \sqrt{e^x}$

Setze: $v(x) = e^x \qquad u(v) = \sqrt{v} = v^{\frac{1}{2}}$

Dann ist $v'(x) = e^x$ und $u'(v) = \frac{1}{2} v^{-\frac{1}{2}} = \frac{1}{2\sqrt{v}}$.

In die Kettenregel eingesetzt ergibt sich:

$f'(x) = \frac{1}{2\sqrt{v}} \cdot e^x = \frac{e^x}{2\sqrt{e^x}} = \frac{\sqrt{e^x}}{2}$

h) $f(x) = \ln(e^x)$

Setze: $v(x) = e^x$ $\quad u(v) = \ln v$

Dann ist $v'(x) = e^x$ und $u'(v) = \frac{1}{v}$.

In die Kettenregel eingesetzt ergibt sich:

$f'(x) = \frac{1}{v} \cdot e^x = \frac{e^x}{e^x} = 1$

i) $f(x) = (\cos x)^4$

Setze: $v(x) = \cos x$ $\quad u(v) = v^4$

Dann ist $v'(x) = -\sin x$ und $u'(v) = 4v^3$.

In die Kettenregel eingesetzt ergibt sich:

$f'(x) = 4v^3(-\sin x) = -4\sin x \cdot \cos^3 x$

j) $f(x) = e^{\sin x}$

Setze: $v(x) = \sin x$ $\quad u(v) = e^v$

Dann ist $v'(x) = \cos x$ und $u'(v) = e^v$.

In die Kettenregel eingesetzt ergibt sich:

$f'(x) = e^v \cdot \cos x = e^{\sin x} \cdot \cos x$

k) $f(x) = \sin(3x^2 - 1)$

Setze: $v(x) = 3x^2 - 1$ $\quad u(v) = \sin v$

Dann ist $v'(x) = 6x$ und $u'(v) = \cos v$.

In die Kettenregel eingesetzt ergibt sich:

$f'(x) = \cos v \cdot 6x = 6x \cdot \cos(3x^2 - 1)$

l) $f(x) = \ln(x^3 - 2x)$

Setze: $v(x) = x^3 - 2x$ $\quad u(v) = \ln v$

Dann ist $v'(x) = 3x^2 - 2$ und $u'(x) = \frac{1}{v}$.

In die Kettenregel eingesetzt ergibt sich:

$f'(x) = (3x^2 - 2)\frac{1}{v} = \frac{3x^2 - 2}{x^3 - 2x}$

13. Mit Quotientenregel

a) $f(x) = \frac{x^2}{x^2 - 1}$

Setze: $u(x) = x^2$ $\quad v(x) = x^2 - 1$

$u'(x) = 2x$ $\quad v'(x) = 2x$

In die Quotientenregel eingesetzt ergibt sich:

$f'(x) = \frac{2x(x^2 - 1) - 2x \cdot x^2}{(x^2 - 1)^2} = \frac{-2x}{(x^2 - 1)^2}$

b) $f(x)=\frac{4x+1}{2x^2-x}$

Setze: $u(x)=4x+1$ $\quad v(x)=2x^2-x$

$u'(x)=4$ $\quad v'(x)=4x-1$

In die Quotientenregel eingesetzt ergibt sich:

$$f'(x)=\frac{4(2x^2-x)-(4x-1)(4x+1)}{(2x^2-x)^2}=\frac{-8x^2-4x+1}{(2x^2-x)^2}$$

c) $f(x)=\frac{\cos x}{x^2}$

Setze: $u(x)=\cos x$ $\quad v(x)=x^2$

$u'(x)=-\sin x$ $\quad v'(x)=2x$

In die Quotientenregel eingesetzt ergibt sich:

$$f'(x)=\frac{-x^2\cdot\sin x-2x\cdot\cos x}{x^4}=-\frac{x\cdot\sin x+2\cos x}{x^3}$$

d) $f(x)=\frac{x^2+2x-1}{x-1}$

Setze: $u(x)=x^2+2x-1$ $\quad v(x)=x-1$

$u'(x)=2x+2$ $\quad v'(x)=1$

In die Quotientenregel eingesetzt ergibt sich:

$$f'(x)=\frac{(2x+2)(x-1)-1(x^2+2x-1)}{(x-1)^2}=\frac{2x^2-2-x^2-2x+1}{(x-1)^2}=\frac{x^2-2x-1}{(x-1)^2}$$

e) $f(x)=\frac{3x}{4x^3-2}$

Setze: $u(x)=3x$ $\quad v(x)=4x^3-2$

$u'(x)=3$ $\quad v'(x)=12x^2$

In die Quotientenregel eingesetzt ergibt sich:

$$f'(x)=\frac{3(4x^3-2)-12x^2\cdot 3x}{(4x^3-2)^2}=-\frac{24x^3+6}{(4x^3-2)^2}$$

f) $f(x)=\frac{\sqrt[3]{x}}{x^2}$

Setze: $u(x)=\sqrt[3]{x}$ $\quad v(x)=x^2$

$u'(x)=\frac{1}{3\sqrt[3]{x^2}}$ $\quad v'(x)=2x$

In die Quotientenregel eingesetzt ergibt sich:

$$f'(x)=\frac{\frac{1}{3\sqrt[3]{x^2}}\cdot x^2-2x\cdot\sqrt[3]{x}}{x^4}=\frac{\frac{1}{3}x^{\frac{4}{3}}-2x^{\frac{4}{3}}}{x^4}=-\frac{5}{3\sqrt[3]{x^8}}$$

g) $f(x) = \frac{2}{e^x}$

Setze: $u(x) = 2$ $\quad v(x) = e^x$

$u'(x) = 0$ $\quad v'(x) = e^x$

In die Quotientenregel eingesetzt ergibt sich:

$$f'(x) = \frac{0 \cdot e^x - 2e^x}{(e^x)^2} = -\frac{2}{e^x}$$

h) $f(x) = \frac{\ln x}{x}$

Setze: $u(x) = \ln x$ $\quad v(x) = x$

$u'(x) = \frac{1}{x}$ $\quad v'(x) = 1$

In die Quotientenregel eingesetzt ergibt sich:

$$f'(x) = \frac{\frac{1}{x} \cdot x - 1 \cdot \ln x}{x^2} = \frac{1 - \ln x}{x^2}$$

i) $f(x) = \frac{1}{2x^3}$

Setze: $u(x) = 1$ $\quad v(x) = 2x^3$

$u'(x) = 0$ $\quad v'(x) = 6x^2$

In die Quotientenregel eingesetzt ergibt sich:

$$f'(x) = \frac{0 \cdot 2x^3 - 6x^2 \cdot 1}{(2x^3)^2} = \frac{-3}{2x^4}$$

j) $f(x) = \frac{e^x}{x}$

Setze: $u(x) = e^x$ $\quad v(x) = x$

$u'(x) = e^x$ $\quad v'(x) = 1$

In die Quotientenregel eingesetzt ergibt sich:

$$f'(x) = \frac{xe^x - 1e^x}{x^2}$$

k) $f(x) = \frac{\ln x}{e^x}$

Setze: $u(x) = \ln x$ $\quad v(x) = e^x$

$u'(x) = \frac{1}{x}$ $\quad v'(x) = e^x$

In die Quotientenregel eingesetzt ergibt sich:

$$f'(x) = \frac{e^x \cdot \frac{1}{x} - e^x \cdot \ln x}{e^{x^2}} = \frac{1 - x \cdot \ln x}{x \cdot e^x}$$

l) $f(x) = \frac{2x}{x^2 + 1}$

Setze: $u(x) = 2x$ $\quad v(x) = x^2 + 1$

$u'(x) = 2$ $\quad v'(x) = 2x$

In die Quotientenregel eingesetzt ergibt sich:

$$f'(x) = \frac{2x^2 + 2 - 4x^2}{(x^2 + 1)^2} = \frac{2 - 2x^2}{(x^2 + 1)^2}$$

m) $f(x) = \frac{2x}{\ln x}$

Setze: $u(x) = 2x$ $\quad v(x) = \ln x$

$u'(x) = 2$ $\quad v'(x) = \frac{1}{x}$

In die Quotientenregel eingesetzt ergibt sich:

$$f'(x) = \frac{2\ln x - 2}{\ln^2 x}$$

n) $f(x) = \frac{x^2 - 1}{x + 1}$

Setze: $u(x) = x^2 - 1$ $\quad v(x) = x + 1$

$u'(x) = 2x$ $\quad v'(x) = 1$

In die Quotientenregel eingesetzt ergibt sich:

$$f'(x) = \frac{2x(x+1) - 1(x^2 - 1)}{(x+1)^2} = \frac{x^2 + 2x + 1}{(x+1)^2} = 1 \quad \text{(1. binomische Gleichung)}$$

Mit Produkt- und Kettenregel

Wenn man die Quotientenregel nicht benutzt, ist der Lösungsweg immer gleich:

Man schreibt die Funktion

$$f(x) = \frac{\text{Zähler}(x)}{\text{Nenner}(x)}$$

als Produkt:

$$f(x) = \text{Zähler}(x) \cdot (\text{Nenner}(x))^{-1}$$

Dieses Produkt wird nun nach der Produktregel abgeleitet mit:

$u(x) = \text{Zähler}(x)$ $\quad u'(x) = \text{Zähler}'(x)$

$v(x) = (\text{Nenner}(x))^{-1}$ $\quad v'(x) = (-1)(\text{Nenner}(x))^{-2} \cdot \text{Nenner}'(x)$

$$f'(x) = \text{Zähler}'(x) \cdot (\text{Nenner}(x))^{-1} + \text{Zähler}(x) \cdot (-1)(\text{Nenner}(x))^{-2} \cdot \text{Nenner}'(x)$$

Dieser Ausdruck wird nun wieder als Bruch geschrieben und vereinfacht.

a) $f(x) = \frac{x^2}{x^2 - 1} = x^2(x^2 - 1)^{-1}$

Setze: $u(x) = x^2$ $\quad v(x) = (x^2 - 1)^{-1}$

$u'(x) = 2x$ $\quad v'(x) = (-1)(x^2 - 1)^{-2} \cdot 2x$ (Kettenregel)

Produktregel ergibt:

$$f'(x) = 2x(x^2 - 1)^{-1} + x^2(-1)(x^2 - 1)^{-2} \cdot 2x$$

$$= \frac{2x}{x^2 - 1} - \frac{2x^3}{(x^2 - 1)^2} = \frac{2x(x^2 - 1) - 2x^3}{(x^2 - 1)^2} = \frac{-2x}{(x^2 - 1)^2}$$

b) $f(x) = \frac{4x+1}{2x^2-x} = (4x+1)(2x^2-x)^{-1}$

Setze: $u(x) = 4x+1$ $\quad v(x) = (2x^2-x)^{-1}$

$u'(x) = 4$ $\quad v'(x) = (-1)(2x^2-x)^{-2}(4x-1)$ (Kettenregel)

Produktregel ergibt:

$f'(x) = 4(2x^2-1)^{-1} + (4x+1)(-1)(2x^2-x)^{-2}(4x-1)$

$= \frac{4}{2x^2-2} - \frac{(4x+1)(4x-1)}{(2x^2-x)^2} = \frac{4(2x^2-x)-(16x^2-1)}{(2x^2-x)^2} = \frac{-8x^2-4x+1}{(2x^2-x)^2}$

c) $f(x) = \frac{\cos x}{x^2} = \cos x \cdot x^{-2}$

Setze: $u(x) = \cos x$ $\quad v(x) = x^{-2}$

$u'(x) = -\sin x$ $\quad v'(x) = -2x^{-3}$ (Kettenregel)

Produktregel ergibt:

$f'(x) = -x^{-2}\sin x + (-2)x^{-3}\cos x = -\frac{\sin x}{x^2} - \frac{2\cos x}{x^3} = -\frac{x \cdot \sin x + 2\cos x}{x^3}$

d) $f(x) = \frac{x^2+2x-1}{x-1} = (x^2+2x-1)(x-1)^{-1}$

Setze: $u(x) = x^2+2x-1$ $\quad v(x) = (x-1)^{-1}$

$u'(x) = 2x+2$ $\quad v'(x) = (-1)(x-1)^{-2} \cdot 1$ (Kettenregel)

Produktregel ergibt:

$f'(x) = (2x+2)(x-1)^{-1} + (x^2+2x-1)(-1)(x-1)^{-2}$

$= \frac{2x+2}{x-1} - \frac{x^2+2x-1}{(x-1)^2} = \frac{(2x+2)(x-1)}{(x-1)^2} - \frac{x^2+2x-1}{(x-1)^2} = \frac{x^2-2x-1}{(x-1)^2}$

e) $f(x) = \frac{3x}{4x^3-2} = 3x(4x^3-2)^{-1}$

Setze: $u(x) = 3x$ $\quad v(x) = (4x^3-2)^{-1}$

$u'(x) = 3$ $\quad v'(x) = (-1)(4x^3-2)^{-2} \cdot 12x^2$ (Kettenregel)

Produktregel ergibt:

$f'(x) = 3(4x^3-2)^{-1} + 3x(-1)(4x^3-2)^{-2} \cdot 12x^2$

$= \frac{3}{4x^3-2} - \frac{36x^3}{(4x^3-2)^2} = \frac{3(4x^3-2)-36x^3}{(4x^3-2)^2} = -\frac{24x^3+6}{(4x^3-2)^2}$

f) $f(x) = \frac{\sqrt[3]{x}}{x^2} = \sqrt[3]{x} \cdot x^{-2}$

Setze: $u(x) = \sqrt[3]{x} = x^{\frac{1}{3}}$ $\quad v(x) = x^{-2}$

$u'(x) = \frac{1}{3}x^{-\frac{2}{3}}$ $\quad v'(x) = (-2)x^{-3}$ (Kettenregel)

Produktregel ergibt:

$f'(x) = \frac{1}{3}x^{-\frac{2}{3}}x^{-2} + x^{\frac{1}{3}}(-2)x^{-3} = \frac{1}{3x^{\frac{8}{3}}} - \frac{2}{x^{\frac{8}{3}}} = -\frac{5}{3\sqrt[3]{x^8}}$

g) $f(x) = \frac{2}{e^x} = 2e^{-x}$

Setze: $u(x) = 2$ $\quad v(x) = e^{-x}$

$u'(x) = 0$ $\quad v'(x) = (-1)e^{-x}$ (Kettenregel)

Produktregel ergibt:

$f'(x) = 0 \cdot e^{-x} - 2e^{-x} = -\frac{2}{e^x}$

h) $f(x) = \frac{\ln x}{x} = \ln x \cdot x^{-1}$

Setze: $u(x) = \ln x$ $\quad v(x) = x^{-1}$

$u'(x) = \frac{1}{x}$ $\quad v'(x) = (-1)x^{-2}$ (Kettenregel)

Produktregel ergibt:

$f'(x) = \frac{1}{x} \cdot x^{-1} - \ln x \cdot x^{-2} = \frac{1 - \ln x}{x^2}$

i) $f(x) = \frac{1}{2x^3} = 1 \cdot (2x^3)^{-1}$

Setze: $u(x) = 1$ $\quad v(x) = (2x^3)^{-1}$

$u'(x) = 0$ $\quad v'(x) = (-1)(2x^3)^{-2} \cdot 6x^2$ (Kettenregel)

Produktregel ergibt:

$f'(x) = 0 \cdot (2x^3)^{-1} - (2x^3)^{-2} \cdot 6x^2 = \frac{-3}{2x^4}$

j) $f(x) = \frac{e^x}{x} = e^x \cdot x^{-1}$

Setze: $u(x) = e^x$ $\quad v(x) = x^{-1}$

$u'(x) = e^x$ $\quad v'(x) = (-1)x^{-2}$ (Kettenregel)

Produktregel ergibt:

$f'(x) = e^x \cdot x^{-1} - e^x \cdot x^{-2} = \frac{x \cdot e^x - e^x}{x^2}$

k) $f(x) = \frac{\ln x}{e^x} = \ln x \cdot e^{-x}$

Setze: $u(x) = \ln x$ $\quad v(x) = e^{-x}$

$u'(x) = \frac{1}{x}$ $\quad v'(x) = (-1)e^{-x}$ (Kettenregel)

Produktregel ergibt:

$f'(x) = \frac{1}{x} \cdot e^{-x} - \ln x \cdot e^{-x} = \frac{1 - x \cdot \ln x}{x \cdot e^x}$

l) $f(x) = \frac{2x}{x^2+1} = 2x(x^2+1)^{-1}$

Setze: $u(x) = 2x$ $\quad v(x) = (x^2+1)^{-1}$

$u'(x) = 2$ $\quad v'(x) = (-1)(x^2+1)^{-2} \cdot 2x$ (Kettenregel)

Produktregel ergibt:

$f'(x) = 2(x^2+1)^{-1} - 2x(x^2+1)^{-2} \cdot 2x = \frac{2}{x^2+1} - \frac{4x^2}{(x^2+1)^2} = \frac{2-2x^2}{(x^2+1)^2}$

m) $f(x)=\frac{2x}{\ln x}=2x(\ln x)^{-1}$

Setze: $u(x)=2x$ $\qquad v(x)=(\ln x)^{-1}$

$u'(x)=2$ $\qquad v'(x)=(-1)(\ln x)^{-2}\cdot\frac{1}{x}$ (Kettenregel)

Produktregel ergibt:

$f'(x)=2(\ln x)^{-1}-2x(\ln x)^{-2}\cdot\frac{1}{x}=\frac{2\ln x-2}{(\ln x)^2}$

n) $f(x)=\frac{x^2-1}{x+1}=(x^2-1)(x+1)^{-1}$

Setze: $u(x)=x^2-1$ $\qquad v(x)=(x+1)^{-1}$

$u'(x)=2x$ $\qquad v'(x)=(-1)(x+1)^{-2}\cdot 1$ (Kettenregel)

Produktregel ergibt:

$f'(x)=2x(x+1)^{-1}-(x^2-1)(x+1)^{-2}=\frac{2x}{x+1}-\frac{x^2-1}{(x+1)^2}=\frac{x^2+2x+1}{(x+1)^2}=1$

14. Für folgende Aufgaben gibt es noch einen anderen Lösungsweg:

11 c) $f(x)=(2x^2+5)\sqrt{x}=2x^{\frac{5}{2}}+5x^{\frac{1}{2}}$

$f'(x)=2\cdot\frac{5}{2}\cdot x^{\frac{3}{2}}+5\cdot\frac{1}{2}\cdot x^{-\frac{1}{2}}=5\sqrt{x^3}+\frac{5}{2\sqrt{x}}=\frac{10x^2+5}{2\sqrt{x}}$

11 g) $f(x)=e^x\cdot e^x=(e^x)^2$

$f'(x)=2e^x\cdot e^x=2e^{2x}$ (Kettenregel)

11 h) $f(x)=\frac{1}{x}\cdot\sqrt[3]{x}=x^{-\frac{2}{3}}$

$f'(x)=-\frac{2}{3}x^{-\frac{5}{3}}=-\frac{2}{3\sqrt[3]{x^5}}$

11 i) $f(x)=(2x^3-4)(x^2+3x)=2x^5+6x^4-4x^2-12x$

$f'(x)=10x^4+24x^3-8x-12$

13 a) $f(x)=\frac{x^2}{x^2-1}=\frac{x^2-1+1}{x^2-1}=1+\frac{1}{x^2-1}=1+(x^2-1)^{-1}$

$f'(x)=-1(x^2-1)^{-2}\cdot 2x=\frac{-2x}{(x^2-1)^2}$

13 f) $f(x)=\frac{\sqrt[3]{x}}{x^2}=x^{-\frac{5}{3}}$

$f'(x)=-\frac{5}{3}x^{-\frac{8}{3}}=\frac{-5}{3\sqrt[3]{x^8}}$

13 g) $f(x)=\frac{2}{e^x}=2e^{-x}$

$f'(x)=-2e^{-x}=\frac{-2}{e^x}$

13 i) $f(x)=\frac{1}{2x^3}=\frac{1}{2}x^{-3}$

$f'(x)=-\frac{3}{2}x^{-4}=\frac{-3}{2x^4}$

15. Für folgende Aufgaben gibt es noch einen anderen Lösungsweg:

12 a) $f(x) = (3x+1)^2 = 9x^2 + 6x + 1$
$f'(x) = 18x + 6 = 6(3x+1)$

12 g) $f(x) = \sqrt{e^x} = (e^x)^{\frac{1}{2}} = e^{\frac{1}{2}x}$

Setze: $v(x) = \frac{1}{2}x \qquad u(v) = e^v$

Dann ist $v'(x) = \frac{1}{2}$ und $u'(v) = e^v$.

In die Kettenregel eingesetzt ergibt sich:

$$f'(x) = e^v \cdot \frac{1}{2} = \frac{e^{\frac{1}{2}x}}{2} = \frac{\sqrt{e^x}}{2}$$

12 h) $f(x) = \ln(e^x) = x$ (Eigenschaften von $\ln x$ und e^x)
$f'(x) = 1$

16. a) $f(x) = \sqrt{2x+1}$, $B(4|3)$

$f'(x) = \frac{1}{2}(2x+1)^{-\frac{1}{2}} \cdot 2 = \frac{1}{\sqrt{2x+1}}$ (Kettenregel)

Steigung der Tangente: $m_t = f'(4) = \frac{1}{\sqrt{2 \cdot 4 + 1}} = \frac{1}{3}$

Steigung der Normalen: $m_n = -\frac{1}{m_t} = -3$

Gleichung der Tangente t: $t(x) = \frac{1}{3}x - \frac{1}{3} \cdot 4 + \frac{9}{3} = \frac{1}{3}x + \frac{5}{3}$

Gleichung der Normalen n: $n(x) = -3x + 3 \cdot 4 + 3 = -3x + 15$

b) $f(x) = \sin(3x)$, $B\left(\frac{\pi}{3} \middle| 0\right)$

$f'(x) = 3\cos(3x)$ (Kettenregel)

Steigung der Tangente: $m_t = f'\left(\frac{\pi}{3}\right) = 3\cos\left(3\frac{\pi}{3}\right) = -3$

Steigung der Normalen: $m_n = -\frac{1}{m_t} = \frac{1}{3}$

Gleichung der Tangente t: $t(x) = -3x + 3\frac{\pi}{3} + 0 = -3x + \pi$

Gleichung der Normalen n: $n(x) = \frac{1}{3}x - \frac{1}{3} \cdot \frac{\pi}{3} + 0 = \frac{1}{3}x - \frac{\pi}{9}$

c) $f(x) = (2x-1)\ln x$, $B(e|2e-1)$

$f'(x) = 2\ln x + (2x-1)\frac{1}{x}$ (Produktregel)

Steigung der Tangente: $m_t = f'(e) = 2\ln e + (2e-1)\frac{1}{e} = 4 - \frac{1}{e} = \frac{4e-1}{e}$

Steigung der Normalen: $m_n = -\frac{1}{m_t} = -\frac{e}{4e-1}$

Gleichung der Tangente t: $t(x) = \frac{4e-1}{e}x - 2e$

Gleichung der Normalen n: $n(x) = \frac{-e}{4e-1}x + \frac{e^2}{4e-1} + 2e - 1$

d) $f(x)=\frac{2x}{x+2}$, $B(2|1)$

$f'(x)=\frac{2(x+2)-2x\cdot 1}{(x+2)^2}=\frac{4}{(x+2)^2}$

Steigung der Tangente: $m_t=f'(2)=\frac{4}{(2+2)^2}=\frac{1}{4}$

Steigung der Normalen: $m_n=-\frac{1}{m_t}=-4$

Gleichung der Tangente t: $t(x)=\frac{1}{4}x+\frac{1}{2}$

Gleichung der Normalen n: $n(x)=-4x+9$

e) $f(x)=\cos x$, $B(\pi|-1)$
$f'(x)=-\sin x$
Steigung der Tangente: $m_t=f'(\pi)=-\sin\pi=0$
Steigung der Normalen: $m_n=-\frac{1}{m_t}$ nicht definiert
Gleichung der Tangente t: $t(x)=-1$
Gleichung der Normalen n: $x=\pi$ (Parallele zur y-Achse)

f) $f(x)=e^x-1$, $B(0|0)$
$f'(x)=e^x$
Steigung der Tangente: $m_t=f'(0)=e^0=1$
Steigung der Normalen: $m_n=-\frac{1}{m_t}=-1$
Gleichung der Tangente t: $t(x)=x$
Gleichung der Normalen n: $n(x)=-x$

g) $f(x)=\ln(x+1)$, $B(0|0)$
$f'(x)=\frac{1}{x+1}$
Steigung der Tangente: $m_t=f'(0)=1$
Steigung der Normalen: $m_n=-\frac{1}{m_t}=-1$
Gleichung der Tangente t: $t(x)=x$
Gleichung der Normalen n: $n(x)=-x$

h) $f(x)=\frac{1}{x^2}$, $B(1|1)$
$f'(x)=\frac{-2}{x^3}$
Steigung der Tangente: $m_t=f'(1)=-2$
Steigung der Normalen: $m_n=-\frac{1}{m_t}=\frac{1}{2}$
Gleichung der Tangente t: $t(x)=-2x+3$
Gleichung der Normalen n: $n(x)=\frac{1}{2}x+\frac{1}{2}$

17. a) $f(x) = 4x + 3 + \frac{3}{x}, \quad m = 1$

$f'(x) = 4 - \frac{3}{x^2}$

$f'(x) = 1$ ergibt: $f'(x) = 4 - \frac{3}{x^2} = 1 \;\Rightarrow\; 4x^2 - 3 = x^2 \;\Rightarrow\; 3x^2 = 3 \;\Rightarrow\; x = \pm 1$

$f(1) = 10, \; f(-1) = -4$

In den Punkten $(-1 \,|\, -4)$ und $(1 \,|\, 10)$ ist die Steigung der Tangente 1.

Gleichung der Tangente an $(-1 \,|\, -4)$: $t(x) = x - 1 \cdot (-1) - 4 = x - 3$

Gleichung der Tangente an $(1 \,|\, 10)$: $t(x) = x - 1 \cdot 1 + 10 = x + 9$

b) $f(x) = \ln(2x - 1), \quad m = 2$

$f'(x) = \frac{2}{2x - 1}$

$f'(x) = 2$ ergibt: $\frac{2}{2x - 1} = 2 \;\Rightarrow\; 2 = 4x - 2 \;\Rightarrow\; 4x = 4 \;\Rightarrow\; x = 1$

$f(1) = \ln 1 = 0$

Im Punkt $(1 \,|\, 0)$ ist die Steigung der Tangente 2.

Gleichung der Tangente an $(1 \,|\, 0)$: $t(x) = 2x - 2 \cdot 1 + 0 = 2x - 2$

c) $f(x) = x \cdot \sqrt{x} = x^{\frac{3}{2}}, \quad m = 3$

$f'(x) = \frac{3}{2} x^{\frac{1}{2}} = \frac{3}{2}\sqrt{x}$

$f'(x) = 3$ ergibt: $\frac{3}{2}\sqrt{x} = 3 \;\Rightarrow\; \sqrt{x} = 2 \;\Rightarrow\; x = 4$

$f(4) = 8$

Im Punkt $(4 \,|\, 8)$ ist die Steigung der Tangente 3.

Gleichung der Tangente an $(4 \,|\, 8)$: $t(x) = 3x - 3 \cdot 4 + 8 = 3x - 4$

d) $f(x) = c^{2x-1}, \quad m = 2e$

$f'(x) = 2e^{2x-1}$

$f'(x) = 2e$ ergibt: $2e^{2x-1} = 2e \;\Rightarrow\; e^{2x-1} = e^1 \;\Rightarrow\; 2x - 1 = 1 \;\Rightarrow\; x = 1$

$f(1) = e^1$

Im Punkt $(1 \,|\, e)$ ist die Steigung der Tangente 2e.

Gleichung der Tangente an $(1 \,|\, e)$: $t(x) = 2e \cdot x - 2e \cdot 1 + e = 2e \cdot x - e$

e) $f(x) = 2x^3 - 1, \quad m = 6$

$f'(x) = 6x^2$

$f'(x) = 6$ ergibt: $6x^2 = 6 \;\Rightarrow\; x^2 = 1 \;\Rightarrow\; x = \pm 1$

$f(1) = 1, \; f(-1) = -3$

In den Punkten $(-1 \,|\, -3)$ und $(1 \,|\, 1)$ ist die Steigung der Tangente 6.

Gleichung der Tangente an $(-1 \,|\, -3)$: $t(x) = 6x - 6 \cdot (-1) - 3 = 6x + 3$

Gleichung der Tangente an $(1 \,|\, 1)$: $t(x) = 6x - 6 \cdot 1 + 1 = 6x - 5$

f) $f(x)=\sin(2x), \quad m=2, x \in [0; \pi]$
$f'(x)=2\cos(2x)$
$f'(x)=2$ ergibt: $2\cos(2x)=2 \Rightarrow \cos(2x)=1 \Rightarrow 2x=0 \vee 2x=2\pi$
$\Rightarrow x=0 \vee x=\pi$
$f(0)=0, f(\pi)=0$
In den Punkten $(0|0)$ und $(\pi|0)$ ist die Steigung der Tangente 2.
Gleichung der Tangente an $(0|0)$: $t(x)=2x-2\cdot 0+0=2x$
Gleichung der Tangente an $(\pi|0)$: $t(x)=2x-2\pi+0=2x-2\pi$

18. a) $f(x)=(e^x)^2$
Kettenregel:
Setze: $v(x)=e^x \qquad u(v)=v^2$
Dann ist $v'(x)=e^x$ und $u'(v)=2v$.
In die Kettenregel eingesetzt ergibt sich:
$f'(x)=2v\cdot e^x=2e^x\cdot e^x=2(e^x)^2$

b) $f(x)=\dfrac{2x^2+2x-1}{x^2-1}$

Mit Quotientenregel:
Setze: $u(x)=2x^2+2x-1 \qquad v(x)=x^2-1$
$u'(x)=4x+2 \qquad v'(x)=2x$
In die Quotientenregel eingesetzt ergibt sich:

$$f'(x)=\frac{(4x+2)(x^2-1)-2x(2x^2+2x-1)}{(x^2-1)^2}$$
$$=\frac{4x^3+2x^2-4x-2-4x^3-4x^2+2x}{(x^2-1)^2}=-\frac{2x^2+2x+2}{(x^2-1)^2}$$

Mit Produkt- und Kettenregel:

$$\left(\frac{2x^2+2x-1}{x^2-1}\right)'=\left((2x^2+2x-1)\cdot(x^2-1)^{-1}\right)'$$

Setze: $u(x)=2x^2+2x-1 \qquad v(x)=(x^2-1)^{-1}$
$u'(x)=4x+2 \qquad v'(x)=(-1)(x^2-1)^{-2}\cdot 2x$ (Kettenregel)
Ergibt mit der Produktregel:

$$\left(\frac{2x^2+2x-1}{x^2-1}\right)'=\left((2x^2+2x-1)\cdot(x^2-1)^{-1}\right)'$$
$$=(4x+2)(x^2-1)^{-1}+(2x^2+2x-1)(-1)(x^2-1)^{-2}\cdot 2x$$
$$=\frac{(4x+2)}{(x^2-1)}+\frac{(2x^2+2x-1)(-2x)}{(x^2-1)^2}$$
$$=\frac{4x^3+2x^2-4x-2-4x^3-4x^2+2x}{(x^2-1)^2}$$
$$=-\frac{2x^2+2x+2}{(x^2-1)^2}$$

c) $f(x) = \frac{1}{2} x \cdot e^{-x}$

Produktregel:

Setze: $u(x) = \frac{1}{2} x$ $\qquad v(x) = e^{-x}$

$u'(x) = \frac{1}{2}$ $\qquad v'(x) = -e^{-x}$

In die Produktregel eingesetzt ergibt sich:

$f'(x) = \frac{1}{2} e^{-x} - \frac{1}{2} x \cdot e^{-x}$

d) $f(x) = \ln(1 + 3x^2)$

Kettenregel:

Setze: $v(x) = 1 + 3x^2$ $\qquad u(v) = \ln v$

Dann ist $v'(x) = 6x$ und $u'(v) = \frac{1}{v}$.

In die Kettenregel eingesetzt ergibt sich:

$f'(x) = \frac{1}{v} \cdot 6x = \frac{6x}{1 + 3x^2}$

e) $f(x) = 5\sqrt{x} \ln(2x)$

Produktregel:

Setze: $u(x) = 5\sqrt{x}$ $\qquad v(x) = \ln(2x)$

$u'(x) = \frac{5}{2\sqrt{x}}$ $\qquad v'(x) = \frac{2}{2x} = \frac{1}{x}$

In die Produktregel eingesetzt ergibt sich:

$f'(x) = \frac{5\ln(2x)}{2\sqrt{x}} + \frac{5}{\sqrt{x}} = \frac{5\ln(2x) + 10}{2\sqrt{x}}$

f) $f(x) = (a + e^{-x})^2$

Kettenregel:

Setze: $v(x) = a + e^{-x}$ $\qquad u(v) = v^2$

Dann ist $v'(x) = -e^{-x}$ und $u'(v) = 2v$.

In die Kettenregel eingesetzt ergibt sich:

$f'(x) = 2v(-e^{-x}) = -2e^{-x}(a + e^{-x})$

g) $f(x) = x \cdot \sin\left(\frac{1}{2} x^2 + 2\right)$

Produktregel:

Setze: $u(x) = x$ $\qquad v(x) = \sin\left(\frac{1}{2} x^2 + 2\right)$

$u'(x) = 1$ $\qquad v'(x) = x \cdot \cos\left(\frac{1}{2} x^2 + 2\right)$

In die Produktregel eingesetzt ergibt sich:

$f'(x) = \sin\left(\frac{1}{2} x^2 + 2\right) + x^2 \cdot \cos\left(\frac{1}{2} x^2 + 2\right)$

h) $f(x)=\sqrt{ax^2-2}$
Kettenregel:
Setze: $v(x)=ax^2-2 \qquad u(v)=v^{\frac{1}{2}}$
Dann ist $v'(x)=2ax$ und $u'(v)=\frac{1}{2\sqrt{v}}$.
In die Kettenregel eingesetzt ergibt sich:
$f'(x)=\frac{1}{2\sqrt{v}}2ax=\frac{ax}{\sqrt{ax^2-2}}$

i) $f(x)=(\cos(ax))^2$
Kettenregel:
Setze: $v(x)=\cos(ax) \qquad u(v)=v^2$
Dann ist $v'(x)=-a\cdot\sin(ax)$ und $u'(v)=2v$.
In die Kettenregel eingesetzt ergibt sich:
$f'(x)=-2v\cdot a\cdot\sin(ax)=-2a\cdot\cos(ax)\cdot\sin(ax)$

j) $f(x)=x\cdot e^{ax}$
Produktregel:
Setze: $u(x)=x \qquad v(x)=e^{ax}$
$u'(x)=1 \qquad v'(x)=ae^{ax}$
In die Produktregel eingesetzt ergibt sich:
$f'(x)=e^{ax}+x\cdot ae^{ax}$

19. a) $f(x)=3x^2+1-\frac{1}{x}=3x^2+1-x^{-1}$
$F(x)=3\frac{1}{3}x^3+x-\ln|x|+c=x^3+x-\ln|x|+c$

b) $f(x)=\sqrt{2\cdot x^3}=\sqrt{2}x^{\frac{3}{2}}$
$F(x)=\sqrt{2}\frac{2}{5}x^{\frac{5}{2}}+c=\frac{2\sqrt{2}}{5}\sqrt{x^5}+c$

c) $f(x)=\frac{4x^2-5}{x^2}=4-\frac{5}{x^2}=4-5x^{-2}$
$F(x)=4x-5\frac{1}{-1}x^{-1}+c=4x+\frac{5}{x}+c$

d) $f(x)=2(x^2-3e^x)=2x^2-6e^x$
$F(x)=2\frac{1}{3}x^3-6e^x+c=\frac{2}{3}x^3-6e^x+c$

e) $f(x)=2\sin x$
$F(x)=-2\cos x+c$

f) $f(x)=\frac{3}{\sqrt{x}}-\frac{5}{x^2}=3x^{-\frac{1}{2}}-5x^{-2}$
$F(x)=3\cdot 2\cdot x^{\frac{1}{2}}-5\frac{1}{-1}x^{-1}+c=6\sqrt{x}+\frac{5}{x}+c$

g) $f(x)=\frac{x+2}{\sqrt{x}}=\frac{(\sqrt{x})^2+2}{\sqrt{x}}=\sqrt{x}+\frac{2}{\sqrt{x}}=x^{\frac{1}{2}}+2x^{-\frac{1}{2}}$

$F(x)=\frac{2}{3}x^{\frac{3}{2}}+2\cdot 2\cdot x^{\frac{1}{2}}+c=\frac{2}{3}\sqrt{x^3}+4\sqrt{x}+c$

h) $f(x)=(x-1)^2=x^2-2x+1$

$F(x)=\frac{1}{3}x^3-2\frac{1}{2}x^2+x+c=\frac{1}{3}x^3-x^2+x+c$

i) $f(x)=\frac{3}{x^2}+\frac{2}{x}=3x^{-2}+2x^{-1}$

$F(x)=3\frac{1}{-1}x^{-1}+2\ln|x|+c=-\frac{3}{x}+2\ln|x|+c$

j) $f(x)=x^3+2x^2-4$

$F(x)=\frac{1}{4}x^4+2\frac{1}{3}x^3-4x+c$

k) $f(x)=3e^x-2\sin x$

$F(x)=3e^x+2\cos x+c$

l) $f(x)=\sqrt[3]{2x}=\sqrt[3]{2}x^{\frac{1}{3}}$

$F(x)=\sqrt[3]{2}\,\frac{3}{4}x^{\frac{4}{3}}+c=\frac{3}{4}\sqrt[3]{2x^4}+c$

m) $f(x)=1-\sin x$

$F(x)=x+\cos x+c$

n) $f(x)=\frac{3}{x^2}+x^2=3x^{-2}+x^2$

$F(x)=3\frac{1}{-1}x^{-1}+\frac{1}{3}x^3+c=-\frac{3}{x}+\frac{x^3}{3}+c$

o) $f(x)=\sqrt{x}-\frac{1}{x}=x^{\frac{1}{2}}-x^{-1}$

$F(x)=\frac{2}{3}x^{\frac{3}{2}}-\ln|x|+c=\frac{2}{3}\sqrt{x^3}-\ln|x|+c$

p) $f(x)=\frac{4}{\sqrt[3]{x}}=4x^{-\frac{1}{3}}$

$F(x)=4\frac{3}{2}x^{\frac{2}{3}}+c=6\sqrt[3]{x^2}+c$

20. a) $\int x\cdot e^x\,dx$

Setze: $u(x)=x$ $\quad v'(x)=e^x$

$u'(x)=1$ $\quad v(x)=e^x$

In die Gleichung für die partielle Integration eingesetzt ergibt sich:

$\int x\cdot e^x\,dx=x\cdot e^x-\int 1\cdot e^x\,dx=x\cdot e^x-e^x+c$

b) $\int x \cdot \sqrt{x}\,dx$

Setze: $u(x) = x \qquad v'(x) = \sqrt{x}$

$u'(x) = 1 \qquad v(x) = \frac{2}{3}\sqrt{x^3}$

In die Gleichung für die partielle Integration eingesetzt ergibt sich:

$$\int x \cdot \sqrt{x}\,dx = x \cdot \frac{2}{3}\sqrt{x^3} - \int \frac{2}{3}\sqrt{x^3}\,dx$$

$$= \frac{2}{3}\sqrt{x^5} - \frac{2}{3} \cdot \frac{2}{5}\sqrt{x^5} + c = \frac{2}{3}\sqrt{x^5} - \frac{4}{15}\sqrt{x^5} + c = \frac{2}{5}\sqrt{x^5} + c$$

Alternative: $\int x \cdot \sqrt{x}\,dx = \int x^{\frac{3}{2}}\,dx = \frac{2}{5}x^{\frac{5}{2}} + c = \frac{2}{5}\sqrt{x^5} + c$

c) $\int 2x \cdot \ln x\,dx$

Setze: $u(x) = \ln x \qquad v'(x) = 2x$

$u'(x) = \frac{1}{x} \qquad v(x) = x^2$

In die Gleichung für die partielle Integration eingesetzt ergibt sich:

$$\int 2x \cdot \ln x\,dx = x^2 \cdot \ln x - \int \frac{1}{x} \cdot x^2\,dx = x^2 \cdot \ln x - \frac{1}{2}x^2 + c$$

d) $\int e^x \cdot e^x\,dx$

Setze: $u(x) = e^x \qquad v'(x) = e^x$

$u'(x) = e^x \qquad v(x) = e^x$

In die Gleichung für die partielle Integration eingesetzt ergibt sich:

$$\int e^x \cdot e^x\,dx = e^x \cdot e^x - \int e^x \cdot e^x\,dx \qquad \Big| + \int e^x \cdot e^x\,dx$$

$$2 \cdot \int e^x \cdot e^x\,dx = e^x \cdot e^x \qquad \Big| \cdot \frac{1}{2}$$

$$\int e^x \cdot e^x\,dx = \frac{1}{2}e^x \cdot e^x$$

Alternative: $\int e^x \cdot e^x\,dx = \int (e^x)^2\,dx = \int e^{2x}\,dx = \frac{1}{2}e^{2x} + c$

(nach der Regel für die lineare Substitution, siehe Seite 28)

e) $\int \ln(x^2)\,dx = \int 2\ln x\,dx$

Setze: $u(x) = \ln x \qquad v'(x) = 2$

$u'(x) = \frac{1}{x} \qquad v(x) = 2x$

In die Gleichung für die partielle Integration eingesetzt ergibt sich:

$$\int 2\ln x\,dx = 2x \cdot \ln x - \int 2x \cdot \frac{1}{x}\,dx = 2x \cdot \ln x - 2x + c$$

f) $\int 3x \cdot \cos x\,dx$

Setze: $u(x) = 3x \qquad v'(x) = \cos x$

$u'(x) = 3 \qquad v(x) = \sin x$

In die Gleichung für die partielle Integration eingesetzt ergibt sich:

$$\int 3x \cdot \cos x\,dx = 3x \cdot \sin x - \int 3 \cdot \sin x\,dx = 3x \cdot \sin x + 3\cos x + c$$

g) $\int (x^2+3)\ln x\,dx$

Setze: $u(x)=\ln x \qquad v'(x)=x^2+3$

$u'(x)=\frac{1}{x} \qquad v(x)=\frac{x^3}{3}+3x$

In die Gleichung für die partielle Integration eingesetzt ergibt sich:

$$\int (x^2+3)\ln x\,dx = \left(\frac{x^3}{3}+3x\right)\ln x - \int\left(\frac{x^3}{3}+3x\right)\frac{1}{x}\,dx$$
$$= \left(\frac{x^3}{3}+3x\right)\ln x - \int\left(\frac{x^2}{3}+3\right)dx$$
$$= \left(\frac{x^3}{3}+3x\right)\ln x - \frac{x^3}{9} - 3x + c$$

Achtung: Wenn im Integranden die ln-Funktion als Faktor auftritt, wird sie bei partieller Integration (fast) immer für u(x) eingesetzt.

h) $\int (3x-1)\sqrt{x}\,dx$

Setze: $u(x)=3x-1 \qquad v'(x)=\sqrt{x}$

$u'(x)=3 \qquad v(x)=\frac{2}{3}x^{\frac{3}{2}}$

In die Gleichung für die partielle Integration eingesetzt ergibt sich:

$$\int (3x-1)\sqrt{x}\,dx = (3x-1)\frac{2}{3}x^{\frac{3}{2}} - \int 3\frac{2}{3}x^{\frac{3}{2}}\,dx$$
$$= 2x^{\frac{5}{2}} - \frac{2}{3}x^{\frac{3}{2}} - 2\cdot\int x^{\frac{3}{2}}\,dx$$
$$= 2\sqrt{x^5} - \frac{2}{3}\sqrt{x^3} - \frac{4}{5}\sqrt{x^5} + c$$
$$= \frac{6}{5}\sqrt{x^5} - \frac{2}{3}\sqrt{x^3} + c$$

Alternative:

$$\int (3x-1)\sqrt{x}\,dx = \int\left(3x^{\frac{3}{2}} - x^{\frac{1}{2}}\right)dx = 3\frac{2}{5}x^{\frac{5}{2}} - \frac{2}{3}x^{\frac{3}{2}} + c = \frac{6}{5}\sqrt{x^5} - \frac{2}{3}\sqrt{x^3} + c$$

i) $\int x^2\cdot e^x\,dx$

Setze: $u(x)=x^2 \qquad v'(x)=e^x$

$u'(x)=2x \qquad v(x)=e^x$

In die Gleichung für die partielle Integration eingesetzt ergibt sich:

$$\int x^2\cdot e^x\,dx = x^2\cdot e^x - \int 2x\cdot e^x\,dx$$

Erneute Anwendung der partiellen Integration auf das letzte Integral:

Setze: $u(x)=2x \qquad v'(x)=e^x$

$u'(x)=2 \qquad v(x)=e^x$

In die Gleichung für die partielle Integration eingesetzt ergibt sich:

$$\int 2x\cdot e^x\,dx = 2x\cdot e^x - \int 2e^x\,dx = 2x\cdot e^x - 2e^x + c$$

In die erste Integralgleichung eingesetzt ergibt sich:

$$\int x^2\cdot e^x\,dx = x^2\cdot e^x - 2x\cdot e^x + 2e^x + c$$

j) $\int (2x+1)e^x\,dx$

Setze: $u(x)=2x+1 \qquad v'(x)=e^x$

$u'(x)=2 \qquad v(x)=e^x$

In die Gleichung für die partielle Integration eingesetzt ergibt sich:

$$\int (2x+1)e^x\,dx = (2x+1)e^x - \int 2e^x\,dx$$
$$= (2x+1)e^x - 2e^x + c = (2x-1)e^x + c$$

k) $\int 2x \cdot \sin x\,dx$

Setze: $u(x)=2x \qquad v'(x)=\sin x$

$u'(x)=2 \qquad v(x)=-\cos x$

In die Gleichung für die partielle Integration eingesetzt ergibt sich:

$$\int 2x \cdot \sin x\,dx = -2x\cdot\cos x + \int 2\cos x\,dx = -2x\cdot\cos x + 2\sin x + c$$

l) $\int (3x-1)\cos x\,dx$

Setze: $u(x)=3x-1 \qquad v'(x)=\cos x$

$u'(x)=3 \qquad v(x)=\sin x$

In die Gleichung für die partielle Integration eingesetzt ergibt sich:

$$\int (3x-1)\cos x\,dx = (3x-1)\sin x - \int 3\sin x\,dx$$
$$= (3x-1)\sin x + 3\cos x + c$$

m) $\int e^x \cdot \sin x\,dx$

Setze: $u(x)=e^x \qquad v'(x)=\sin x$

$u'(x)=e^x \qquad v(x)=-\cos x$

In die Gleichung für die partielle Integration eingesetzt ergibt sich:

$$\int e^x\cdot\sin x\,dx = -e^x\cdot\cos x + \int e^x\cdot\cos x\,dx$$

Erneute Anwendung der partiellen Integration auf das letzte Integral:

$$\int e^x\cdot\cos x\,dx = e^x\cdot\sin x - \int e^x\cdot\sin x\,dx$$

In die erste Gleichung eingesetzt erhält man:

$$\int e^x\cdot\sin x\,dx = -e^x\cdot\cos x + e^x\cdot\sin x - \int e^x\cdot\sin x\,dx$$
$$2\cdot\int e^x\cdot\sin x\,dx = e^x\cdot\sin x - e^x\cdot\cos x$$
$$\int e^x\cdot\sin x\,dx = \tfrac{1}{2}e^x(\sin x - \cos x)$$

n) $\int x^2\cdot\ln x\,dx$

Setze: $u(x)=\ln x \qquad v'(x)=x^2$

$u'(x)=\frac{1}{x} \qquad v(x)=\frac{1}{3}x^3$

In die Gleichung für die partielle Integration eingesetzt ergibt sich:

$$\int x^2\cdot\ln x\,dx = \tfrac{1}{3}x^3\cdot\ln x - \int \tfrac{x^2}{3}\,dx = \tfrac{1}{3}x^3\cdot\ln x - \tfrac{x^3}{9}$$

21. a) $\int (2x-1)^2\,dx = \frac{1}{2}\cdot\frac{1}{3}(2x-1)^3 + c = \frac{(2x-1)^3}{6} + c$

Alternative: $\int (2x-1)^2\,dx = \int 4x^2 - 4x + 1\,dx$

$= 4\frac{1}{3}x^3 - 4\frac{1}{2}x^2 + x + c = \frac{4}{3}x^3 - 2x^2 + x + c$

b) $\int e^{3x+1}\,dx = \frac{1}{3}e^{3x+1} + c$

c) $\int \cos(-x+5)\,dx = -\sin(-x+5) + c = \sin(x-5) + c \qquad (\sin(-x) = -\sin x)$

d) $\int \frac{2}{2x-7}\,dx = 2\cdot\int (2x-7)^{-1}\,dx = 2\frac{1}{2}\ln|2x-7| + c = \ln|2x-7| + c$

e) $\int \sqrt{\frac{1}{2}x - 1}\,dx = \int \left(\frac{1}{2}x-1\right)^{\frac{1}{2}} dx = \frac{1}{\frac{1}{2}}\cdot\frac{2}{3}\left(\frac{1}{2}x-1\right)^{\frac{3}{2}} + c = \frac{4}{3}\sqrt{\left(\frac{1}{2}x-1\right)^3} + c$

f) $\int \frac{1}{3x}\,dx = \frac{1}{3}\ln|3x| + c$

Alternative: $\int \frac{1}{3x}\,dx = \frac{1}{3}\int \frac{1}{x}\,dx = \frac{1}{3}\ln|x| + c$

g) $\int \frac{1}{\sqrt{9x}}\,dx = \int \frac{1}{3}x^{-\frac{1}{2}}\,dx = \frac{1}{3}2x^{\frac{1}{2}} + c = \frac{2}{3}\sqrt{x} + c$

Alternative:

$\int \frac{1}{\sqrt{9x}}\,dx = \int (9x)^{-\frac{1}{2}}\,dx = \frac{1}{9}2(9x)^{\frac{1}{2}} + c = \frac{2}{9}\sqrt{9x} + c = \frac{2}{3}\sqrt{x} + c$

h) $\int (x-2)^3\,dx = \frac{(x-2)^4}{4} + c$

Alternative: $\int (x-2)^3\,dx = \int (x^3 - 6x^2 + 12x - 8)\,dx$

$= \frac{1}{4}x^4 - 6\frac{1}{3}x^3 + 12\frac{1}{2}x^2 - 8x + c$

$= \frac{x^4}{4} - 2x^3 + 6x^2 - 8x + c$

i) $\int \sqrt{e^x}\,dx = \int (e^x)^{\frac{1}{2}}\,dx = \int e^{\frac{1}{2}x}\,dx = 2e^{\frac{1}{2}x} + c = 2\sqrt{e^x} + c$

j) $\int \sin(3x-1)\,dx = -\frac{1}{3}\cos(3x-1) + c$

k) $\int \frac{1}{2x+1}\,dx = \frac{1}{2}\ln|2x+1| + c$

l) $\int 2e^{4x}\,dx = 2\frac{1}{4}e^{4x} + c = \frac{1}{2}e^{4x} + c$

22. a) $\int \frac{6x+5}{3x^2+5x}\,dx = \ln|3x^2+5x| + c \quad (c \in \mathbb{R})$

b) $\int \frac{e^x}{e^x+11}\,dx = \ln|e^x+11| + c = \ln(e^x+11) + c \quad (c \in \mathbb{R})$

c) $\int \frac{\cos x+3}{7\sin x+21x}\,dx = \frac{1}{7} \cdot \int \frac{7\cos x+21}{7\sin x+21x}\,dx = \frac{1}{7}\ln|7\sin x+21x| + c \quad (c \in \mathbb{R})$

d) $\int \frac{x^2-9}{x^3-3x^2-18x}\,dx = \int \frac{(x-3)(x+3)}{x(x^2-3x-18)}\,dx = \int \frac{(x-3)(x+3)}{x(x-6)(x+3)}\,dx = \int \frac{x-3}{x(x-6)}\,dx$

$= \frac{1}{2} \cdot \int \frac{2x-6}{x^2-6x}\,dx = \frac{1}{2}\ln|x^2-6x| + c \quad (c \in \mathbb{R})$

23. a) $\int\limits_1^\infty \frac{6}{x^3}\,dx = \lim\limits_{a \to \infty} \int\limits_1^a \frac{6}{x^3}\,dx = \lim\limits_{a \to \infty} \left(-\frac{3}{x^2}\Big|_1^a\right) = \lim\limits_{a \to \infty} \left(-\frac{3}{a^2}+3\right) = 3$

b) $\int\limits_0^\infty e^{-2x}\,dx = \lim\limits_{a \to \infty} \int\limits_0^a e^{-2x}\,dx = \lim\limits_{a \to \infty} \left(-\frac{1}{2e^{2x}}\Big|_0^a\right) = \lim\limits_{a \to \infty} \left(-\frac{1}{2e^{2a}}+\frac{1}{2}\right) = \frac{1}{2}$

c) $\int\limits_1^\infty x \cdot e^{-x}\,dx = \lim\limits_{a \to \infty} \int\limits_1^a x \cdot e^{-x}\,dx = \lim\limits_{a \to \infty} \left((-x \cdot e^{-x} - e^{-x})\Big|_1^a\right)$

$= \lim\limits_{a \to \infty} \left(-\frac{a}{e^a} - \frac{1}{e^a} + \frac{1}{e} + \frac{1}{e}\right) = \frac{2}{e}$

Bemerkung: Die Stammfunktion muss mithilfe partieller Integration bestimmt werden. Außerdem gilt: $\lim\limits_{a \to \infty} \frac{a}{e^a} = \lim\limits_{a \to \infty} \frac{1}{e^a} = 0$

d) $\int\limits_0^\infty (e^{-x})^2\,dx = \lim\limits_{a \to \infty} \int\limits_0^a e^{-2x}\,dx = \lim\limits_{a \to \infty} \left(-\frac{1}{2e^{2x}}\Big|_0^a\right) = -\frac{1}{2e^{2a}} + \frac{1}{2} = \frac{1}{2}$

24. a) Lineare Substitution: $\int e^{ax+b}\,dx = \frac{1}{a}e^{ax+b} + c$

b) $\int \left(\sqrt[3]{e^x} + \frac{1}{\sqrt{e^x}}\right) dx = \int \left(e^{\frac{x}{3}} + e^{-\frac{x}{2}}\right) dx = 3e^{\frac{x}{3}} - 2e^{-\frac{x}{2}} + c = 3\sqrt[3]{e^x} - \frac{2}{\sqrt{e^x}} + c$

c) $\int \frac{x}{e^x}\,dx = \int x \cdot e^{-x}\,dx$

Partielle Integration:

Setze: $u(x) = x \qquad u'(x) = 1$

$v'(x) = e^{-x} \qquad v(x) = -e^{-x}$

In die Gleichung für die partielle Integration eingesetzt ergibt sich:

$\int x \cdot e^{-x}\,dx = -x \cdot e^{-x} + \int 1 \cdot e^{-x}\,dx = -x \cdot e^{-x} - e^{-x} + c$

d) Logarithmische Integration:
$\int \frac{1}{2x-4}\,dx = \int \frac{1}{2}\cdot\frac{2}{2x-4}\,dx = \frac{1}{2}\int \frac{2}{2x-4}\,dx = \frac{1}{2}\ln|2x-4|+c$

e) Logarithmische Integration: $\int \frac{e^x}{e^x+a}\,dx = \ln|e^x+a|+c$

f) Lineare Substitution: $\int \sin(ax+b)\,dx = -\frac{1}{a}\cos(ax+b)+c$

g) $\int (2x+1)\sin x\,dx$

Partielle Integration:
Setze: $u(x)=2x+1$ $\quad u'(x)=2$
$v'(x)=\sin x$ $\quad v(x)=-\cos x$

In die Gleichung für die partielle Integration eingesetzt ergibt sich:

$$\begin{aligned}\int (2x+1)\sin x\,dx &= -(2x+1)\cos x + \int 2\cos x\,dx\\ &= -(2x+1)\cos x + 2\sin x + c\end{aligned}$$

h) Logarithmische Integration:
$\int \tan(ax+b)\,dx = -\frac{1}{a}\cdot\int \frac{-a\cdot\sin(ax+b)}{\cos(ax+b)}\,dx = -\frac{1}{a}\ln|\cos(ax+b)|+c$

i) $\int \frac{ax^2+bx+c}{x}\,dx = \int ax+b+\frac{c}{x}\,dx = \frac{a}{2}x^2+bx+c\cdot\ln|x|+c$

25. a) $\int_1^4 \left(3x^2-\frac{1}{x^2}\right)dx = \left(3\frac{1}{3}x^3-\frac{1}{-1}x^{-1}\right)\Big|_1^4 = \left(x^3+\frac{1}{x}\right)\Big|_1^4 = \frac{257}{4}-2 = \frac{249}{4}$

b) $\int_0^{\frac{\pi}{2}} \sin(2x)\,dx = -\frac{1}{2}\cos(2x)\Big|_0^{\frac{\pi}{2}} = \frac{1}{2}+\frac{1}{2} = 1$

c) $\int_{-1}^{1} \frac{2}{(x+3)^2}\,dx = 2\cdot\int_{-1}^{1}(x+3)^{-2}\,dx = 2\frac{(x+3)^{-1}}{-1}\Big|_{-1}^{1} = \frac{-2}{x+3}\Big|_{-1}^{1} = -\frac{1}{2}+1 = \frac{1}{2}$

d) $\int_{-5}^{1} \frac{1}{2}e^{-x+1}\,dx = -\frac{1}{2}e^{-x+1}\Big|_{-5}^{1} = -\frac{1}{2}+\frac{1}{2}e^6$

e) $\int_0^2 \frac{2e^x-1}{e^{2x}}\,dx = \int_0^2\left(\frac{2}{e^x}-\frac{1}{e^{2x}}\right)dx = \left(-2e^{-x}+\frac{1}{2}e^{-2x}\right)\Big|_0^2$

$$= -\frac{2}{e^2}+\frac{1}{2e^4}+2-\frac{1}{2} = \frac{1-4e^2}{2e^4}+\frac{3}{2}$$

f) $\int_0^1 \frac{x}{x^2+2}\,dx = \frac{1}{2}\cdot\int_0^1 \frac{2x}{x^2+2}\,dx = \frac{1}{2}\ln(x^2+2)\Big|_0^1$

$= \frac{1}{2}\ln 3 - \frac{1}{2}\ln 2 = \frac{1}{2}\ln\frac{3}{2}$

26. a) $\int_1^a \frac{4}{x^2}\,dx = 2 \;\Rightarrow\; \frac{-4}{x}\Big|_1^a = 2 \;\Rightarrow\; \frac{-4}{a}+4=2 \;\Rightarrow\; 2a=4 \;\Rightarrow\; a=2$

b) $\int_1^3 \frac{a-2x^2}{x^2}\,dx = 2 \;\Rightarrow\; \left(-\frac{a}{x}-2x\right)\Big|_1^3 = 2$

$\Rightarrow\; -\frac{a}{3}-6+a+2=2 \;\Rightarrow\; \frac{2}{3}a=6 \;\Rightarrow\; a=9$

c) $\int_0^1 \frac{ae^x+1}{e^x}\,dx = 1 \;\Rightarrow\; (ax-e^{-x})\Big|_0^1 = 1$

$\Rightarrow\; a-e^{-1}+1=1 \;\Rightarrow\; a=\frac{1}{e}\approx 0{,}368$

d) $\int_0^{\frac{\pi}{2}} a\cdot\sin(2x)\,dx = 5 \;\Rightarrow\; -\frac{a}{2}\cdot\cos(2x)\Big|_0^{\frac{\pi}{2}} = 5 \;\Rightarrow\; a+a=10 \;\Rightarrow\; a=5$

e) $\int_1^4 \frac{a}{ax+1}\,dx = 1 \;\Rightarrow\; \ln(ax+1)\Big|_1^4 = 1$

$\Rightarrow\; \ln(4a+1)-\ln(a+1)=1 \;\Rightarrow\; \ln\left(\frac{4a+1}{a+1}\right)=1$

$\Rightarrow\; \frac{4a+1}{a+1}=e \;\Rightarrow\; 4a+1=e\cdot a+e \;\Rightarrow\; (4-e)a=e-1$

$\Rightarrow\; a=\frac{e-1}{4-e}\approx 1{,}34$

f) $\int_1^4 \left(\sqrt{x}+\frac{a}{\sqrt{x}}\right)dx = 4 \;\Rightarrow\; \left(\frac{2}{3}\sqrt{x^3}+2a\sqrt{x}\right)\Big|_1^4 = 4$

$\Rightarrow\; \frac{16}{3}+4a-\frac{2}{3}-2a=4 \;\Rightarrow\; a=-\frac{1}{3}$

g) $\int_0^a x^2\,dx = 9 \;\Rightarrow\; \frac{x^3}{3}\Big|_0^a = 9 \;\Rightarrow\; \frac{a^3}{3}=9 \;\Rightarrow\; a^3=27 \;\Rightarrow\; a=3$

h) $\int_0^a \sin x\,dx = 1 \;\Rightarrow\; -\cos x\Big|_0^a = 1 \;\Rightarrow\; -\cos a+1=1$

$\Rightarrow\; \cos a=0 \;\Rightarrow\; a=(2k+1)\frac{\pi}{2}\quad (k\in\mathbb{Z})$

27. a) Im Intervall I liegt kein Schnittpunkt der Funktion mit der x-Achse. Für alle $x \in I$ ist $f(x) > 0$, d. h. die zu berechnende Fläche liegt oberhalb der x-Achse. Also gilt:

$$A = \int_1^4 (2x+1)\,dx = (x^2+x)\Big|_1^4 = (16+4)-(1+1) = 18 \text{ FE}$$

b) Im Intervall I liegt kein Schnittpunkt der Funktion mit der x-Achse. Für alle $x \in I$ ist $f(x) > 0$, d. h. die zu berechnende Fläche liegt oberhalb der x-Achse. Also gilt:

$$A = \int_{-3}^{1} e^x\,dx = e^x\Big|_{-3}^{1} = e^1 - e^{-3} \approx 2{,}7 \text{ FE}$$

c) Im Intervall I liegt kein Schnittpunkt der Funktion mit der x-Achse. Für alle $x \in I$ ist $f(x) \geq 0$, d. h. die zu berechnende Fläche liegt oberhalb der x-Achse. Also gilt:

$$A = \int_{-\frac{\pi}{2}}^{\frac{\pi}{2}} 2\cos x\,dx = 2\sin x\Big|_{-\frac{\pi}{2}}^{\frac{\pi}{2}} = 2\sin\tfrac{\pi}{2} - 2\sin\left(-\tfrac{\pi}{2}\right) = 2+2 = 4 \text{ FE}$$

d) Im Intervall I liegt kein Schnittpunkt der Funktion mit der x-Achse. Für alle $x \in I$ ist $f(x) > 0$, d. h. die zu berechnende Fläche liegt oberhalb der x-Achse. Also gilt:

$$A = \int_1^5 \tfrac{1}{x}\,dx = \ln x\Big|_1^5 = \ln 5 - \ln 1 = \ln 5 \approx 1{,}6 \text{ FE}$$

e) Im Intervall I liegt kein Schnittpunkt der Funktion mit der x-Achse. Für alle $x \in I$ ist $f(x) \leq 0$, d. h. die zu berechnende Fläche liegt unterhalb der x-Achse. Also gilt:

$$A = -\int_{-2}^{2} (x^2-4)\,dx = -\left(\tfrac{1}{3}x^3 - 4x\right)\Big|_{-2}^{2} = -\left(\left(\tfrac{8}{3}-8\right)-\left(-\tfrac{8}{3}+8\right)\right) = \tfrac{32}{3} \text{ FE}$$

f) Im Intervall I liegt kein Schnittpunkt der Funktion mit der x-Achse. Für alle $x \in I$ ist $f(x) > 0$, d. h. die zu berechnende Fläche liegt oberhalb der x-Achse. Also gilt:

$$A = \int_{-1}^{4} \left(\tfrac{1}{4}x^2+2\right)dx = \left(\tfrac{1}{4}\cdot\tfrac{1}{3}x^3+2x\right)\Big|_{-1}^{4} = \left(\tfrac{16}{3}+8\right)-\left(-\tfrac{1}{12}-2\right) = \tfrac{185}{12} \text{ FE}$$

g) Im Intervall I liegt kein Schnittpunkt der Funktion mit der x-Achse. Für alle $x \in I$ ist $f(x) > 0$, d. h. die zu berechnende Fläche liegt oberhalb der x-Achse. Also gilt:

$$A = \int_1^5 \left(\tfrac{1}{x^2}+1\right)dx = \left(-\tfrac{1}{x}+x\right)\Big|_1^5 = (-0{,}2+5)-(-1+1) = 4{,}8 \text{ FE}$$

h) Im Intervall $\left[0; \frac{\pi}{2}\right]$ hat die Funktion f die Nullstelle $x_0 = \frac{\pi}{2} - \frac{1}{2}$. Also gilt:

$$A = \int_0^{\frac{\pi}{2}-\frac{1}{2}} \sin(2x+1)\,dx - \int_{\frac{\pi}{2}-\frac{1}{2}}^{\frac{\pi}{2}} \sin(2x+1)\,dx$$

$$= -\tfrac{1}{2}\cos(2x+1)\Big|_0^{\frac{\pi}{2}-\frac{1}{2}} + \tfrac{1}{2}\cos(2x+1)\Big|_{\frac{\pi}{2}-\frac{1}{2}}^{\frac{\pi}{2}}$$

$$= -\tfrac{1}{2}\cos\pi - \left(-\tfrac{1}{2}\cos 1\right) + \tfrac{1}{2}\cos(\pi+1) - \tfrac{1}{2}\cos\pi$$

$$= -\cos\pi + \underbrace{\tfrac{1}{2}\cos 1 + \tfrac{1}{2}\cos(\pi+1)}_{=0} = 1\text{ FE}$$

28. a) Nullstellen der Funktion sind $x_1 = -2$ und $x_2 = 2$. Für alle $x \in [-2; 2]$ ist $f(x) \le 0$, d. h. die vom Schaubild und der x-Achse eingeschlossene Fläche befindet sich unterhalb der x-Achse. Also gilt:

$$A = -\int_{-2}^{2} (x^2-4)\,dx = -\left(\tfrac{1}{3}x^3 - 4x\right)\Big|_{-2}^{2} = -\left(\left(\tfrac{8}{3}-8\right) - \left(-\tfrac{8}{3}+8\right)\right) = \tfrac{32}{3}\text{ FE}$$

b) Die Nullstellen der Funktion sind $x_1 = 0$ und $x_2 = 4$. Für alle $x \in [0; 4]$ ist $f(x) \le 0$, d. h. die vom Schaubild und der x-Achse eingeschlossene Fläche befindet sich unterhalb der x-Achse. Also gilt:

$$A = -\int_0^4 (x^2-4x)\,dx = -\left(\tfrac{1}{3}x^3 - 2x^2\right)\Big|_0^4 = -\left(\left(\tfrac{64}{3}-32\right) - 0\right) = \tfrac{32}{3}\text{ FE}$$

c) Nullstellen der Funktion sind $x_1 = -2$, $x_2 = 0$ und $x_3 = 2$. Für alle $x \in [-2; 2]$ ist $f(x) \le 0$ ($x_2 = 0$ ist doppelte Nullstelle, also Nullstelle ohne Vorzeichenwechsel), d. h. die vom Schaubild und der x-Achse eingeschlossenen Flächen befinden sich beide unterhalb der x-Achse. Man kann also von der kleinsten bis zur größten Nullstelle integrieren.

$$A = -\int_{-2}^{2} \left(\tfrac{1}{2}x^4 - 2x^2\right)dx = -\left(\tfrac{1}{2}\cdot\tfrac{1}{5}x^5 - 2\tfrac{1}{3}x^3\right)\Big|_{-2}^{2}$$

$$= -\left(\left(\tfrac{32}{10} - \tfrac{16}{3}\right) - \left(-\tfrac{32}{10} + \tfrac{16}{3}\right)\right) = \tfrac{64}{15}\text{ FE}$$

d) Nullstellen der Funktion f sind $x_1 = 1$ und $x_2 = 3$. Zwischen diesen beiden Nullstellen befindet sich kein Pol. Für alle $x \in [1; 3]$ ist $f(x) \le 0$, d. h. die vom Schaubild und der x-Achse eingeschlossene Fläche befindet sich unterhalb der x-Achse. Also gilt:

$$A = -\int_1^3 \left(x - 4 + \tfrac{3}{x}\right)dx = -\left(\tfrac{1}{2}x^2 - 4x + 3\ln x\right)\Big|_1^3$$

$$= -\left(\left(\tfrac{9}{2} - 12 + 3\ln 3\right) - \left(\tfrac{1}{2} - 4 + 3\ln 1\right)\right) = 4 - 3\ln 3\text{ FE}$$

e) Die Nullstellen der Funktion f sind $x_1 = 0$ und $x_2 = 4$. Für alle $x \in [0; 4]$ ist $f(x) \leq 0$, d. h. die vom Schaubild und der x-Achse eingeschlossene Fläche befindet sich unterhalb der x-Achse. Also gilt:

$$A = -\int_0^4 (x - 2\sqrt{x})\,dx = -\left(\tfrac{1}{2}x^2 - \tfrac{4}{3}x\sqrt{x}\right)\Big|_0^4 = -\left(\tfrac{16}{2} - \tfrac{32}{3}\right) = \tfrac{8}{3}\text{ FE}$$

f) Nullstellen der Funktion f sind $x_1 = 1$ und $x_2 = 2$. Zwischen diesen beiden Nullstellen befindet sich kein Pol. Für alle $x \in [1; 2]$ ist $f(x) \leq 0$, d. h. die vom Schaubild und der x-Achse eingeschlossene Fläche befindet sich unterhalb der x-Achse. Also gilt:

$$A = -\int_1^2 \left(1 - \tfrac{3}{x} + \tfrac{2}{x^2}\right)dx = -\left(x - 3\ln x - \tfrac{2}{x}\right)\Big|_1^2$$
$$= -((2 - 3\ln 2 - 1) - (1 - 3\ln 1 - 2)) = 3\ln 2 - 2\text{ FE}$$

g) Die Nullstellen der Funktion sind $x_1 = 0$ und $x_2 = 1$. Für alle $x \in [0; 1]$ ist $f(x) \leq 0$, d. h. die vom Schaubild und der x-Achse eingeschlossene Fläche befindet sich unterhalb der x-Achse. Also gilt:

$$A = -\int_0^1 (x^3 - x^2)\,dx = -\left(\tfrac{1}{4}x^4 - \tfrac{1}{3}x^3\right)\Big|_0^1 = -\left(\tfrac{1}{4} - \tfrac{1}{3}\right) = \tfrac{1}{12}\text{ FE}$$

h) Im gegebenen Intervall sind die Nullstellen $x_1 = 0$ und $x_2 = \pi$. Für alle $x \in [0; \pi]$ ist $f(x) \geq 0$, d. h. die vom Schaubild und der x-Achse eingeschlossene Fläche befindet sich oberhalb der x-Achse. Also gilt:

$$A = \int_0^{\pi} 2\sin x\,dx = -2\cos x\Big|_0^{\pi} = 2 + 2 = 4\text{ FE}$$

i) Nullstellen der Funktion sind $x_1 = -3$ und $x_2 = 0$. Für alle $x \in [-3; 0]$ ist $f(x) \geq 0$, d. h. die vom Schaubild und der x-Achse eingeschlossene Fläche befindet sich oberhalb der x-Achse. Also gilt:

$$A = \int_{-3}^{0} (x^3 + 3x^2)\,dx = \left(\tfrac{1}{4}x^4 + x^3\right)\Big|_{-3}^{0} = -\tfrac{81}{4} + 27 = \tfrac{27}{4}\text{ FE}$$

j) Die Nullstellen der Funktion sind $x_1 = 1$ und $x_2 = 2$. Für alle $x \in [1; 2]$ ist $f(x) \leq 0$, d. h. die vom Schaubild und der x-Achse eingeschlossene Fläche befindet sich unterhalb der x-Achse. Also gilt:

$$A = -\int_0^2 \left(x - 3 + \tfrac{2}{x}\right)dx = -\left(\tfrac{1}{2}x^2 - 3x + 2\ln x\right)\Big|_1^2$$
$$= -\left(2 - 6 - \tfrac{1}{2} + 3 + 2\ln 2\right) = \tfrac{3}{2} - 2\ln 2\text{ FE}$$

k) Die Nullstellen der Funktion sind $x_1 = -1$ und $x_2 = 1$. Für alle $x \in [-1; 1]$ ist $f(x) \leq 0$, d. h. die vom Schaubild und der x-Achse eingeschlossene Fläche befindet sich unterhalb der x-Achse. Also gilt:

$$A = -\int_{-1}^{1} (\sqrt[3]{x^2} - 1)\,dx = -\left(\tfrac{3}{5}x^{\frac{5}{3}} - x\right)\Big|_{-1}^{1} = -\left(\tfrac{3}{5} - 1 + \tfrac{3}{5} - 1\right) = \tfrac{4}{5}\text{ FE}$$

l) Die Nullstellen der Funktion sind $x_1 = -2$ und $x_2 = 2$. Für alle $x \in [-2; 2]$ ist $f(x) \leq 0$, d. h. die vom Schaubild und der x-Achse eingeschlossene Fläche befindet sich unterhalb der x-Achse. Also gilt:

$$A = -\int_{-2}^{2} \left(\tfrac{1}{2}x^2 - 2\right)dx = -\left(\tfrac{1}{2} \cdot \tfrac{1}{3}x^3 - 2x\right)\Big|_{-2}^{2} = -\left(\tfrac{4}{3} - 4 + \tfrac{4}{3} - 4\right) = \tfrac{16}{3}\text{ FE}$$

29. a) Die Funktion f hat eine Nullstelle $x_1 = 0$ mit Vorzeichenwechsel im Intervall I. Also gilt:

$$A = \left|\int_{-2}^{0} x^3\,dx\right| + \left|\int_{0}^{2} x^3\,dx\right| = \left|\tfrac{1}{4}x^4\Big|_{-2}^{0}\right| + \left|\tfrac{1}{4}x^4\Big|_{0}^{2}\right|$$
$$= |0 - 4| + |4 - 0| = 8\text{ FE}$$

b) Die Funktion f hat eine Nullstelle $x_1 = \pi$ mit Vorzeichenwechsel im Intervall I. Also gilt:

$$A = \left|\int_{0}^{\pi} 2\sin x\,dx\right| + \left|\int_{\pi}^{2\pi} 2\sin x\,dx\right| = \left|-2\cos x\Big|_{0}^{\pi}\right| + \left|-2\cos x\Big|_{\pi}^{2\pi}\right|$$
$$= |-2\cos\pi + 2\cos 0| + |-2\cos(2\pi) + 2\cos\pi| = |2 + 2| + |-2 - 2| = 8\text{ FE}$$

c) Die Funktion f hat eine Nullstelle $x_1 = 2$ mit Vorzeichenwechsel im Intervall I. Also gilt:

$$A = \left|\int_{1}^{2} \left(\tfrac{2}{x} - 1\right)dx\right| + \left|\int_{2}^{4} \left(\tfrac{2}{x} - 1\right)dx\right| = \left|(2\ln x - x)\Big|_{1}^{2}\right| + \left|(2\ln x - x)\Big|_{2}^{4}\right|$$
$$= |2\ln 2 - 2 - (2\ln 1 - 1)| + |2\ln 4 - 4 - (2\ln 2 - 2)|$$
$$= |2\ln 2 - 1| + |2\ln 2 - 2| = 2\ln 2 - 1 - 2\ln 2 + 2 = 1\text{ FE}$$

Man beachte: $\ln 4 = \ln(2^2) = 2\ln 2$

Beim 2. Betrag muss das Vorzeichen geändert werden, da unter dem Betragszeichen ein negativer Wert steht (Überprüfung mithilfe des Taschenrechners).

d) Die Funktion f hat eine Nullstelle $x_1 = 0$ mit Vorzeichenwechsel im Intervall I. Also gilt:

$$A = \left| \int_{-1}^{0} (e^x - 1)\,dx \right| + \left| \int_{0}^{1} (e^x - 1)\,dx \right| = \left| (e^x - x) \Big|_{-1}^{0} \right| + \left| (e^x - x) \Big|_{0}^{1} \right|$$

$$= \left| e^0 - 0 - (e^{-1} + 1) \right| + \left| e^1 - 1 - (e^0 - 0) \right| = e^{-1} + e - 2 \text{ FE}$$

e) Die Funktion f hat zwei Nullstellen $x_1 = 0$ und $x_2 = 1$ mit Vorzeichenwechsel im Intervall I. Also gilt:

$$A = \left| \int_{-1}^{0} (x^2 - x)\,dx \right| + \left| \int_{0}^{1} (x^2 - x)\,dx \right| + \left| \int_{1}^{2} (x^2 - x)\,dx \right|$$

$$= \left| \left(\tfrac{1}{3}x^3 - \tfrac{1}{2}x^2\right) \Big|_{-1}^{0} \right| + \left| \left(\tfrac{1}{3}x^3 - \tfrac{1}{2}x^2\right) \Big|_{0}^{1} \right| + \left| \left(\tfrac{1}{3}x^3 - \tfrac{1}{2}x^2\right) \Big|_{1}^{2} \right|$$

$$= \left| 0 - \left(-\tfrac{1}{3} - \tfrac{1}{2}\right) \right| + \left| \left(\tfrac{1}{3} - \tfrac{1}{2}\right) - 0 \right| + \left| \left(\tfrac{8}{3} - 2\right) - \left(\tfrac{1}{3} - \tfrac{1}{2}\right) \right|$$

$$= \tfrac{5}{6} + \tfrac{1}{6} + \tfrac{5}{6} = \tfrac{11}{6} \text{ FE}$$

f) Die Funktion f hat zwei Nullstellen $x_1 = \frac{\pi}{4}$ und $x_2 = \frac{3\pi}{4}$ mit Vorzeichenwechsel im Intervall I. Also gilt:

$$A = \left| \int_{0}^{\frac{\pi}{4}} \cos(2x)\,dx \right| + \left| \int_{\frac{\pi}{4}}^{\frac{3\pi}{4}} \cos(2x)\,dx \right| + \left| \int_{\frac{3\pi}{4}}^{\pi} \cos(2x)\,dx \right|$$

$$= \left| \tfrac{1}{2}\sin(2x) \Big|_{0}^{\frac{\pi}{4}} \right| + \left| \tfrac{1}{2}\sin(2x) \Big|_{\frac{\pi}{4}}^{\frac{3\pi}{4}} \right| + \left| \tfrac{1}{2}\sin(2x) \Big|_{\frac{3\pi}{4}}^{\pi} \right|$$

$$= \left| \tfrac{1}{2} - 0 \right| + \left| -\tfrac{1}{2} - \tfrac{1}{2} \right| + \left| 0 - \left(-\tfrac{1}{2}\right) \right|$$

$$= \tfrac{1}{2} + 1 + \tfrac{1}{2} = 2 \text{ FE}$$

g) Die Funktion hat im angegebenen Intervall keine Nullstelle mit Vorzeichenwechsel. Für alle $x \in [-2; 2]$ ist $f(x) \geq 0$, d. h. die vom Schaubild und der x-Achse eingeschlossene Fläche befindet sich oberhalb der x-Achse. Also gilt:

$$A = \int_{-2}^{2} x^2\,dx = \tfrac{1}{3}x^3 \Big|_{-2}^{2} = \tfrac{16}{3} \text{ FE}$$

h) Die Funktion hat im angegebenen Intervall keine Nullstelle mit Vorzeichenwechsel. Für alle $x \in [-1; 1]$ ist $f(x) \geq 0$, d. h. die vom Schaubild und der x-Achse eingeschlossene Fläche befindet sich oberhalb der x-Achse. Also gilt:

$$A = \int_{-1}^{1} (e - e^x)\,dx = (e \cdot x - e^x) \Big|_{-1}^{1} = e - e - (-e - e^{-1}) = e + \tfrac{1}{e} \text{ FE}$$

i) Die Funktion hat im angegebenen Intervall die Nullstelle $x=1$ mit Vorzeichenwechsel. Also gilt:

$$A=\left|\int_{\frac{1}{2}}^{1}\left(\tfrac{1}{x}-1\right)dx\right|+\left|\int_{1}^{2}\left(\tfrac{1}{x}-1\right)dx\right|=\left|(\ln x-x)\Big|_{\frac{1}{2}}^{1}\right|+\left|(\ln x-x)\Big|_{1}^{2}\right|$$

$$=\left|\ln 1-1-(\ln\tfrac{1}{2}-\tfrac{1}{2})\right|+\left|\ln 2-2-(\ln 1-1)\right|$$

$$=\left|-\tfrac{1}{2}+\ln 2\right|+\left|-1+\ln 2\right|=-\tfrac{1}{2}+\ln 2+1-\ln 2=\tfrac{1}{2}\text{ FE}$$

Beim 2. Betrag muss das Vorzeichen geändert werden, da unter dem Betragszeichen ein negativer Wert steht (Überprüfung mithilfe des Taschenrechners).

j) Die Funktion hat innerhalb des angegebenen Intervalls die Nullstelle $x=0$ mit Vorzeichenwechsel.

Es gilt:

$$\int_{0}^{\pi}\sin x\,dx=-\cos x\Big|_{0}^{\pi}=-\cos\pi+\cos 0=2$$

Für das Integral von $-\pi$ bis 0 muss sich aus Symmetriegründen (Punktsymmetrie) –2 ergeben. Also gilt: $A=4$ FE

30. a) Zuerst verschafft man sich einen Überblick über den Verlauf des Schaubildes der Funktion: Für alle $x\geq 0$ ist $f(x)>0$, d. h. das Schaubild von f verläuft für $x\geq 0$ im ersten Feld. Also muss das folgende uneigentliche Integral berechnet werden:

$$\int_{0}^{\infty}6e^{-2x}\,dx$$

Man berechnet zuerst:

$$\int_{0}^{z}6e^{-2x}\,dx=-3e^{-2x}\Big|_{0}^{z}$$

$$=-3e^{-2z}+3$$

Anschließend bildet man den Grenzwert:

$$\lim_{z\to\infty}\left(-3e^{-2z}+3\right)=3$$

Der Flächeninhalt beträgt also 3 FE.

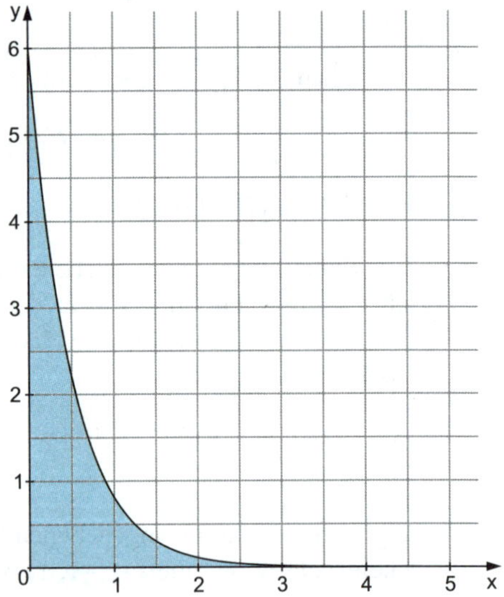

b) Zuerst verschafft man sich einen Überblick über den Verlauf des Schaubildes der Funktion: Für alle $x \geq 0$ ist $f(x) > 0$, d. h. das Schaubild von f verläuft für $x \geq 0$ im ersten Feld. Also muss das folgende uneigentliche Integral berechnet werden:

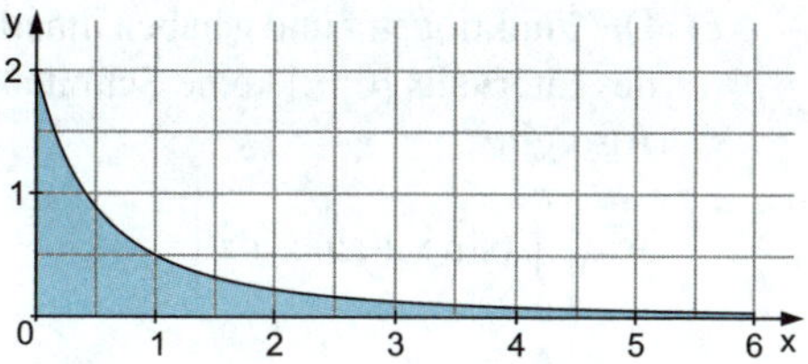

$$\int_0^\infty \frac{2}{(x+1)^2}\,dx$$

Man berechnet zuerst:

$$\int_0^z 2(x+1)^{-2}\,dx = -2(x+1)^{-1}\,\Big|_0^z = -\frac{2}{z+1} + 2$$

Anschließend bildet man den Grenzwert:

$$\lim_{z \to \infty}\left(-\frac{2}{z+1} + 2\right) = 2$$

Der Flächeninhalt beträgt also 2 FE.

31. a) Die Funktionen f und g haben innerhalb des Intervalls [0; 2] keine Schnittstelle.
Also gilt:

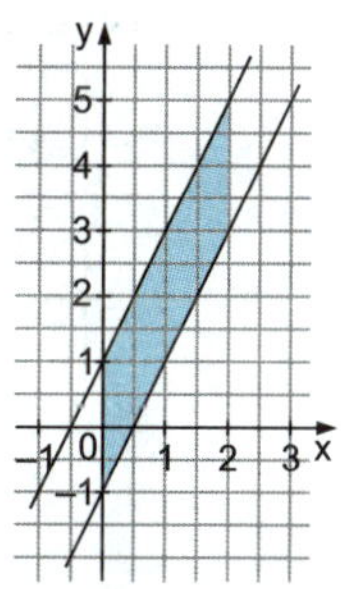

$$A = \left|\int_0^2 (2x+1-(2x-1))\,dx\right|$$

$$= \left|\int_0^2 2dx\right| = \left|2x\,\Big|_0^2\right| = 4 \text{ FE}$$

b) Die Funktionen f und g haben innerhalb des Intervalls [–2; 2] keine Schnittstelle.
Also gilt:

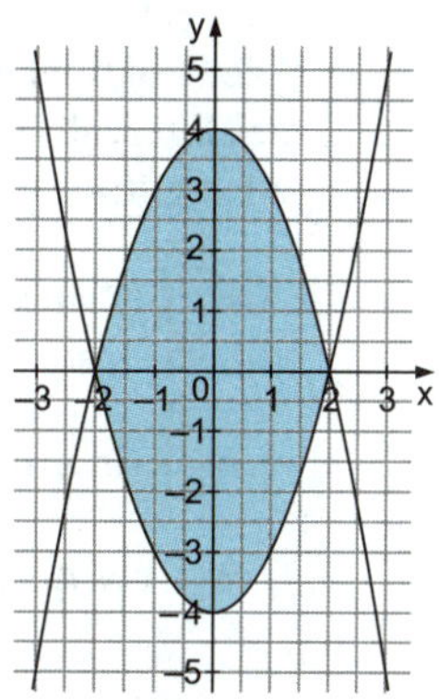

$$A = \left|\int_{-2}^2 \left(-x^2+4-(x^2-4)\right)dx\right|$$

$$= \left|\int_{-2}^2 (-2x^2+8)\,dx\right|$$

$$= \left|\left(-2\tfrac{1}{3}x^3+8x\right)\Big|_{-2}^2\right|$$

$$= \left|-\tfrac{16}{3}+16-\left(\tfrac{16}{3}-16\right)\right| = \tfrac{64}{3} \text{ FE}$$

c) Die Funktionen f und g haben innerhalb des Intervalls [0; π] keine Schnittstelle. Also gilt:

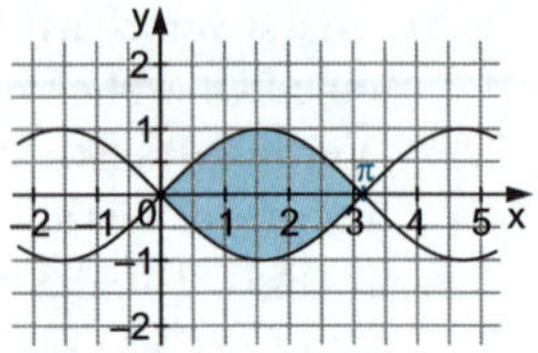

$$A = \left| \int_0^{\pi} (\sin x + \sin x)dx \right|$$
$$= \left| \int_0^{\pi} 2\sin x \, dx \right| = \left| -2\cos x \Big|_0^{\pi} \right|$$
$$= \left| -2\cos\pi + 2\cos 0 \right| = 2 + 2 = 4 \text{ FE}$$

d) Die Funktionen f und g haben innerhalb des Intervalls [0; 2] keine Schnittstelle. Also gilt:

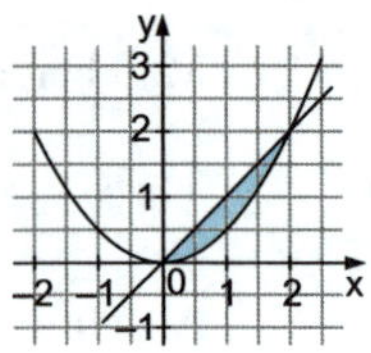

$$A = \left| \int_0^{2} \left(\tfrac{1}{2}x^2 - x\right)dx \right| = \left| \left(\tfrac{1}{2}\cdot\tfrac{1}{3}x^3 - \tfrac{1}{2}x^2\right) \Big|_0^{2} \right|$$
$$= \left| \tfrac{4}{3} - 2 \right| = \tfrac{2}{3} \text{ FE}$$

e) Die Funktionen f und g haben innerhalb des Intervalls [–2; 1] keine Schnittstelle. Also gilt:

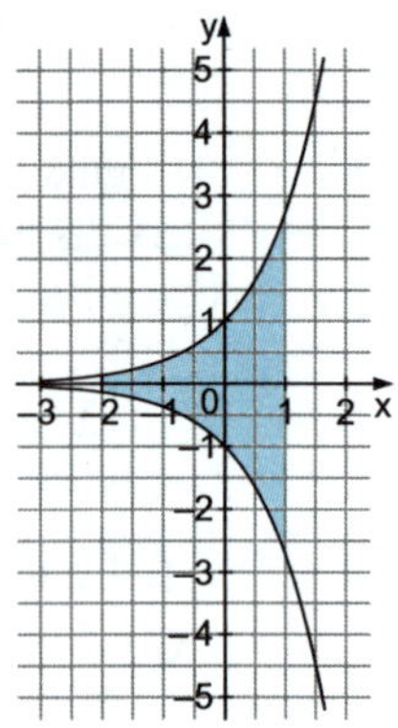

$$A = \left| \int_{-2}^{1} (e^x + e^x)dx \right| = \left| \int_{-2}^{1} 2e^x \, dx \right|$$
$$= \left| 2e^x \Big|_{-2}^{1} \right| = 2e - 2e^{-2} \approx 5{,}2$$

f) Die Funktionen f und g haben innerhalb des Intervalls [0; π] keine Schnittstelle. Also gilt:

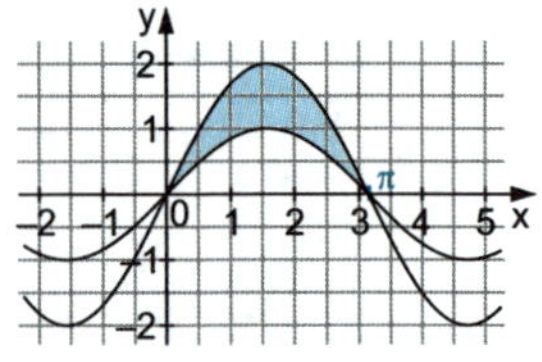

$$A = \left| \int_0^{\pi} (2\sin x - \sin x)dx \right|$$
$$= \left| \int_0^{\pi} \sin x \, dx \right| = \left| -\cos x \Big|_0^{\pi} \right|$$
$$= \left| -\cos\pi + \cos 0 \right| = 1 + 1 = 2 \text{ FE}$$

g) Die Funktionen f und g haben innerhalb des Intervalls [0; 1] keine Schnittstelle. Also gilt:

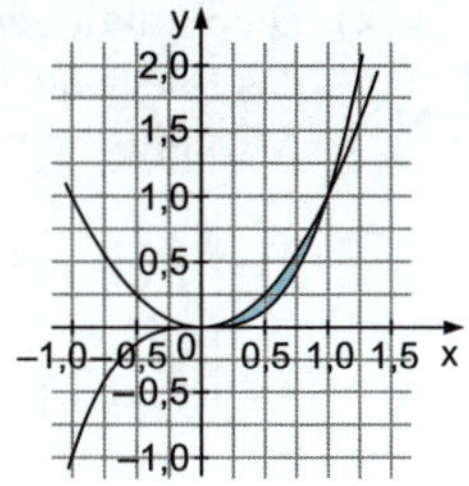

$$A = \left| \int_0^1 (x^2 - x^3)\,dx \right| = \left| \int_0^1 (x^2 - x^3)\,dx \right|$$

$$= \left| \left(\frac{1}{3}x^3 - \frac{1}{4}x^4 \right) \Big|_0^1 \right| = \left| \frac{1}{3} - \frac{1}{4} \right| = \frac{1}{12} \text{ FE}$$

h) Die Funktionen f und g haben innerhalb des Intervalls $\left[0; \frac{\pi}{4}\right]$ keine Schnittstelle. Also gilt:

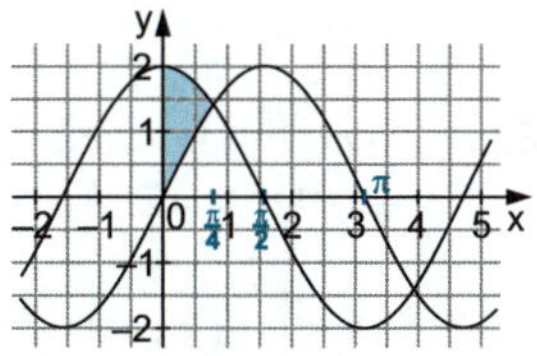

$$A = \left| \int_0^{\frac{\pi}{4}} (2\cos x - 2\sin x)\,dx \right|$$

$$= \left| (2\sin x + 2\cos x) \Big|_0^{\frac{\pi}{4}} \right|$$

$$= \left| 2\sin\frac{\pi}{4} + 2\cos\frac{\pi}{4} - 2 \right| = 2\sqrt{2} - 2 \text{ FE}$$

i) Die Funktionen f und g haben innerhalb des Intervalls [0; 1] keine Schnittstelle. Also gilt:

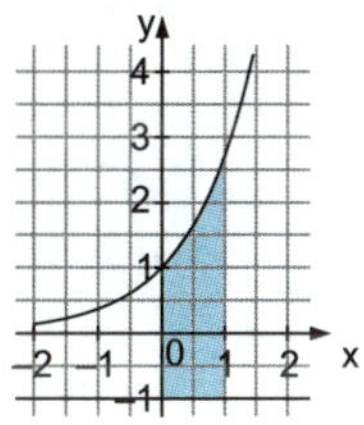

$$A = \left| \int_0^1 (e^x + 1)\,dx \right| = \left| (e^x + x) \Big|_0^1 \right|$$

$$= \left| e + 1 - 1 \right| = e \text{ FE}$$

j) Die Funktionen f und g haben innerhalb des Intervalls $\left[\frac{1}{2}; 1\right]$ keine Schnittstelle. Also gilt:

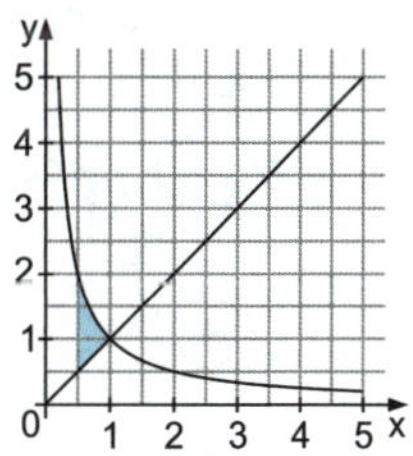

$$A = \left| \int_{\frac{1}{2}}^1 \left(\frac{1}{x} - x \right) dx \right| - \left| \left(\ln x - \frac{1}{2}x^? \right) \Big|_{\frac{1}{2}}^1 \right|$$

$$= \left| \ln 1 - \frac{1}{2} - \left(\ln\frac{1}{2} - \frac{1}{8} \right) \right|$$

$$= \left| \ln 2 - \frac{3}{8} \right| = \ln 2 - \frac{3}{8} \text{ FE}$$

Man beachte: $\ln\frac{1}{2} = \ln 2^{-1} = -\ln 2$

k) Die Funktionen f und g haben innerhalb des Intervalls [0; 1] keine Schnittstelle. Also gilt:

$$A = \left| \int_0^1 (4 - x^2 - 2x + 1)\,dx \right| = \left| \left(5x - \frac{1}{3}x^3 - x^2\right) \Big|_0^1 \right|$$

$$= \left| 5 - \frac{1}{3} - 1 \right| = \frac{11}{3}$$

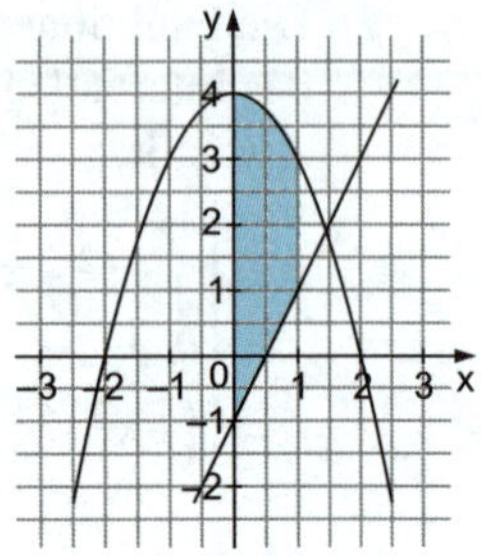

32. a) Die Funktionen f und g haben innerhalb des Intervalls [0; 5] eine Schnittstelle $x_1 = 2$. Also gilt:

$$A = \left| \int_0^2 (2x - 1 - (x + 1))\,dx \right| + \left| \int_2^5 (2x - 1 - (x + 1))\,dx \right|$$

Es gilt:

$$\int_0^2 (x - 2)\,dx = \left(\frac{1}{2}x^2 - 2x\right)\Big|_0^2 = 2 - 4 + 0 = -2$$

und

$$\int_2^5 (x - 2)\,dx = \left(\frac{1}{2}x^2 - 2x\right)\Big|_2^5 = \frac{25}{2} - 10 - 2 + 4 = \frac{9}{2}$$

Für A ergibt sich: $A = 2 + 4{,}5 = 6{,}5$ FE

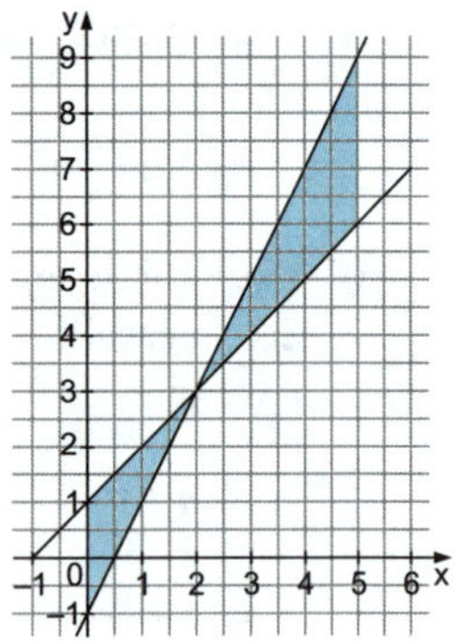

b) Die Funktionen f und g haben innerhalb des Intervalls [0; 3] eine Schnittstelle $x_1 = 2$. Also gilt:

$$A = \left| \int_0^2 \left(x^2 - 4 - (-x^2 + 4)\right)dx \right| + \left| \int_2^3 (2x^2 - 8)\,dx \right|$$

Es gilt:

$$\int_0^2 (2x^2 - 8)\,dx = \left(2\frac{1}{3}x^3 - 8x\right)\Big|_0^2 = \frac{16}{3} - 16 - 0 = -\frac{32}{3}$$

und

$$\int_2^3 (2x^2 - 8)\,dx = \left(2\frac{1}{3}x^3 - 8x\right)\Big|_2^3$$

$$= \left(\frac{54}{3} - 24\right) - \left(\frac{16}{3} - 16\right) = \frac{14}{3}$$

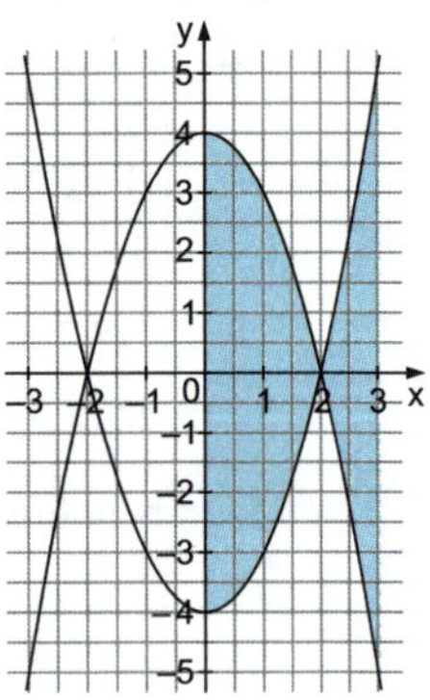

Für A ergibt sich: $A = \frac{32}{3} + \frac{14}{3} = \frac{46}{3}$ FE.

c) Die Funktionen f und g haben innerhalb des Intervalls [0; 2] eine Schnittstelle $x_1 = 1$. Also gilt:

$$A = \left| \int_0^1 \left(x^2 - \sqrt{x}\right) dx \right| + \left| \int_1^2 \left(x^2 - \sqrt{x}\right) dx \right|$$

Es gilt:

$$\int_0^1 \left(x^2 - \sqrt{x}\right) dx = \left(\frac{1}{3}x^3 - \frac{2}{3}\sqrt{x^3}\right)\Big|_0^1$$

$$= \frac{1}{3} - \frac{2}{3} - 0 = -\frac{1}{3}$$

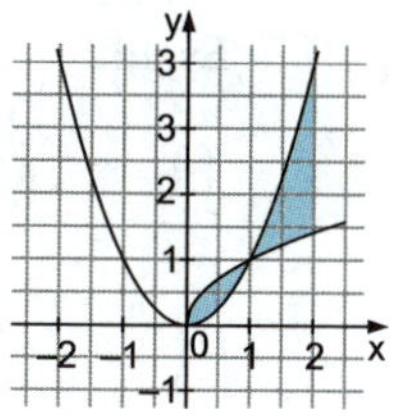

und

$$\int_1^2 \left(x^2 - \sqrt{x}\right) dx = \left(\frac{1}{3}x^3 - \frac{2}{3}\sqrt{x^3}\right)\Big|_1^2 = \frac{8}{3} - \frac{2}{3}\sqrt{8} - \left(\frac{1}{3} - \frac{2}{3}\right) = 3 - \frac{2}{3}\sqrt{8}$$

Für A ergibt sich: $A = \frac{1}{3} + 3 - \frac{2}{3}\sqrt{8} \approx 1{,}4$ FE.

d) Die Funktionen f und g haben innerhalb des Intervalls [–2; 1] eine Schnittstelle $x_1 = 0$. Also gilt:

$$A = \left| \int_{-2}^0 \left(e^x - (-e^x + 2)\right) dx \right| + \left| \int_0^1 (2e^x - 2)\, dx \right|$$

Es gilt:

$$\int_{-2}^0 (2e^x - 2)\, dx = (2e^x - 2x)\Big|_{-2}^0$$

$$= 2 - 2e^{-2} - 4 \approx -2{,}3$$

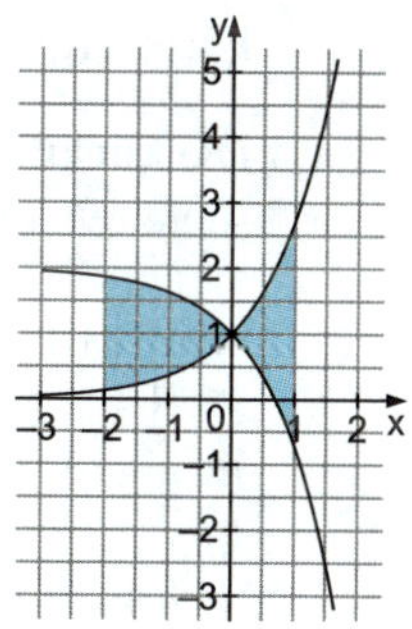

und

$$\int_0^1 (2e^x - 2)\, dx = (2e^x - 2x)\Big|_0^1$$

$$= (2e - 2) - 2 = 2e - 4 \approx 1{,}4$$

Für A ergibt sich: $A = 2{,}3 + 1{,}4 = 3{,}7$ FE

e) Die Funktionen f und g haben innerhalb des Intervalls $\left[\frac{1}{2}; 2\right]$ eine Schnittstelle $x_1 = 1$. Also gilt:

$$A = \left|\int_{\frac{1}{2}}^{1}\left(-\frac{1}{x}+2-\frac{1}{x^2}\right)dx\right| + \left|\int_{1}^{2}\left(-\frac{1}{x}+2-\frac{1}{x^2}\right)dx\right|$$

Es gilt:

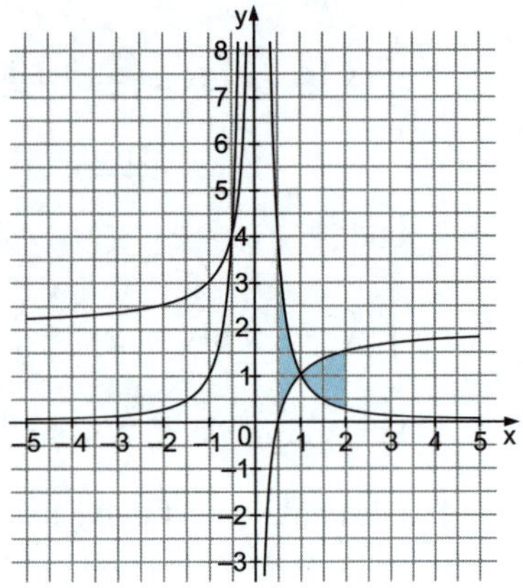

$$\int_{\frac{1}{2}}^{1}(-x^{-1}+2-x^{-2})\,dx$$

$$=\left(-\ln x+2x+\frac{1}{x}\right)\Big|_{\frac{1}{2}}^{1}$$

$$=(-\ln 1+2+1)-(-\ln\tfrac{1}{2}+1+2)$$

$$=-\ln 2$$

und

$$\int_{1}^{2}(-x^{-1}+2-x^{-2})\,dx$$

$$=\left(-\ln x+2x+\frac{1}{x}\right)\Big|_{1}^{2}$$

$$=\left(-\ln 2+4+\frac{1}{2}\right)-(-\ln 1+2+1)=-\ln 2+\frac{3}{2}$$

Für A ergibt sich: $A=\ln 2+\frac{3}{2}-\ln 2=\frac{3}{2}$ FE

f) Die Funktionen f und g haben innerhalb des Intervalls [0; 2] eine Schnittstelle mit Vorzeichenwechsel bei $x = 1$. Also gilt:

$$A = \left|\int_{0}^{1}(x^2-1)\,dx\right| + \left|\int_{1}^{2}(x^2-1)\,dx\right|$$

Es gilt:

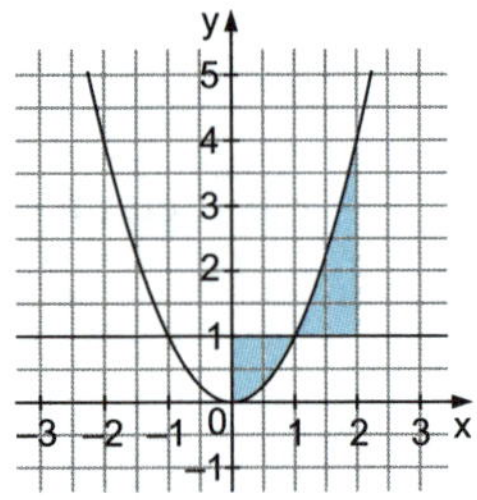

$$\int_{0}^{1}(x^2-1)\,dx=\left(\frac{1}{3}x^3-x\right)\Big|_{0}^{1}=-\frac{2}{3}$$

und

$$\int_{1}^{2}(x^2-1)\,dx=\left(\frac{1}{3}x^3-x\right)\Big|_{1}^{2}=\frac{8}{3}-2-\frac{1}{3}+1=\frac{4}{3}$$

Für A ergibt sich: $A=\frac{2}{3}+\frac{4}{3}=2$ FE

g) Die Funktionen f und g haben innerhalb des Intervalls [–1; 1] eine Schnittstelle mit Vorzeichenwechsel bei x = 0. Also gilt:

$$A = \left| \int_{-1}^{0} (1-e^x)\,dx \right| + \left| \int_{0}^{1} (e^x - 1)\,dx \right|$$

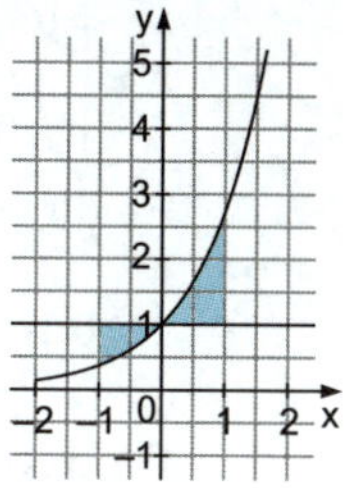

Es gilt:

$$\int_{-1}^{0} (1-e^x)\,dx = (x-e^x)\Big|_{-1}^{0} = -1-(-1-e^{-1}) = e^{-1}$$

und

$$\int_{0}^{1} (e^x - 1)dx = e^x - x\Big|_{0}^{1} = e-1-1 = e-2$$

Für A ergibt sich: $A = (e^{-1} + e - 2)$ FE

h) Die Funktionen f und g haben innerhalb des Intervalls $\left[\frac{1}{2}; 2\right]$ eine Schnittstelle mit Vorzeichenwechsel bei x = 1. Also gilt:

$$A = \left| \int_{\frac{1}{2}}^{1} \left(\frac{1}{x}-1\right)dx \right| + \left| \int_{1}^{2} \left(1-\frac{1}{x}\right)dx \right|$$

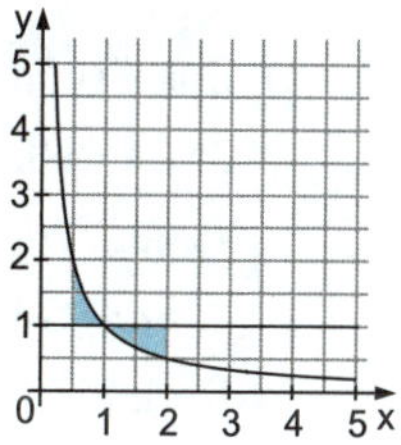

Es gilt:

$$\int_{\frac{1}{2}}^{1} \left(\frac{1}{x}-1\right)dx = (\ln x - x)\Big|_{\frac{1}{2}}^{1} = -1-\left(\ln\frac{1}{2}-\frac{1}{2}\right) = \ln 2 - \frac{1}{2}$$

und

$$\int_{1}^{2} \left(1-\frac{1}{x}\right)dx = (x - \ln x)\Big|_{1}^{2} = 2 - \ln 2 - 1 = 1 - \ln 2$$

Für A ergibt sich: $A = \ln 2 - \frac{1}{2} + 1 - \ln 2 = \frac{1}{2}$ FE

i) Die Funktionen f und g haben innerhalb des Intervalls $\left[0; \frac{\pi}{2}\right]$ eine Schnittstelle mit Vorzeichenwechsel bei $x = \frac{\pi}{4}$. Also gilt:

$$A = \left| \int_{0}^{\frac{\pi}{4}} (\cos x - \sin x)\,dx \right| + \left| \int_{\frac{\pi}{4}}^{\frac{\pi}{2}} (\sin x - \cos x)\,dx \right|$$

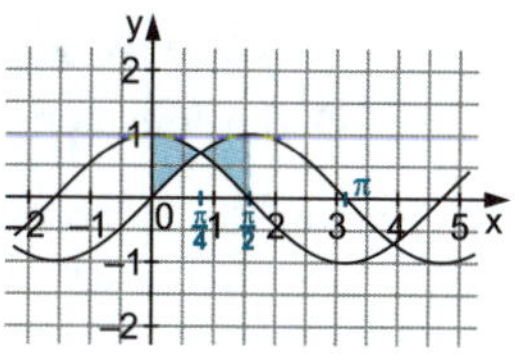

Es gilt:

$$\int_{0}^{\frac{\pi}{4}} (\cos x - \sin x)\,dx = (\sin x + \cos x)\Big|_{0}^{\frac{\pi}{4}} = \sin\frac{\pi}{4} + \cos\frac{\pi}{4} - 1$$

und

$$\int_{\frac{\pi}{4}}^{\frac{\pi}{2}} (\sin x - \cos x)\,dx = (-\cos x - \sin x)\Big|_{\frac{\pi}{4}}^{\frac{\pi}{2}} = -1 + \sin\frac{\pi}{4} + \cos\frac{\pi}{4}$$

Für A ergibt sich: $A = 4\sin\frac{\pi}{4} - 2$ FE

j) Die Funktionen f und g haben innerhalb des Intervalls [–1; 1] eine Schnittstelle mit Vorzeichenwechsel bei $x = 0$. Also gilt:

$$A = \left| \int_{-1}^{0} -2x\,dx \right| + \left| \int_{0}^{1} 2x\,dx \right|$$

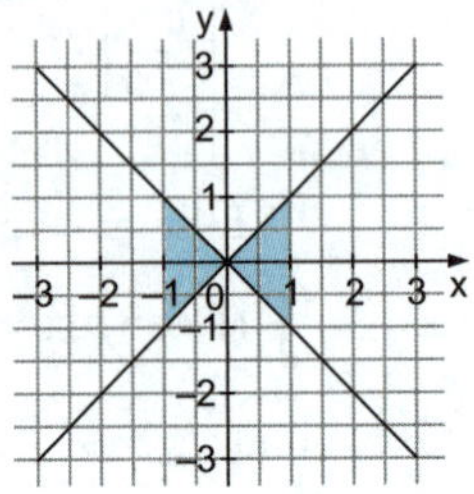

Es gilt:

$$\int_{0}^{1} 2x\,dx = x^2 \Big|_0^1 = 1$$

Für das 2. Integral muss sich aus Symmetriegründen der gleiche Wert ergeben.
Für A ergibt sich: $A = 2$ FE

33. a) Die Nullstellen des Nenners bestimmen: $e^x - 1 = 0 \;\Rightarrow\; e^x = 1 \;\Rightarrow\; x = 0$
Definitionsbereich $\mathbb{D}_f = \mathbb{R} \setminus \{0\}$

b) Das Argument der ln-Funktion muss größer als null sein:
$25 - x^2 > 0 \;\Rightarrow\; (5-x)(5+x) > 0$ (3. binomische Formel)
1. Fall: $5 - x > 0 \;\wedge\; 5 + x > 0 \;\Rightarrow\; x < 5 \;\wedge\; x > -5 \;\Rightarrow\; L_1 = \{x \mid -5 < x < 5\}$
2. Fall: $5 - x < 0 \;\wedge\; 5 + x < 0 \;\Rightarrow\; x > 5 \;\wedge\; x < -5 \;\Rightarrow\; L_2 = \{\,\}$
Definitionsmenge $\mathbb{D}_f = \{x \mid -5 < x < 5\}$

c) Der Radikand der Wurzel muss größer gleich null sein. Um den Radikanden in ein Produkt zu zerlegen, werden die Nullstellen bestimmt:
$x^2 - 6x + 5 = 0 \;\Rightarrow\; x_{1;2} = 3 \pm \sqrt{9-5} \;\Rightarrow\; x_1 = 5,\ x_2 = 1$
Es gilt also: $x^2 - 6x + 5 = (x-5)(x-1)$ für alle $x \in \mathbb{R}$
$x^2 - 6x + 5 \geq 0 \;\Rightarrow\; (x-5)(x-1) \geq 0$
1. Fall: $x - 5 \geq 0 \;\wedge\; x - 1 \geq 0 \;\Rightarrow\; x \geq 5 \;\wedge\; x \geq 1 \;\Rightarrow\; x \geq 5$
2. Fall: $x - 5 \leq 0 \;\wedge\; x - 1 \leq 0 \;\Rightarrow\; x \leq 5 \;\wedge\; x \leq 1 \;\Rightarrow\; x \leq 1$
Definitionsmenge $\mathbb{D}_f = \{x \mid x \leq 1 \;\vee\; x \geq 5\}$

d) Der Radikand muss größer gleich null sein:
$e^{2x} - 4 \geq 0 \;\Rightarrow\; (e^x - 2)(e^x + 2) \geq 0$
1. Fall: $e^x - 2 \geq 0 \;\wedge\; e^x + 2 \geq 0 \;\Rightarrow\; x \geq \ln 2 \;\wedge\; e^x \geq -2 \;\Rightarrow\; x \geq \ln 2$
$e^x \geq -2$ ist für alle $x \in \mathbb{R}$ erfüllt. $L_1 = \{x \mid x \geq \ln 2\}$
2. Fall :$e^x - 2 \leq 0 \;\wedge\; e^x + 2 \leq 0 \;\Rightarrow\; x \leq \ln 2 \;\wedge\; e^x \leq -2$
Da $e^x \leq -2$ für alle $x \in \mathbb{R}$ falsch ist, gilt: $L_2 = \{\,\}$
Definitionsmenge $\mathbb{D}_f = \{x \mid x \geq \ln 2\}$

e) Es müssen zwei Bedingungen beachtet werden:
   1. Das Argument der Logarithmusfunktion muss größer als null sein: $x > 0$
   2. Der Nenner des Bruchs muss ungleich null sein: $\ln x = 0 \Rightarrow x = 1$

   Definitionsbereich $\mathbb{D}_f = \{x \mid x > 0 \wedge x \neq 1\}$

f) Der Radikand muss größer gleich null sein:
   $x^2 \geq 0$ für alle $x \in \mathbb{R}$ erfüllt
   Definitionsbereich $\mathbb{D}_f = \mathbb{R}$

g) Der Nenner des Bruchs muss ungleich null sein:
   $\sin x = 0 \Rightarrow x = z \cdot \pi$ für alle $z \in \mathbb{Z}$
   Definitionsbereich $\mathbb{D}_f = \{x \mid x \neq z \cdot \pi$ für alle $z \in \mathbb{Z}\}$

h) Der Radikand muss größer gleich null sein:
   $1 - e^x \geq 0 \Rightarrow e^x \leq 1 \Rightarrow x \leq \ln 1 \Rightarrow x \leq 0$
   Definitionsbereich $\mathbb{D}_f = \{x \mid x \leq 0\}$

i) Das Argument der ln-Funktion muss größer als null sein:
   $x^2 > 0 \Rightarrow x \neq 0$
   Definitionsbereich $\mathbb{D}_f = \mathbb{R} \setminus \{0\}$

j) Die Nullstellen des Nenners bestimmen:
   $x_1 = -3,\ x_2 = 3$
   Definitionsbereich $\mathbb{D}_f = \mathbb{R} \setminus \{-3, 3\}$

k) Der Radikand der Wurzel muss größer gleich null sein:
   $x^2 + 1$ ist für alle $x \in \mathbb{R}$ größer gleich null.
   Definitionsbereich $\mathbb{D}_f = \mathbb{R}$

l) Die Nullstellen des Nenners bestimmen:
   $x = 0$
   Definitionsbereich $\mathbb{D}_f = \mathbb{R} \setminus \{0\}$

m) Der Radikand der Wurzel muss größer gleich null sein.
   e^x ist für alle $x \in \mathbb{R}$ größer als null.
   Definitionsbereich $\mathbb{D}_f = \mathbb{R}$

n) Das Argument der ln-Funktion muss größer als null sein:
   $x + 4 > 0 \Rightarrow x > -4$
   Definitionsbereich $\mathbb{D}_f = \{x \mid x > -4\}$

34. a) Schnittpunkt mit der y-Achse: $x = 0 \Rightarrow y = 0 \Rightarrow S_1(0|0)$

Schnittpunkte mit der x-Achse:

$x^3 + x^2 - 6x = 0$

$x(x^2 + x - 6 = 0) \Rightarrow x_1 = 0 \Rightarrow S_1(0|0)$

$x^2 + x - 6 = 0$

$x_{2;3} = -\frac{1}{2} \pm \sqrt{\frac{1}{4} + 6}$

$x_2 = -3;\ x_3 = 2 \Rightarrow S_2(-3|0), S_3(2|0)$

b) Schnittpunkt mit der y-Achse: $x = 0 \Rightarrow y = 4 \Rightarrow S_1(0|4)$

Schnittpunkte mit der x-Achse:

$x^4 - 5x^2 + 4 = 0$ | **Substitution $z = x^2$**

$z^2 - 5z + 4 = 0$ | Lösung mit p-q-Formel

$z_{1;2} = \frac{5}{2} \pm \sqrt{\frac{25}{4} - 4}$

$z_1 = 4 \lor z_2 = 1$ | **Resubstitution**

$\mathbf{x^2} = 4 \lor \mathbf{x^2} = 1$

$x_1 = 2, x_2 = -2; x_3 = 1, x_4 = -1$

Schnittpunkte: $S_2(-2|0)$, $S_3(2|0)$, $S_4(-1|0)$ und $S_5(1|0)$

c) Schnittpunkt mit der y-Achse: $x = 0 \Rightarrow y = e^{-4} - 2 \Rightarrow S_1(0|e^{-4} - 2)$

Schnittpunkte mit der x-Achse:

$e^{2x-4} - 2 = 0$

$2x - 4 = \ln 2$

$x = \frac{\ln 2 + 4}{2} \Rightarrow S_2\left(\frac{\ln 2 + 4}{2} \middle| 0\right)$

d) Schnittpunkt mit der y-Achse: $x = 0 \Rightarrow y = e^{-3} - 1 \Rightarrow S_1(0|e^{-3} - 1)$

Schnittpunkte mit der x-Achse:

$e^{x^2 - 3} - 1 = 0$

$x^2 - 3 = \ln 1 = 0$

$x^2 = 3$

$x_{1;2} = \pm\sqrt{3} \Rightarrow S_2(-\sqrt{3}|0), S_3(\sqrt{3}|0)$

e) Schnittpunkt mit der y-Achse: $x = 0 \Rightarrow y = \ln\frac{3}{4} \Rightarrow S_1\left(0 \middle| \ln\frac{3}{4}\right)$

Schnittpunkte mit der x-Achse:

$\ln\left(x^2 + \frac{3}{4}\right) = 0$

$x^2 + \frac{3}{4} = e^0 = 1$

$x^2 = \frac{1}{4}$

$x_1 = -\frac{1}{2}; x_2 = \frac{1}{2} \Rightarrow S_2\left(-\frac{1}{2} \middle| 0\right), S_3\left(\frac{1}{2} \middle| 0\right)$

f) Schnittpunkt mit der y-Achse: $x=0 \Rightarrow y=2 \Rightarrow S_1(0|2)$
Schnittpunkte mit der x-Achse:
$$\frac{x^2-4}{x-2}=0$$
$$x^2-4=0$$
$$x_{1;2}=\pm 2$$
An der Stelle $x=+2$ liegt kein Schnittpunkt mit der x-Achse, da sie kein Element des Definitionsbereichs ist.
$S_2(-2|0)$

g) Schnittpunkt mit der y-Achse: $x=0$
Da $x=0$ kein Element des Definitionsbereichs ist, gibt es keinen Schnittpunkt mit der y-Achse.
Schnittpunkte mit der x-Achse:
$$\ln\frac{1}{x}=0$$
$$\frac{1}{x}=1$$
$$x=1 \Rightarrow S_1(1|0)$$

h) Schnittpunkt mit der y-Achse: $x=0$
Da $x=0$ kein Element des Definitionsbereichs ist, gibt es keinen Schnittpunkt mit der y-Achse.
Schnittpunkte mit der x-Achse:
$$\ln(x^2+x-1)=0$$
$$x^2+x-1=1$$
$$x^2+x-2=0$$
$$x_{1;2}=-\frac{1}{2}\pm\sqrt{\frac{1}{4}+2}$$
$$x_1=1;\ x_2=-2 \quad \Rightarrow S_1(1|0),\ S_2(-2|0)$$

i) Schnittpunkt mit der y-Achse: $x=0$ ist kein Element des Definitionsbereichs.
Schnittpunkt mit der x-Achse:
$$\ln(x^2)=0$$
$$x^2=1$$
$$x_1=-1;\ x_2=1 \Rightarrow S_1(-1|0),\ S_2(1|0)$$

j) Schnittpunkt mit der y-Achse: $x=0 \Rightarrow y=1 \Rightarrow S_1=(0|1)$
Schnittpunkt mit der x-Achse: $\sqrt{e^x}=0 \Rightarrow e^x=0$ (hat keine Lösung)
Kein Schnittpunkt mit der x-Achse.

k) Schnittpunkt mit der y-Achse: $x=0 \Rightarrow y=1-e \Rightarrow S_1=(0|1-e)$
Schnittpunkt mit der x-Achse: $e^x-e=0 \Rightarrow x=1 \Rightarrow S_2=(1|0)$

l) Schnittpunkt mit der y-Achse: $x=0 \Rightarrow y=\sqrt{2} \Rightarrow S_1\left(0 \mid \sqrt{2}\right)$
Schnittpunkt mit der x-Achse:
$\sqrt{x^2+2}=0 \Rightarrow x^2+2=0 \Rightarrow x^2=-2$ hat keine Lösung.
Kein Schnittpunkt mit der x-Achse.

m) Schnittpunkt mit der y-Achse: $x=0 \Rightarrow y=-\frac{2}{9} \Rightarrow S_1\left(0 \mid -\frac{2}{9}\right)$
Schnittpunkt mit der x-Achse: $\frac{2}{x^2-9}=0$ hat keine Lösung.
Kein Schnittpunkt mit der x-Achse.

n) Schnittpunkt mit der y-Achse: $x=0 \Rightarrow y=\ln 4 \Rightarrow S_1=(0 \mid \ln 4)$
Schnittpunkt mit der x-Achse:
$\ln(x+4)=0$
$x+4=1$
$x=-3 \Rightarrow S_2(-3 \mid 0)$

35. a) Schnittpunkt mit der y-Achse: $x=0 \Rightarrow y=4a \Rightarrow S_1(0 \mid 4a)$ für alle $a \in \mathbb{R}$
Schnittpunkte mit der x-Achse:
$x^2+4a=0$
$x^2=-4a$
Fallunterscheidung:
Für $a>0$ existiert keine Lösung $\Rightarrow$ kein Schnittpunkt mit der x-Achse
Für $a=0$ existiert eine Lösung $x=0 \Rightarrow$ ein Schnittpunkt $S_1(0 \mid 0)$
Für $a<0$ gibt es zwei Lösungen:
$x_{1;2}=\pm\sqrt{-4a} \Rightarrow$ zwei Schnittpunkte $S_{2;3}=(\pm\sqrt{-4a} \mid 0)$

b) Schnittpunkt mit der y-Achse: $x=0 \Rightarrow y=a \Rightarrow S_1(0 \mid a)$ für alle $a \in \mathbb{R}$
Schnittpunkte mit der x-Achse:
$x^2+x+a=0$
$x_{1;2}=-\frac{1}{2}\pm\sqrt{\frac{1}{4}-a}$
Fallunterscheidung:
Für $\frac{1}{4}-a<0$ existiert keine Lösung, d. h. für $a>\frac{1}{4}$ gibt es keinen Schnittpunkt.
Für $\frac{1}{4}-a=0$ existiert eine Lösung, d. h. für $a=\frac{1}{4}$ gibt es einen Schnittpunkt $S_2\left(-\frac{1}{2} \mid 0\right)$.
Für $\frac{1}{4}-a>0$ existieren zwei Lösungen, d. h. für $a<\frac{1}{4}$ gibt es zwei Schnittpunkte $S_{2;3}\left(-\frac{1}{2}\pm\sqrt{\frac{1}{4}-a} \mid 0\right)$.

c) Schnittpunkt mit der y-Achse: $x=0 \Rightarrow y=\ln a$
Da $\ln a$ nur für $a>0$ definiert ist, gibt es nur für $a>0$ einen Schnittpunkt $S_1(0\,|\,\ln a)$.
Schnittpunkte mit der x-Achse:

$$\begin{aligned} \ln(a-x^2) &= 0 \\ a-x^2 &= 1 \\ x^2 &= a-1 \\ x_{1;\,2} &= \pm\sqrt{a-1} \end{aligned}$$

Fallunterscheidung:
Für $a-1<0$ existiert keine Lösung, d. h. für $a<1$ gibt es keinen Schnittpunkt.
Für $a-1=0$ existiert eine Lösung, d. h. für $a=1$ gibt es einen Schnittpunkt $S_1(0\,|\,0)$.
Für $a-1>0$ existieren zwei Lösungen, d. h. für $a>1$ gibt es zwei Schnittpunkte $S_{2;\,3}=(\pm\sqrt{a-1}\,|\,0)$.

d) Schnittpunkt mit der y-Achse: $x=0 \Rightarrow y=1-a$
$\Rightarrow S_1(0\,|\,1-a)$ für alle $a\in\mathbb{R}$
Schnittpunkte mit der x-Achse:

$$\begin{aligned} e^x-a &= 0 \\ e^x &= a \\ x &= \ln a \end{aligned}$$

Fallunterscheidung:
Für $a\leq 0$ existiert keine Lösung, d. h. für $a\leq 0$ gibt es keinen Schnittpunkt.
Für $a>0$ existiert eine Lösung, d. h. es gibt einen Schnittpunkt $S_2(\ln a\,|\,0)$.

e) Schnittpunkt mit der y-Achse: $x=0 \Rightarrow y=1-2a+a^2$
$\Rightarrow S_1(0\,|\,(1-a)^2)$ für alle $a\in\mathbb{R}$
Schnittpunkte mit der x-Achse:

$$\begin{aligned} e^{2x}-2ae^x+a^2 &= 0 \\ (e^x-a)^2 &= 0 \\ e^x-a &= 0 \\ e^x &= a \\ x &= \ln a \end{aligned}$$

Fallunterscheidung:
Für $a\leq 0$ existiert keine Lösung, d. h. für $a\leq 0$ gibt es keinen Schnittpunkt.
Für $a>0$ existiert eine Lösung, d. h. es gibt einen Schnittpunkt $S_2(\ln a\,|\,0)$.

f) Schnittpunkt mit der y-Achse: $x=0 \Rightarrow y=a-1$
$\Rightarrow S_1(0\,|\,a-1)$ für alle $a \in \mathbb{R}$

Schnittpunkte mit der x-Achse:

$$ae^x - 1 = 0$$
$$e^x = \frac{1}{a}$$
$$x = \ln\frac{1}{a}$$

Fallunterscheidung:

Für $a \leq 0$ existiert keine Lösung, d. h. für $a \leq 0$ gibt es keinen Schnittpunkt.

Für $a > 0$ existiert eine Lösung, d. h. es gibt einen Schnittpunkt $S_2\left(\ln\frac{1}{a}\,\middle|\,0\right)$.

g) Schnittpunkt mit der y-Achse: $x=0 \Rightarrow y=\ln 1=0$
$\Rightarrow S_1(0\,|\,0)$ für alle $a \in \mathbb{R}\setminus\{0\}$

Schnittpunkte mit der x-Achse:

$$\ln\left(\frac{a+x}{a-x}\right) = 0$$
$$\frac{a+x}{a-x} = 1$$
$$a+x = a-x$$
$$2x = 0$$
$$x = 0 \quad \Rightarrow \quad \text{ein Schnittpunkt } S_1(0\,|\,0) \text{ für alle } a \in \mathbb{R}\setminus\{0\}$$

h) Schnittpunkt mit der y-Achse: $x=0 \Rightarrow y=0$
$\Rightarrow$ ein Schnittpunkt $S_1(0\,|\,0)$ für alle $a \in \mathbb{R}$

Schnittpunkte mit der x-Achse:

$$x^3 - 3(a+1)x = 0$$
$$x(x^2 - 3(a+1)) = 0 \quad \Rightarrow \quad x_1 = 0$$
$$x^2 - 3(a+1) = 0$$
$$x^2 = 3(a+1)$$
$$x_{2;3} = \pm\sqrt{3a+3}$$

Für $3a+3<0$ existiert keine Lösung, d. h. für $a<-1$ gibt es nur den bereits ermittelten Schnittpunkt $S_1(0\,|\,0)$.

Für $3a+3=0$ existiert eine Lösung, d. h. für $a=-1$ gibt es einen Schnittpunkt; dieser fällt mit dem bereits ermittelten Schnittpunkt $S_1(0\,|\,0)$ zusammen.

Für $3a+3>0$ existieren zwei Lösungen, d. h. für $a>-1$ gibt es drei Schnittpunkte, und zwar $S_{2;3} = (\pm\sqrt{3a+3}\,|\,0)$ sowie den bereits ermittelten Schnittpunkt $S_1(0\,|\,0)$.

i) Schnittpunkt mit der y-Achse: $x=0$ liegt nicht im Definitionsbereich
Schnittpunkt mit der x-Achse:
$\ln(ax^2)=0$
$ax^2=1$
$x_{1;2}=\pm\sqrt{\frac{1}{a}}$
Fallunterscheidung:
Für $a>0$ gibt es zwei Lösungen: $S_1\left(-\sqrt{\frac{1}{a}}\,\middle|\,0\right)$ und $S_2\left(\sqrt{\frac{1}{a}}\,\middle|\,0\right)$
Für $a<0$ gibt es keine Lösung.

j) Schnittpunkt mit der y-Achse: $x=0 \Rightarrow y=\sqrt{a}$
$\Rightarrow S_1=(0|\sqrt{a})$ für $a>0$
Schnittpunkt mit der x-Achse:
$\sqrt{ae^x}=0 \Leftrightarrow ae^x=0 \Rightarrow ae^x=0$ hat keine Lösung für $a\neq 0$.
Kein Schnittpunkt mit der x-Achse für $a\neq 0$.

k) Schnittpunkt mit der y-Achse: $x=0 \Rightarrow y=a-ae \Rightarrow S_1(0|a-ae)$
Schnittpunkt mit der x-Achse:
$ae^x-ae=0$
$x=1 \Rightarrow S_2(1|0)$ für alle $a\neq 0$

l) Schnittpunkt mit der y-Achse: $x=0 \Rightarrow y=\sqrt{2} \Rightarrow S_1(0|\sqrt{2})$
Schnittpunkt mit der x-Achse:
$\sqrt{ax^2+2}=0$
$ax^2+2=0$
$x^2=-\frac{2}{a}$
$x_{1;2}=\pm\sqrt{\frac{-2}{a}}$
Fallunterscheidung:
Für $a<0$ gibt es zwei Lösungen: $S_2\left(-\sqrt{\frac{-2}{a}}\,\middle|\,0\right)$ und $S_3\left(\sqrt{\frac{-2}{a}}\,\middle|\,0\right)$
Für $a>0$ gibt es keinen Schnittpunkt mit der x-Achse.

m) Schnittpunkt mit der y-Achse: $x=0 \Rightarrow y=-\frac{a}{9} \Rightarrow S_1\left(0\,\middle|\,-\frac{a}{9}\right)$
Schnittpunkt mit der x-Achse:
$\frac{a}{x^2-9}=0$ hat keine Lösung für $a\neq 0$. Kein Schnittpunkt mit der x-Achse.

n) Schnittpunkt mit der y-Achse: $x=0 \Rightarrow y=\ln a$
Fallunterscheidung: $S_1=(0|\ln a)$ für $a>0$
Für $a\leq 0$ gibt es keinen Schnittpunkt mit der y-Achse.
Schnittpunkt mit der x-Achse:
$\ln(x+a)=0 \Rightarrow x+a=1 \Rightarrow x=1-a \Rightarrow S_2(1-a|0)$

36. a) Eine ganzrationale Funktion mit den Nullstellen $x_1 = 2$, $x_2 = -1$ und $x_3 = 0$ muss die Faktoren $(x-2)$, $(x+1)$ und x oder Potenzen davon enthalten. Falls die Potenz gerade ist, z. B. $(x-2)^2$ oder $(x-2)^4$, wird die x-Achse an der entsprechenden Stelle berührt. Es liegt also kein Vorzeichenwechsel vor. Falls die Potenz ungerade ist, z. B. $(x-2)^3$ oder $(x-2)^5$, wird die x-Achse an der entsprechenden Stelle geschnitten. Es liegt ein Vorzeichenwechsel vor.
Eine einfache Lösung ist also: $f(x) = (x-2)(x+1)x$

b) Das Schaubild der Funktion mit $f(x) = e^x$ geht durch den Punkt $(0 \mid 1)$. Es muss also längs der y-Achse nur um 1 nach unten verschoben werden (siehe Verändern von Schaubildern durch verschiedene Abbildungen). So erhält man als eine mögliche Lösung: $f(x) = e^x - 1$.
Natürlich sind auch Potenzen davon oder Terme, die diesen Faktor enthalten, Lösungen.

c) Der Term $(x-1)(x+1) = x^2 - 1$ wird für $x = -1$ und $x = 1$ null. Also ist der Term e^{x^2-1} für diese Werte gleich 1. Das Schaubild von $f(x) = e^{x^2-1}$ muss also längs der y-Achse um 1 nach unten verschoben werden.
Man erhält: $f(x) = e^{x^2-1} - 1$

d) Das Schaubild der Funktion mit $f(x) = \ln x$ geht durch den Punkt $(1 \mid 0)$. Es muss also nur um 1 längs der x-Achse nach links verschoben werden (siehe Verändern von Schaubildern durch verschiedene Abbildungen). Man muss also im Funktionsterm x durch $x+1$ ersetzen. So erhält man als eine mögliche Lösung: $f(x) = \ln(x+1)$.
Natürlich sind auch Potenzen davon oder Terme, die diesen Faktor enthalten, Lösungen.

e) Der Term $(x-1)(x-4) = x^2 - 5x + 4$ wird für $x = 1$ und $x = 4$ null. Da $\ln 1 = 0$ ist, muss man zu diesem Term nur 1 addieren, um eine mögliche Lösung zu erhalten: $f(x) = \ln(x^2 - 5x + 5)$.
Natürlich können als Argument der ln-Funktion beliebige andere Terme auftreten, die an den Stellen $x = 1$ und $x = 4$ den Wert 1 haben.

f) Eine ganzrationale Funktion mit den Nullstellen $x_1 = 0$, $x_2 = 4$ und $x_3 = -4$ muss die Faktoren $(x-4)$, $(x+4)$ und x oder Potenzen davon enthalten.
Eine einfache Lösung ist also: $f(x) = x(x-4)(x+4)$

g) Das Schaubild der Funktion mit $f(x) = \ln x$ geht durch den Punkt $(1 \mid 0)$. Wenn man zur Funktion $f(x) = \ln(x^2)$ übergeht, hat man die Punkte $(-1 \mid 0)$ und $(1 \mid 0)$ als Nullstellen.

h) Bei einer gebrochenrationalen Funktion muss der Zähler für $x = 0$ null werden. Der Nenner kann beliebig sein, darf aber nicht auch die Nullstelle $x = 0$ haben. Eine mögliche Funktion ist also:
$f(x) = \frac{x}{x^2 - 4}$

i) Das Schaubild der Funktion f mit $f(x)=e^x$ geht durch den Punkt $(0\,|\,1)$. Also geht das Schaubild der Funktion f mit $f(x)=e^{x-2}$ durch den Punkt $(2\,|\,1)$. Verschiebt man nun dieses Schaubild um 1 längs der y-Achse nach unten, so erhält man die gesuchte Funktion: $f(x)=e^{x-2}-1$.

j) Der Zähler der gebrochenrationalen Funktion muss die Faktoren $(x-2)$ und $(x+2)$ enthalten. Eine Lösung ist:

$$f(x)=\frac{x^2-4}{x}$$

37. a) $f(x)=\frac{1}{4}x^4-\frac{1}{2}x^3-\frac{1}{2}x^2$

$f'(x)=x^3-\frac{3}{2}x^2-x$; $f''(x)=3x^2-3x-1$

$f'(x)=0 \;\Rightarrow\; x^3-\frac{3}{2}x^2-x=0 \;\Rightarrow\; x\left(x^2-\frac{3}{2}x-1\right)=0 \;\Rightarrow\; x_1=0$

$x^2-\frac{3}{2}x-1=0 \;\Rightarrow\; x_{2;3}=\frac{3}{4}\pm\sqrt{\frac{9}{16}+1} \;\Rightarrow\; x_2=2;\; x_3=-\frac{1}{2}$

$f''(0)=-1<0$ lokales Maximum $\Rightarrow f(0)=0 \Rightarrow H(0\,|\,0)$

$f''\left(-\frac{1}{2}\right)=1{,}25>0$ lokales Minimum $\Rightarrow f\left(-\frac{1}{2}\right)\approx -0{,}05$

$\Rightarrow T(-0{,}5\,|\,-0{,}05)$

$f''(2)=5>0$ lokales Minimum $\Rightarrow f(2)=-2 \Rightarrow T(2\,|\,-2)$

b) $f(x)=\sqrt{x}-\frac{1}{4}x$

$f'(x)=\frac{1}{2\sqrt{x}}-\frac{1}{4}$; $f''(x)=-\frac{1}{4\sqrt{x^3}}$

$f'(x)=0 \;\Rightarrow\; \frac{1}{2\sqrt{x}}-\frac{1}{4}=0 \;\Rightarrow\; 2\sqrt{x}=4 \;\Rightarrow\; x=4$

$f''(4)=-\frac{1}{32}<0$ lokales Maximum $\Rightarrow f(4)=1 \Rightarrow H(4\,|\,1)$

c) $f(x)=4x^2-\frac{1}{x}$

$f'(x)=8x+\frac{1}{x^2}$; $f''(x)=8-\frac{2}{x^3}$

$f'(x)=0 \;\Rightarrow\; 8x+\frac{1}{x^2}=0 \;\Rightarrow\; 8x^3=-1 \;\Rightarrow\; x=-\frac{1}{2}$

$f''(-0{,}5)=24>0$ lokales Minimum $\Rightarrow f(-0{,}5)=3 \Rightarrow T(-0{,}5\,|\,3)$

d) $f(x)=\ln(x^2+1)$

$f'(x)=\frac{2x}{x^2+1}$; $f''(x)=\frac{2(x^2+1)-2x\cdot 2x}{(x^2+1)^2}=\frac{2-2x^2}{(x^2+1)^2}$

$f'(x)=0 \;\Rightarrow\; \frac{2x}{x^2+1}=0 \;\Rightarrow\; 2x=0 \;\Rightarrow\; x=0$

$f''(0)=2>0$ lokales Minimum $\Rightarrow f(0)=\ln 1=0 \Rightarrow T(0\,|\,0)$

e) $f(x) = -e^{x^2}$

$f'(x) = -2x \cdot e^{x^2}$

$f''(x) = -2e^{x^2} - 2x \cdot e^{x^2} \cdot 2x = (-2 - 4x^2)e^{x^2}$

$f'(x) = 0 \;\Rightarrow\; -2x \cdot e^{x^2} = 0 \;\Rightarrow\; 2x = 0 \;\Rightarrow\; x = 0$ (da $e^{x^2} \neq 0$ für alle x)

$f''(0) = -2 < 0$ lokales Maximum $\;\Rightarrow\; f(0) = -e^0 = -1 \;\Rightarrow\; H(0\,|\,-1)$

f) $f(x) = \frac{x}{x^2+1}$

$f'(x) = \frac{1-x^2}{(x+1)^2} \;\Rightarrow\; f'(x) = 0 \;\Leftrightarrow\; 1 - x^2 = 0 \;\Leftrightarrow\; x_{1;2} = \pm 1$

Die relativ aufwendige Bildung der zweiten Ableitungsfunktion kann vermieden werden, wenn man mit der 2. hinreichenden Bedingung für lokale Extremwerte (Vorzeichenwechsel) argumentiert:

- Vorzeichenwechsel an der Stelle $x_1 = -1$: $f'(0) > 0$ und $f'(-2) < 0$
  Es liegt an der Stelle $x_1 = -1$ ein Vorzeichenwechsel der 1. Ableitungsfunktion von – nach + vor. Also liegt bei $x_1 = -1$ ein lokales Minimum vor. $f(-1) = -0{,}5 \;\Rightarrow\; T(-1\,|\,-0{,}5)$
- Vorzeichenwechsel an der Stelle $x_2 = 1$: $f'(0) > 0$ und $f'(2) < 0$
  Es liegt an der Stelle $x_2 = 1$ ein Vorzeichenwechsel der 1. Ableitungsfunktion von + nach – vor. Also liegt bei $x_2 = 1$ ein lokales Maximum vor. $f(1) = 0{,}5 \;\Rightarrow\; H(1\,|\,0{,}5)$

Mit diesen Überlegungen kann man einigen Rechenaufwand sparen.

g) $f(x) = \frac{1}{\cos x} = (\cos x)^{-1}$

$f'(x) = (-1)(\cos x)^{-2} \cdot (-\sin x) = \frac{\sin x}{(\cos x)^2}$

$f'(x) = 0 \;\Rightarrow\; \sin x = 0 \;\Rightarrow\; x_1 = 0,\ x_2 = \pi,\ x_3 = 2\pi$

Untersuchung auf Vorzeichenwechsel der 1. Ableitungsfunktion:

$x_1 = 0$:

In der Umgebung von x_1 ist der Nenner wegen des Quadrates immer positiv. Der Zähler (die Sinusfunktion) hat einen Vorzeichenwechsel von negativen zu positiven Werten. Also hat die 1. Ableitungsfunktion ebenfalls einen Vorzeichenwechsel von negativen zu positiven Werten. Also hat die Funktion f an der Stelle $x_1 = 0$ ein relatives Minimum.
$f(0) = 1$ ergibt $T(0\,|\,1)$.

$x_2 = \pi$:

In der Umgebung von x_2 ist der Nenner wegen des Quadrates immer positiv. Der Zähler (die Sinusfunktion) hat einen Vorzeichenwechsel von positiven zu negativen Werten. Also hat die 1. Ableitungsfunktion ebenfalls einen Vorzeichenwechsel von positiven zu negativen Werten. Also hat die Funktion f an der Stelle $x_2 = \pi$ ein relatives Maximum.
$f(\pi) = -1$ ergibt $H(\pi\,|\,-1)$.

$x_3 = 2\pi$:
In der Umgebung von x_3 ist der Nenner wegen des Quadrates immer positiv. Der Zähler (die Sinusfunktion) hat einen Vorzeichenwechsel von negativen zu positiven Werten. Also hat die 1. Ableitungsfunktion ebenfalls einen Vorzeichenwechsel von negativen zu positiven Werten. Also hat die Funktion f an der Stelle $x_3 = 2\pi$ ein relatives Minimum.
$f(2\pi) = 1$ ergibt $T(2\pi \mid 1)$.

h) $f(x) = \sqrt{\sin x} = (\sin x)^{\frac{1}{2}}$
$f'(x) = \frac{1}{2}(\sin x)^{-\frac{1}{2}} \cdot \cos x = \frac{\cos x}{2\sqrt{\sin x}}$
$f'(x) = 0 \Rightarrow \cos x = 0 \Rightarrow x_1 = \frac{\pi}{2}$
Untersuchung auf Vorzeichenwechsel der 1. Ableitungsfunktion:
$x_1 = \frac{\pi}{2}$:
In der Umgebung von x_1 ist der Nenner wegen der Wurzel immer positiv. Der Zähler (die Kosinusfunktion) hat einen Vorzeichenwechsel von positiven zu negativen Werten. Also hat die 1. Ableitungsfunktion ebenfalls einen Vorzeichenwechsel von positiven zu negativen Werten. Also hat die Funktion f an der Stelle $x_2 = \frac{\pi}{2}$ ein relatives Maximum.
$f\left(\frac{\pi}{2}\right) = 1$ ergibt $H\left(\frac{\pi}{2} \middle| 1\right)$.

i) $f(x) = \ln(x^2 + 4)$
$f'(x) = \frac{2x}{x^2 + 4}$
$f'(x) = 0 \Rightarrow 2x = 0 \Rightarrow x = 0$
Für $x < 0$ ist $f'(x) < 0$ und für $x > 0$ ist $f'(x) > 0$. Also liegt an der Stelle $x = 0$ ein Vorzeichenwechsel von negativen zu positiven Werten vor. Somit liegt an der Stelle $x = 0$ ein relatives Minimum vor: $T(0 \mid \ln 4)$

j) $f(x) = 2x^3 - 6x$
$f'(x) = 6x^2 - 6$; $f''(x) = 12x$
$f'(x) = 0 \Rightarrow x_1 = -1$ und $x_2 = 1$
Da $f''(-1) < 0$ ist, liegt dort ein lokales Maximum vor: $H(-1 \mid 4)$
Da $f''(1) > 0$ ist, liegt dort ein lokales Minimum vor: $T(1 \mid -4)$

k) $f(x) = \sqrt{e^x}$
$f'(x) = \frac{1}{2}\sqrt{e^x}$
$f'(x) = 0 \Rightarrow$ keine Lösung $\Rightarrow$ keine relativen Extrema

l) $f(x) = \ln(x + 1)$
$f'(x) = \frac{1}{x + 1}$
$f'(x) = 0 \Rightarrow$ keine Lösung $\Rightarrow$ keine relativen Extrema

m) $f(x) = e^{2x^2-3}$

$f'(x) = 4x \cdot e^{2x^2-3}$

$f'(x)=0 \Rightarrow x=0$

Für $x<0$ ist $f'(x)<0$ und für $x>0$ ist $f'(x)>0$. Also liegt an der Stelle $x=0$ ein Vorzeichenwechsel von negativen zu positiven Werten vor. Somit liegt an der Stelle $x=0$ ein relatives Minimum vor: $T(0\,|\,e^{-3})$

n) $f(x)=x^2-9$

$f'(x)=2x;\ f''(x)=2$

$f'(x)=0 \Rightarrow x=0$

Da $f''(0)>0$ ist, liegt ein relatives Minimum vor: $T(0\,|\,-9)$

o) $f(x)=\sqrt{x^2+1}$

$f'(x)=\frac{x}{\sqrt{x^2+1}}$

$f'(x)=0 \Rightarrow x=0$

Für $x<0$ ist $f'(x)<0$ und für $x>0$ ist $f'(x)>0$. Also liegt an der Stelle $x=0$ ein Vorzeichenwechsel von negativen zu positiven Werten vor. Somit liegt an der Stelle $x=0$ ein relatives Minimum vor: $T(0\,|\,1)$

p) $f(x)=x \cdot e^x$

$f'(x)=e^x(x+1)$

$f'(x)=0 \Rightarrow x=-1$

Für $x<-1$ ist $f'(x)<0$ und für $x>-1$ ist $f'(x)>0$. Also liegt an der Stelle $x=0$ ein Vorzeichenwechsel von negativen zu positiven Werten vor. Somit liegt an der Stelle $x=-1$ ein relatives Minimum vor: $T(-1\,|\,-e^{-1})$

q) $f(x)=\sin^2 x$, Intervall $[0;\pi]$

$f'(x)=2\sin x \cdot \cos x;\ f''(x)=2\cos^2 x-2\sin^2 x$

$f'(x)=0 \Rightarrow 2\sin x \cdot \cos x=0 \Rightarrow x_1=0,\ x_2=\frac{\pi}{2},\ x_3=\pi$

$f''(0)>0 \Rightarrow T(0\,|\,0)$

$f''\left(\frac{\pi}{2}\right)<0 \Rightarrow H\left(\frac{\pi}{2}\,\middle|\,1\right)$

$f''(\pi)>0 \Rightarrow T(\pi\,|\,0)$

r) $f(x)=e^x \cdot \sin x$

$f'(x)=e^x(\sin x+\cos x)$

$f'(x)=0 \Rightarrow \sin x=-\cos x \Rightarrow x_1=\frac{3\pi}{4}$

An der Stelle x_1 hat die Ableitungsfunktion einen Vorzeichenwechsel von positiven zu negativen Werten. Also liegt ein relatives Maximum vor: $H\left(\frac{3\pi}{4}\,\middle|\,f(x_1)\right)$

38. a) $f(x) = 2x^3 + 3x^2 - 36x + 6$

$f'(x) = 6x^2 + 6x - 36;\ f''(x) = 12x + 6$

$f'(x) = 0 \;\Rightarrow\; 6x^2 + 6x - 36 = 0 \;\Rightarrow\; x^2 + x - 6 = 0$

$\Rightarrow\; x_{1;\,2} = -\frac{1}{2} \pm \sqrt{\frac{1}{4} + 6} \;\Rightarrow\; x_1 = -3 \text{ oder } x_2 = 2$

$f''(-3) = -30 < 0$ lokales Maximum $\Rightarrow f(-3) = 87 \Rightarrow H(-3\,|\,87)$

$f''(2) = 30 > 0$ lokales Minimum $\Rightarrow f(2) = -38 \Rightarrow T(2\,|\,-38)$

b) $f(x) = e^x - 2x$

$f'(x) = e^x - 2;\ f''(x) = e^x$

$f'(x) = 0 \;\Rightarrow\; e^x - 2 = 0 \;\Rightarrow\; e^x = 2 \;\Rightarrow\; x = \ln 2$

$f''(\ln 2) = e^{\ln 2} = 2 > 0$ relatives Minimum

$f(\ln 2) = e^{\ln 2} - 2\ln 2 = 2 - 2\ln 2 \;\Rightarrow\; T(\ln 2\,|\,2 - 2\ln 2)$

c) $f(x) = e^x - 0{,}5e^{2x}$

$f'(x) = e^x - e^{2x};\ f''(x) = e^x - 2e^{2x}$

$f'(x) = 0 \Rightarrow e^x - e^{2x} = 0 \;\Rightarrow\; e^x(1 - e^x) = 0 \;\Rightarrow\; e^x = 1 \;\Rightarrow\; x = 0$

$f''(0) = e^0 - 2e^0 = 1 - 2 = -1 < 0$ relatives Maximum

$f(0) = 1 - 0{,}5 = 0{,}5 \;\Rightarrow\; H(0\,|\,0{,}5)$

d) $f(x) = (\sin x)^2,\quad x \in [0;\, \pi]$

$f'(x) = 2\sin x \cdot \cos x;\ f''(x) = 2(\cos x \cdot \cos x - \sin x \cdot \sin x) = 2(\cos^2 x - \sin^2 x)$

$f'(x) = 0 \;\Rightarrow\; 2\sin x \cdot \cos x = 0 \;\Rightarrow\; \sin x = 0 \vee \cos x = 0$

$\Rightarrow\; x_1 = 0 \vee x_2 = \pi \vee x_3 = \frac{\pi}{2}$

$f''(0) = 2 \;\Rightarrow$ relatives Minimum $\Rightarrow f(0) = 0 \Rightarrow T(0\,|\,0)$

$f''(\pi) = 2 \;\Rightarrow$ relatives Minimum $\Rightarrow f(\pi) = 0 \Rightarrow T(\pi\,|\,0)$

$f''\left(\frac{\pi}{2}\right) = -2 \;\Rightarrow$ relatives Maximum $\Rightarrow f\left(\frac{\pi}{2}\right) = 1 \Rightarrow H\left(\frac{\pi}{2}\,\middle|\,1\right)$

e) $f(x) = e^{\sin x}$

$f'(x) = e^{\sin x} \cdot \cos x$

$f'(x) = 0 \;\Rightarrow\; \cos x = 0$ (da $e^{\sin x} \neq 0$ für alle x) $\Rightarrow x_1 = \frac{\pi}{2},\ x_2 = \frac{3\pi}{2}$

Untersuchung auf Vorzeichenwechsel der 1. Ableitungsfunktion:

$x_1 = \frac{\pi}{2}$:

In der Umgebung von x_1 ist der 1. Faktor $e^{\sin x}$ immer positiv. Der zweite Faktor (die Kosinusfunktion) hat einen Vorzeichenwechsel von positiven zu negativen Werten. Also hat die 1. Ableitungsfunktion ebenfalls einen Vorzeichenwechsel von positiven zu negativen Werten. Somit hat die Funktion f an der Stelle $x_1 = \frac{\pi}{2}$ ein relatives Maximum.

$f\left(\frac{\pi}{2}\right) = e$ ergibt $H\left(\frac{\pi}{2}\,\middle|\,e\right)$.

$x_2 = \frac{3\pi}{2}$:

In der Umgebung von x_2 ist der 1. Faktor $e^{\sin x}$ immer positiv. Der zweite Faktor (die Kosinusfunktion) hat einen Vorzeichenwechsel von negativen zu positiven Werten. Also hat die 1. Ableitungsfunktion ebenfalls einen Vorzeichenwechsel von negativen zu positiven Werten. Somit hat die Funktion f an der Stelle $x_2 = \frac{3\pi}{2}$ ein relatives Minimum.
$f\left(\frac{3\pi}{2}\right) = e^{-1}$ ergibt $T\left(\frac{3\pi}{2} \,\middle|\, e^{-1}\right)$.

f) $f_a(x) = -ax^3 + 3a^2x^2 \quad (a \in \mathbb{R}^+)$
$f'_a(x) = -3ax^2 + 6a^2x$; $f''_a(x) = -6ax + 6a^2$
$f'_a(x) = 0 \Rightarrow -3ax^2 + 6a^2x = 0$
$\Rightarrow x(-3ax + 6a^2) = 0$
$\Rightarrow x_1 = 0, x_2 = 2a$

$f''_a(0) = 6a^2 > 0$ relatives Minimum mit $f_a(0) = 0 \Rightarrow T(0\,|\,0)$
$f''_a(2a) = -6a^2 < 0$ relatives Maximum
mit $f_a(2a) = 4a^4 \Rightarrow H(2a\,|\,4a^4)$

g) $f_a(x) = e^x - ax \quad (a \in \mathbb{R}^+)$
$f'_a(x) = e^x - a$; $f''_a(x) = e^x$
$f'_a(x) = 0 \Rightarrow e^x - a = 0 \Rightarrow x = \ln a$
$f''_a(\ln a) = a > 0 \Rightarrow$ relatives Minimum
$f_a(\ln a) = a - a \cdot \ln a \Rightarrow T(\ln a\,|\,a - a \cdot \ln a)$

h) $f_a(x) = e^{2x} - 2ae^x + a^2 \quad (a \in \mathbb{R}^+)$
$f'_a(x) = 2e^{2x} - 2ae^x$; $f''_a(x) = 4e^{2x} - 2ae^x$
$f'_a(x) = 0 \Rightarrow 2e^{2x} - 2ae^x = 0 \Rightarrow e^x(2e^x - 2a) = 0$
$\Rightarrow 2e^x - 2a = 0$, da $e^x \neq 0$ für alle x
$\Rightarrow e^x = a \Rightarrow x = \ln a$

$f''_a(\ln a) = 2a^2 > 0 \Rightarrow$ relatives Minimum
$f_a(\ln a) = 0 \Rightarrow T(\ln a\,|\,0)$

i) $f(x) = e^{ax} - x \quad (a \in \mathbb{R}^+)$
$f'(x) = ae^{ax} - 1$; $f''(x) = a^2 \cdot e^{ax}$
$f'(x) = 0 \Rightarrow e^{ax} = \frac{1}{a} \Rightarrow ax = -\ln a \Rightarrow x = -\frac{1}{a}\ln a$
Da $f''(x) > 0$ ist, liegt ein relatives Minimum vor: $T\left(-\frac{1}{a}\ln a \,\middle|\, \frac{1}{a} + \frac{1}{a}\ln a\right)$

j) $f(x) = ax^2 - 1 \quad (a \in \mathbb{R}^+)$
$f'(x) = 2ax$; $f''(x) = 2a$
$f'(x) = 0 \Rightarrow x = 0$
Da $f''(x) > 0$ ist, liegt ein relatives Minimum vor: $T(0\,|-1)$

k) $f(x) = \ln(ax^2) \quad (a \in \mathbb{R}^+)$

$f'(x) = \frac{2ax}{ax^2} = \frac{2}{x}$

$f'(x) = 0$ hat keine Lösung $\Rightarrow$ kein relatives Extremum

l) $f(x) = \frac{1}{ax^2} \quad (a \in \mathbb{R}^+)$

$f'(x) = -\frac{2}{ax^3}$

$f'(x) = 0$ hat keine Lösung $\Rightarrow$ kein relatives Extremum

m) $f(x) = x^3 - 3ax \quad (a \in \mathbb{R}^+)$

$f'(x) = 3x^2 - 3a$; $f''(x) = 6x$

$f'(x) = 0 \Rightarrow x^2 = a \Rightarrow x_1 = -\sqrt{a}; x_2 = \sqrt{a}$

$f''(x_1) < 0 \Rightarrow H(-\sqrt{a} \mid 2a\sqrt{a})$

$f''(x_2) > 0 \Rightarrow T(\sqrt{a} \mid -2a\sqrt{a})$

n) $f(x) = \sin(x^2), \quad x \in (0; \pi)$

$f'(x) = 2x \cdot \cos(x^2)$

$f'(x) = 0 \Rightarrow x_1 = 0, x_2 = \sqrt{\frac{\pi}{2}}, x_3 = \sqrt{\frac{3\pi}{2}}, x_4 = \sqrt{\frac{5\pi}{2}}$

An der Stelle x_1 hat $f'(x)$ einen Vorzeichenwechsel von negativen zu positiven Werten: $T(0 \mid 0)$.

An der Stelle x_2 hat $f'(x)$ einen Vorzeichenwechsel von positiven zu negativen Werten: $H\left(\sqrt{\frac{\pi}{2}} \,\middle|\, 1\right)$

An der Stelle x_3 hat $f'(x)$ einen Vorzeichenwechsel von negativen zu positiven Werten: $T\left(\sqrt{\frac{3\pi}{2}} \,\middle|\, -1\right)$

An der Stelle x_4 hat $f'(x)$ einen Vorzeichenwechsel von positiven zu negativen Werten: $H\left(\sqrt{\frac{5\pi}{2}} \,\middle|\, 1\right)$

o) $f(x) = e^{ax} \quad (a \in \mathbb{R}^+)$

$f'(x) = ae^{ax}$

$f'(x) = 0$ hat keine Lösung $\Rightarrow$ kein relatives Extremum

p) $f(x) = ax \cdot e^x \quad (a \in \mathbb{R}^+)$

$f'(x) = (a + ax)e^x$; $f''(x) = (2a + ax)e^x$

$f'(x) = 0 \Rightarrow (a + ax)e^x \Rightarrow x = -1$

$f''(-1) > 0 \Rightarrow T\left(-1 \,\middle|\, -\frac{a}{e}\right)$

39. a) $f(x) = x^3 - 12x + 3$

$f'(x) > 0 \Rightarrow 3x^2 - 12 = 3(x^2 - 4) = 3(x-2)(x+2) > 0$

1. Fall: $x - 2 > 0$ und $x + 2 > 0 \Rightarrow x > 2$ und $x > -2 \Rightarrow x > 2$

2. Fall: $x - 2 < 0$ und $x + 2 < 0 \Rightarrow x < 2$ und $x < -2 \Rightarrow x < -2$

Für $x < -2$ oder $x > 2$ ist $f'(x) > 0$ und damit f streng monoton zunehmend.

$f'(x) < 0 \Rightarrow 3x^2 - 12 = 3(x^2 - 4) = 3(x-2)(x+2) < 0$

1. Fall: $x - 2 > 0$ und $x + 2 < 0 \Rightarrow x > 2$ und $x < -2$ Widerspruch

2. Fall: $x - 2 < 0$ und $x + 2 > 0 \Rightarrow x < 2$ und $x > -2 \Rightarrow -2 < x < 2$

Für $-2 < x < 2$ ist $f'(x) < 0$ und damit f streng monoton abnehmend.

b) $f(x) = \ln(x^2)$; $f'(x) = \frac{2x}{x^2} = \frac{2}{x}$

$f'(x) > 0 \Rightarrow \frac{2}{x} > 0 \Rightarrow x > 0$

Für $x > 0$ ist f streng monoton zunehmend.

$f'(x) < 0 \Rightarrow \frac{2}{x} < 0 \Rightarrow x < 0$

Für $x < 0$ ist f streng monoton abnehmend.

c) $f(x) = \frac{1}{4}x^4 + \frac{1}{3}x^3 - 3x^2 + 5$; $f'(x) = x^3 + x^2 - 6x$

Man bestimmt zuerst die Nullstellen der Ableitungsfunktion:

$f'(x) = 0 \Rightarrow x^3 + x^2 - 6x = 0 \Rightarrow x(x^2 + x - 6) = 0 \Rightarrow x_1 = 0$

$x^2 + x - 6 = 0 \Rightarrow x_{2;\,3} = -\frac{1}{2} \pm \sqrt{\frac{1}{4} + 6} = -\frac{1}{2} \pm \frac{5}{2} \Rightarrow x_2 = -3;\ x_3 = 2$

Es ergeben sich also die Intervalle $(-\infty; -3]$, $[-3; 0]$, $[0; 2]$ und $[2; \infty)$. Da f' eine auf ganz $\mathbb{R}$ stetige Funktion ist, genügt es, eine Zahl des jeweiligen Intervalls einzusetzen, um das Vorzeichen von f' in diesem Intervall zu bestimmen.

$f'(-4) = -24 < 0 \Rightarrow$ Die Funktion f ist im Intervall $(-\infty; -3]$ streng monoton abnehmend.

$f'(-1) = +6 > 0 \Rightarrow$ Die Funktion f ist im Intervall $[-3; 0]$ streng monoton zunehmend.

$f'(1) = -4 < 0 \Rightarrow$ Die Funktion f ist im Intervall $[0; 2]$ streng monoton abnehmend.

$f'(3) = +18 > 0 \Rightarrow$ Die Funktion f ist im Intervall $[2; \infty)$ streng monoton zunehmend.

d) $f(x) = \frac{1}{x}$; $f'(x) = -\frac{1}{x^2}$

$f'(x)$ ist für alle $x \in \mathbb{D}_f$ kleiner als null. Also ist die Funktion f auf dem ganzen Definitionsbereich streng monoton abnehmend.

e) $f(x) = 2\sin x$; $f'(x) = 2\cos x$
$f'(x) = 0 \Rightarrow x_1 = \frac{\pi}{2}, x_2 = \frac{3\pi}{2}$
Im Intervall $\left(0; \frac{\pi}{2}\right)$ ist $\cos x > 0$ und damit auch $f'(x) > 0$.
Also ist f in diesem Intervall streng monoton zunehmend.
Das Gleiche gilt für das Intervall $\left(\frac{3\pi}{2}; \pi\right)$.
Im Intervall $\left(\frac{\pi}{2}; \frac{3\pi}{2}\right)$ ist $\cos x < 0$ und damit auch $f'(x) < 0$.
Also ist die Funktion f in diesem Intervall streng monoton abnehmend.

f) $f(x) = e^{-x^2}$; $f'(x) = -2x \cdot e^{-x^2}$
Für $x < 0$ ist $-2x > 0$ und da $e^{-x^2} > 0$ für alle x gilt, ist auch $f'(x) > 0$.
Also ist in diesem Intervall die Funktion f streng monoton zunehmend.
Für $x > 0$ ist $-2x < 0$ und da $e^{-x^2} > 0$ für alle x gilt, ist auch $f'(x) < 0$.
Also ist in diesem Intervall die Funktion f streng monoton abnehmend.

g) $f(x) = \ln(e^x)$
1. Lösung: $f'(x) = \frac{1}{e^x} e^x = 1$
Für alle $x \in \mathbb{R}$ ist $f'(x) > 0$. Also ist f streng monoton zunehmend.
2. Lösung: $f(x) = \ln(e^x) = x$ (nach den Logarithmusregeln)
Das Schaubild der Funktion ist also eine Ursprungsgerade mit der Steigung 1. Die Funktion f ist für alle reellen Zahlen streng monoton zunehmend.

h) $f(x) = 2x + 1$
$f'(x) = 2 > 0$ für alle $x \in \mathbb{R}$
Also ist f streng monoton zunehmend für alle $x \in \mathbb{R}$.

i) $f(x) = x^2 - 4x$; $f'(x) = 2x - 4$
$f'(x) > 0 \Rightarrow 2x - 4 > 0 \Rightarrow x > 2$
Für $x > 2$ ist f streng monoton zunehmend.
$f'(x) < 0 \Rightarrow 2x - 4 < 0 \Rightarrow x < 2$
Für $x < 2$ ist f streng monoton abnehmend.

j) $f(x) = x \cdot e^x$; $f'(x) = (1 + x)e^x$
$f'(x) > 0 \Rightarrow (1 + x)e^x > 0 \Rightarrow 1 + x > 0 \Rightarrow x > -1$ (da $e^x > 0$ für alle x)
Für $x > -1$ ist f streng monoton zunehmend.
$f'(x) < 0 \Rightarrow (1 + x)e^x < 0 \Rightarrow 1 + x < 0 \Rightarrow x < -1$ (da $e^x > 0$ für alle x)
Für $x < -1$ ist f streng monoton abnehmend.

k) $f(x) = x^3 + x$; $f'(x) = 3x^2 + 1$
$f'(x) > 0 \Rightarrow 3x^2 + 1 > 0$ ist richtig für alle $x \in \mathbb{R}$
Also ist f streng monoton zunehmend für alle $x \in \mathbb{R}$.

l) $f(x)=\sin x$; $f'(x)=\cos x$

$f'(x)>0 \Rightarrow \cos x>0 \Rightarrow 0<x<\frac{\pi}{2}$

Für $0<x<\frac{\pi}{2}$ ist f streng monoton zunehmend.

$f'(x)<0 \Rightarrow \cos x<0 \Rightarrow \frac{\pi}{2}<x<\pi$

Für $\frac{\pi}{2}<x<\pi$ ist f streng monoton abnehmend.

m) $f(x)=x\cdot\ln x$; $f'(x)=\ln x+1$

$f'(x)>0 \Rightarrow \ln x+1>0 \Rightarrow \ln x>-1 \Rightarrow x>\frac{1}{e}$

Für $x>\frac{1}{e}$ ist f streng monoton zunehmend.

$f'(x)<0 \Rightarrow \ln x+1<0 \Rightarrow \ln x<-1 \Rightarrow x<\frac{1}{e}$

Für $x<\frac{1}{e}$ ist f streng monoton abnehmend.

n) $f(x)=\sqrt{x^2+1}$; $f'(x)=\frac{x}{\sqrt{x^2+1}}$

$f'(x)>0 \Rightarrow \frac{x}{\sqrt{x^2+1}}>0 \Rightarrow x>0$ (da $\sqrt{x^2+1}>0$ für alle $x\in\mathbb{R}^+$)

Für $x>0$ ist f streng monoton zunehmend.

$f'(x)<0 \Rightarrow \frac{x}{\sqrt{x^2+1}}<0 \Rightarrow x<0$ (da $\sqrt{x^2+1}>0$ für alle $x\in\mathbb{R}^+$)

Für $x<0$ ist f streng monoton abnehmend.

o) $f(x)=\frac{1}{x^2}$; $f'(x)=\frac{-2}{x^3}$

$f'(x)>0 \Rightarrow x^3<0 \Rightarrow x<0$

Für $x<0$ ist f streng monoton zunehmend.

$f'(x)<0 \Rightarrow x^3>0 \Rightarrow x>0$

Für $x>0$ ist f streng monoton abnehmend.

40. a) $f(x)=\frac{1}{6}x^4-16x^2+9$

$f'(x)=\frac{2}{3}x^3-32x$; $f''(x)=2x^2-32$; $f'''(x)=4x$

$f''(x)=0 \Rightarrow 2x^2-32=0 \Rightarrow x^2=16 \Rightarrow x=\pm 4$

$f'''(-4)=-16\neq 0 \Rightarrow x=-4$ ist Wendestelle.

$f'''(4)=16\neq 0 \Rightarrow x=4$ ist Wendestelle.

b) $f(x)=e^{-\frac{1}{2}x^2}$

$f'(x)=-x\cdot e^{-\frac{1}{2}x^2}$; $f''(x)=-e^{-\frac{1}{2}x^2}+x\cdot xe^{-\frac{1}{2}x^2}=(x^2-1)e^{-\frac{1}{2}x^2}$

$f'''(x)=2x\cdot e^{-\frac{1}{2}x^2}-(x^2-1)x\cdot e^{-\frac{1}{2}x^2}=(3x-x^3)e^{-\frac{1}{2}x^2}$

$f''(x) = 0 \Rightarrow (x^2 - 1)e^{-\frac{1}{2}x^2} = 0 \Rightarrow x^2 - 1 = 0 \Rightarrow x = \pm 1$

$f'''(1) \neq 0 \Rightarrow x = 1$ ist Wendestelle.

$f'''(-1) \neq 0 \Rightarrow x = -1$ ist Wendestelle.

Die Bildung der 3. Ableitungsfunktion ist mit etwas größerem Rechenaufwand verbunden. Wenn man diesen vermeiden will, kann man auch mit dem Vorzeichenwechsel der 2. Ableitungsfunktion argumentieren:

- Vorzeichenwechsel an der Stelle $x = 1$: $f''(0) < 0$ und $f''(2) > 0$
  Es liegt also an der Stelle $x = 1$ ein Vorzeichenwechsel der 2. Ableitungsfunktion von – nach + vor. Somit ist $x = 1$ eine Wendestelle.
- Vorzeichenwechsel an der Stelle $x = -1$: $f''(0) < 0$ und $f''(-2) > 0$
  Es liegt also an der Stelle $x = -1$ ein Vorzeichenwechsel der 2. Ableitungsfunktion von + nach – vor. Somit ist $x = -1$ eine Wendestelle.

c) $f(x) = x^2 \cdot \ln x$

$f'(x) = 2x \cdot \ln x + x$; $f''(x) = 2\ln x + 2 + 1 = 2\ln x + 3$; $f'''(x) = \frac{2}{x}$

$f''(x) = 0 \Rightarrow 2\ln x = -3 \Rightarrow x = e^{-\frac{3}{2}}$

$f'''\left(e^{-\frac{3}{2}}\right) \neq 0 \Rightarrow x = e^{-\frac{3}{2}}$ ist Wendestelle.

d) $f(x) = 2x^3 - \frac{6}{x}$

$f'(x) = 6x^2 + \frac{6}{x^2}$; $f''(x) = 12x - \frac{12}{x^3}$; $f'''(x) = 12 + \frac{36}{x^4}$

$f''(x) = 0 \Rightarrow 12x - \frac{12}{x^3} = 0 \Rightarrow x^4 = 1 \Rightarrow x_1 = -1;\ x_2 = 1$

$f'''(-1) = 48 \Rightarrow x = -1$ ist Wendestelle.

$f'''(1) = 48 \Rightarrow x = 1$ ist Wendestelle.

e) $f(x) = x^3 + 2x^2$

$f'(x) = 3x^2 + 4x$

$f''(x) = 6x + 4$

$f'''(x) = 6$

$f''(x) = 0 \Rightarrow 6x + 4 = 0 \Rightarrow x = \frac{2}{3}$

$f'''(-\frac{2}{3}) = 6 \neq 0 \Rightarrow x = -\frac{2}{3}$ ist Wendestelle.

f) $f(x) = x \cdot e^{x^2}$

$f'(x) = (2x^2 + 1)e^{x^2}$

$f''(x) = 2x(2x^2 + 3)e^{x^2}$

$f'''(x) = (8x^4 + 24x^2 + 6)e^{x^2}$

$f''(x) = 0 \Rightarrow 2x(2x^2 + 3)e^{x^2} = 0 \Rightarrow x = 0$ (da $e^{x^2} \neq 0$ und $2x^2 + 3 \neq 0$ für alle $x \in \mathbb{R}$)

$f'''(0) = 6 \neq 0 \Rightarrow x = 0$ ist Wendestelle.

g) $f(x) = \frac{1}{x}$

$f'(x) = -\frac{1}{x^2}$

$f''(x) = \frac{2}{x^3}$

$f''(x) = 0 \Rightarrow \frac{2}{x^3} = 0$ hat keine Lösung

Die Funktion f hat keine Wendestelle.

h) $f(x) = x^3 + x$

$f'(x) = 3x^2 + 1$

$f''(x) = 6x$

$f'''(x) = 6$

$f''(x) = 0 \Rightarrow 6x = 0 \Rightarrow x = 0$

$f'''(0) = 6 \neq 0 \Rightarrow x = 0$ ist Wendestelle.

i) $f(x) = x \cdot \ln x$

$f'(x) = \ln x + 1$

$f''(x) = \frac{1}{x}$

$f'''(x) = -\frac{1}{x^2}$

$f''(x) = 0 \Rightarrow \frac{1}{x} = 0$ hat keine Lösung

Die Funktion f hat keine Wendestelle.

j) $f(x) = 2\sin x, \quad x \in [0; \pi]$

$f'(x) = 2\cos x$

$f''(x) = -2\sin x$

$f'''(x) = -2\cos x$

$f''(x) = 0 \Rightarrow -2\sin x = 0 \Rightarrow x_1 = 0, x_2 = \pi$

$f'''(0) = -2 \neq 0 \Rightarrow x = 0$ ist Wendestelle.

$f'''(\pi) = 2 \neq 0 \Rightarrow x = \pi$ ist Wendestelle.

41. a) $f(x) = \frac{1}{2} x \cdot e^{-x}$; $f'(x) = \frac{1}{2} e^{-x} - \frac{1}{2} x \cdot e^{-x} = \left(\frac{1}{2} - \frac{1}{2} x\right) e^{-x}$

$f''(x) = -\frac{1}{2} e^{-x} - \left(\frac{1}{2} - \frac{1}{2} x\right) e^{-x} = \left(\frac{1}{2} x - 1\right) e^{-x}$

$f'(x) = 0 \Rightarrow \left(\frac{1}{2} - \frac{1}{2} x\right) e^{-x} = 0 \Rightarrow \frac{1}{2} - \frac{1}{2} x = 0 \Rightarrow x = 1$

$f''(1) = -\frac{1}{2} e^{-1} = -\frac{1}{2e} < 0$

Also hat das Schaubild an der Stelle $x = 1$ einen Hochpunkt mit $H\left(1 \middle| \frac{1}{2e}\right)$.

b) $f(x) = x^4 + 4x^3 + 6x^2 + 4x$; $f'(x) = 4x^3 + 12x^2 + 12x + 4$
$f''(x) = 12x^2 + 24x + 12$
Da nicht alle Extremstellen bestimmt werden sollen, muss nur nachgewiesen werden: $f'(-1) = 0$ und $f''(-1) > 0$
Einsetzen ergibt: $f'(-1) = -4 + 12 - 12 + 4 = 0$ und $f''(-1) = 12 - 24 + 12 = 0$
Damit ist die erste hinreichende Bedingung für das Vorliegen eines Tiefpunkts an der Stelle $x = -1$ nicht erfüllt. Die Untersuchung von $f'(-2) = -4$ und $f'(0) = 4$ zeigt jedoch, dass f' an der Stelle $x = -1$ einen Vorzeichenwechsel von negativen zu positiven Werten hat. Somit ist die zweite hinreichende Bedingung für einen Tiefpunkt erfüllt.

c) Eine ganzrationale Funktion 6. Grades hat die folgende Form:
$f(x) = a_6x^6 + a_5x^5 + a_4x^4 + a_3x^3 + a_2x^2 + a_1x + a_0$
$f'(x) = 6a_6x^5 + 5a_5x^4 + 4a_4x^3 + 3a_3x^2 + 2a_2x + a_1$
f' ist also eine ganzrationale Funktion 5. Grades.
Eine ganzrationale Funktion 5. Grades kann aber höchstens 5 Nullstellen haben, denn hätte sie mehr als 5 Nullstellen, z. B. 6 verschiedene Nullstellen (x_1, x_2, x_3, x_4, x_5 und x_6), so könnte man von ihrem Funktionsterm die Linearfaktoren $(x - x_1)$, $(x - x_2)$, …, $(x - x_6)$ abspalten. Daraus ergäbe sich für den Funktionsterm:
$(x - x_1)(x - x_2)(x - x_3)(x - x_4)(x - x_5)(x - x_6)r(x)$
Ausmultiplizieren ergibt einen Term mindestens 6. Grades, also einen Widerspruch.
Notwendige Bedingung für das Vorliegen einer Extremstelle x_1:
$f'(x_1) = 0$
Also kann f höchstens 5 verschiedene Extremstellen haben.

Verallgemeinerung:
Eine ganzrationale Funktion n-ten Grades hat höchstens $n - 1$ verschiedene Extremstellen.

d) Eine ganzrationale Funktion 6. Grades hat die folgende Form:
$f(x) = a_6x^6 + a_5x^5 + a_4x^4 + a_3x^3 + a_2x^2 + a_1x + a_0$
$f'(x) = 6a_6x^5 + 5a_5x^4 + 4a_4x^3 + 3a_3x^2 + 2a_2x + a_1$
$f''(x) = 30a_6x^4 + 20a_5x^3 + 12a_4x^2 + 6a_3x + 2a_2$
f'' ist also eine ganzrationale Funktion 4. Grades.
Eine ganzrationale Funktion 4. Grades hat aber höchstens 4 verschiedene Nullstellen (für eine Begründung vgl. Aufgabenteil c).
Notwendige Bedingung für das Vorliegen einer Wendestelle x_1:
$f''(x_1) = 0$
Also kann f höchstens 4 verschiedene Wendestellen haben.

Verallgemeinerung:
Eine ganzrationale Funktion n-ten Grades hat höchstens $n - 2$ verschiedene Wendestellen.

e) $f_n(x) = \frac{1}{x^n}$ $(n \in \mathbb{N})$; $f_n'(x) = -\frac{n}{x^{n+1}}$ $(n \in \mathbb{N})$

Es gilt: $f_n'(x) \neq 0$ für alle $x \in \mathbb{D}_{f_n}$

Da $f'(x) = 0$ eine notwendige Bedingung für das Vorliegen einer Extremstelle ist, hat die Funktionenschar keine Extremstellen.

f) $f_n(x) = \frac{1}{x^n}$ $(n \in \mathbb{N})$; $f_n'(x) = -\frac{n}{x^{n+1}}$ $(n \in \mathbb{N})$; $f_n''(x) = \frac{n(n+1)}{x^{n+2}}$ $(n \in \mathbb{N})$

Es gilt: $f_n''(x) \neq 0$ für alle $x \in \mathbb{D}_{f_n}$

Da $f_n''(x) = 0$ eine notwendige Bedingung für das Vorliegen einer Wendestelle ist, hat die Funktionenschar keine Wendestellen.

g) Eine gerade ganzrationale Funktion 4. Grades hat die folgende Form:
$f(x) = a_4x^4 + a_2x^2 + a_0 \quad (a_4 \neq 0)$
$f'(x) = 4a_4x^3 + 2a_2x$; $f''(x) = 12a_4x^2 + 2a_2$
$f'(x) = 0 \Rightarrow x(4a_4x^2 + 2a_2) = 0 \Rightarrow x_1 = 0;\ x_{2;3} = \pm\sqrt{\frac{-a_2}{2a_4}}$

1. Fall: $a_2 \cdot a_4 < 0$
Dann hat f' drei verschiedene Nullstellen vom Grad 1. Also hat f' an jeder dieser Nullstellen einen Vorzeichenwechsel. Damit ist die hinreichende Bedingung für drei verschiedene Extremstellen erfüllt.

2. Fall: $a_2 \cdot a_4 \geq 0$
Dann hat f' nur eine Nullstelle $x_1 = 0$. Diese Nullstelle hat den Grad 3 oder den Grad 1 (für $a_2 \cdot a_4 > 0$). Da die Nullstelle einen ungeraden Grad hat, liegt wieder ein Vorzeichenwechsel vor. Damit ist die hinreichende Bedingung für eine Extremstelle erfüllt.

h) Eine ungerade ganzrationale Funktion 5. Grades hat die folgende Form:
$f(x) = a_5x^5 + a_3x^3 + a_1x \quad (a_5 \neq 0)$
$f'(x) = 5a_5x^4 + 3a_3x^2 + a_1$; $f''(x) = 20a_5x^3 + 6a_3x$
$f''(x) = 0 \Rightarrow x(20a_5x^2 + 6a_3) = 0 \Rightarrow x_1 = 0;\ x_{2,3} = \pm\sqrt{\frac{-3a_3}{10a_5}}$

1. Fall: $a_3 \cdot a_5 < 0$
Dann hat f'' drei verschiedene Nullstellen vom Grad 1. Also hat f'' an jeder dieser Nullstellen einen Vorzeichenwechsel. Damit ist die hinreichende Bedingung für drei verschiedene Wendestellen erfüllt.

2. Fall: $a_3 \cdot a_5 \geq 0$:
Dann hat f'' nur eine Nullstelle $x_1 = 0$. Diese Nullstelle hat den Grad 3 oder den Grad 1. Da die Nullstelle einen ungeraden Grad hat, liegt wieder ein Vorzeichenwechsel vor. Damit ist die hinreichende Bedingung für eine Wendestelle erfüllt.

42. a) $f(x)=-\frac{1}{18}x^3+\frac{1}{2}x^2$; $f'(x)=-\frac{1}{6}x^2+x$; $f''(x)=-\frac{1}{3}x+1$; $f'''(x)=-\frac{1}{3}$

Wendepunkt: $f''(x)=0 \Rightarrow -\frac{1}{3}x+1=0 \Rightarrow x=3$

$f'''(3)=-\frac{1}{3}\neq 0 \Rightarrow W(3|3)$

Steigung der Wendetangente: $f'(3)=\frac{3}{2}$

Gleichung der Wendetangente: $\frac{y-3}{x-3}=\frac{3}{2} \Rightarrow y=\frac{3}{2}x-\frac{3}{2}$

b) $f(x)=x^3+\frac{3}{2}x^2-18x+2$; $f'(x)=3x^2+3x-18$; $f''(x)=6x+3$

Extremstellen:

$f'(x)=0 \Rightarrow 3x^2+3x-18=0 \Rightarrow x^2+x-6=0$

$\Rightarrow x_{1;2}=-\frac{1}{2}\pm\sqrt{\frac{1}{4}+6} \Rightarrow x_1=-3;\ x_2=2$

$f''(-3)=-15<0 \Rightarrow H(-3|42{,}5)$

$f''(2)=15>0 \Rightarrow T(2|-20)$

Die Tangenten im Hoch- und Tiefpunkt verlaufen parallel zur x-Achse. Ihr Abstand ist die Differenz der y-Werte: $a=42{,}5-(-20)=62{,}5$ LE

c) $f(x)=\frac{5}{x+1}$; $f'(x)=\frac{-5}{(x+1)^2}$

Wenn die Tangenten an den Stellen x_1 und x_2 die gleiche Steigung haben, muss gelten:

$$f'(x_1)=f'(x_2) \Rightarrow \frac{-5}{(x_1+1)^2}=\frac{-5}{(x_2+1)^2}$$
$$\Rightarrow (x_1+1)^2=(x_2+1)^2$$
$$\Rightarrow x_1^2+2x_1+1=x_2^2+2x_2+1$$
$$\Rightarrow x_1^2-x_2^2+2(x_1-x_2)=0$$
$$\Rightarrow (x_1+x_2)(x_1-x_2)=-2(x_1-x_2)$$
$$\Rightarrow x_1+x_2=-2 \quad (\text{da } x_1\neq x_2)$$

Die gesuchte Bedingung lautet also: $\mathbf{x_1+x_2=-2}$

d) $f(x)=\frac{1}{2}x-\frac{1}{x}$; $f'(x)=\frac{1}{2}+\frac{1}{x^2}$

$P\left(1\,\middle|\,-\frac{1}{2}\right)$; Steigung der Tangente: $m=f'(1)=\frac{3}{2}$

Gleichung der Tangenten: $\frac{y+\frac{1}{2}}{x-1}=\frac{3}{2} \Rightarrow y=\frac{3}{2}x-2$

e) $f(x)=\frac{4}{x^2}+1$; $f'(x)=\frac{-8}{x^3}$

Steigungen der Tangenten: $m_1=f'(x_1)=\frac{-8}{x_1^3}$; $m_2=f'(x_2)=\frac{-8}{x_2^3}$

Bedingung für Orthogonalität: $m_1 \cdot m_2 = -1$
Daraus ergibt sich:

$$\frac{-8}{x_1^3} \cdot \frac{-8}{x_2^3} = -1 \quad \Rightarrow \quad -64 = x_1^3 \cdot x_2^3 \quad \Rightarrow \quad (x_1 \cdot x_2)^3 = -64 \quad \Rightarrow \quad x_1 \cdot x_2 = -4$$

Die gesuchte Bedingung lautet also: $x_1 \cdot x_2 = -4$

f) $f(x) = x^2 + \cos x$; $f'(x) = 2x - \sin x$
Notwendige Bedingung für das Vorliegen einer Extremstelle x_1:
$f'(x_1) = 0$
$f'\left(\frac{\pi}{2}\right) = 2\frac{\pi}{2} - \sin\frac{\pi}{2} = \pi - 1 \neq 0$
Also ist $x_1 = \frac{\pi}{2}$ keine Extremstelle.

g) $f(x) = x^2 + 4\cos x$; $f'(x) = 2x - 4\sin x$
$f'\left(\frac{\pi}{2}\right) = \pi - 4 < 0$; $f'(2) = 4 - 4\sin 2 > 0$ (da $0 < \sin 2 < 1$)
Da $f'(x)$ im Intervall $\left[\frac{\pi}{2}; 2\right]$ eine stetige Funktion ist, hat sie in diesem Intervall auch eine Nullstelle (mit Vorzeichenwechsel). Also ist das hinreichende Kriterium für das Vorliegen einer Extremstelle erfüllt.

43. a) $f_t(x) = tx^2 + x - \frac{2}{t}$; $f_t'(x) = 2tx + 1$; $f_t''(x) = 2t$
$f_t'(x) = 0 \quad \Rightarrow \quad 2tx + 1 = 0 \quad \Rightarrow \quad x = -\frac{1}{2t}$
$-\frac{1}{2t} = 1 \quad \Rightarrow \quad t = -\frac{1}{2}$
Für $t = -\frac{1}{2}$ ist $x = 1$ eine Extremstelle. Außerdem ist dann $f''(x) = -1 < 0$.
Für $t = -\frac{1}{2}$ ist $x = 1$ ein lokales Maximum.

b) $f_t(x) = x \cdot e^{-tx}$ $(t > 0)$; $f_t'(x) = (1 - tx)e^{-tx}$; $f_t''(x) = (t^2x - 2t)e^{-tx}$
$f_t'(x) = 0 \quad \Rightarrow \quad (1 - tx)e^{-tx} = 0 \quad \Rightarrow \quad 1 - tx = 0 \quad \Rightarrow \quad x = \frac{1}{t}$
$f_t''\left(\frac{1}{t}\right) = -t \cdot e^{-1} < 0$ (da $t > 0$) $\Rightarrow$ $H\left(\frac{1}{t} \middle| \frac{1}{et}\right)$
Kurve aller Hochpunkte: $x = \frac{1}{t}$ und $y = \frac{1}{et} \quad \Rightarrow \quad t = \frac{1}{x}$
In die 2. Gleichung eingesetzt: $y = \frac{1}{e}x$ $(x > 0$, da $t > 0)$
Die Hochpunkte liegen also auf einer Halbgeraden mit der Steigung $\frac{1}{e}$.

c) $f_t(x) = e^x(e^x - t)$ (für $t > 0$)
$f_t'(x) = e^x(e^x - t) + e^x \cdot e^x = e^x(2e^x - t)$
$f_t''(x) = e^x(2e^x - t) + e^x \cdot 2e^x = e^x(4e^x - t)$
$f_t'(x) = 0 \quad \Rightarrow \quad e^x(2e^x - t) = 0 \quad \Rightarrow \quad 2e^x - t = 0 \quad \Rightarrow \quad x = \ln\frac{t}{2}$
$f_t''\left(\ln\frac{t}{2}\right) = \frac{t}{2}(2t - t) = \frac{t^2}{2} > 0 \quad \Rightarrow$ Minimum

$f_t\left(\ln\frac{t}{2}\right)=\frac{t}{2}\left(\frac{t}{2}-t\right)=-\frac{t^2}{4} \;\Rightarrow\; T\left(\ln\frac{t}{2}\,\middle|\,-\frac{t^2}{4}\right)$

Kurve aller Tiefpunkte: $x=\ln\frac{t}{2}$ und $y=-\frac{t^2}{4} \;\Rightarrow\; t=2e^x$ und $\mathbf{y=-e^{2x}}$

d) $f_t(x)=e-e^{tx}$
Bestimmung des Schnittpunkts der Schaubilder zweier Funktionen f_{t_1} und f_{t_2} mit $t_1 \neq t_2$. Gleichsetzen ergibt:
$e-e^{t_1x}=e-e^{t_2x} \;\Rightarrow\; \frac{e^{t_1x}}{e^{t_2x}}=1 \;\Rightarrow\; e^{(t_1-t_2)x}=1$
$(t_1-t_2)x=0 \;\Rightarrow\; x=0$ (da $t_1 \neq t_2$); $f_t(0)=e-e^0=e-1$
Der Schnittpunkt der Schaubilder zweier beliebiger Funktionen ist der Punkt $S(0\,|\,e-1)$ unabhängig von t. Also schneiden sich in diesem Punkt alle Schaubilder.

e) $f(x)=x^2-2tx$
$f'(x)=2x-2t$
$f''(x)=2$
$f'(x)=0 \;\Rightarrow\; x=t \;\Rightarrow\; y=f(t)=-t^2 \;\Rightarrow\; T(t\,|\,-t^2)$
Ortskurve aller Tiefpunkte: $x=t$ und $y=-t^2 \;\Rightarrow\; \mathbf{y=-x^2}$

f) $f(x)=e^x-tx$
$f'(x)=e^x-t$
$f''(x)=e^x$
$f'(x)=0 \;\Rightarrow\; e^x=t \;\Rightarrow\; x=\ln t$ für $t>0$
$\Rightarrow\; y=f(\ln t)=t-t\cdot\ln t$
$\Rightarrow\; T(\ln t\,|\,t-t\ln t)$ (da $f''(\ln t)=t>0$)
Ortskurve aller Tiefpunkte: $x=\ln t$ und $y=t-t\cdot\ln t \;\Rightarrow\; \mathbf{y=e^x-x\cdot e^x}$

44. a) Bestimmung der relativen Extrema:
$f'(x)=2x=0 \;\Rightarrow\; x=0$
$f''(x)=2>0 \;\Rightarrow\; (0\,|\,0)$ relatives Minimum
Randpunkte: $f(-1)=1 \;\Rightarrow\; (-1\,|\,1)$
$f(2)=4 \;\Rightarrow\; (2\,|\,4)$
absolutes Minimum: $(0\,|\,0)$
absolutes Maximum: $(2\,|\,4)$

b) Bestimmung der relativen Extrema:
$f'(x)=x^2-4=0 \;\Rightarrow\; x=-2$ oder $x=2$
$f''(x)=2x \;\Rightarrow\; f''(-2)<0 \;\Rightarrow\; \left(-2\,\middle|\,\frac{16}{3}\right)$ relatives Maximum
$f''(2)>0 \;\Rightarrow\; \left(2\,\middle|\,-\frac{16}{3}\right)$ relatives Minimum

Randpunkte: $f(-3) = 3 \Rightarrow (-3|3)$
$f(3) = -3 \Rightarrow (3|-3)$

absolutes Minimum: $\left(2 \,\middle|\, -\frac{16}{3}\right)$

absolutes Maximum: $\left(-2 \,\middle|\, \frac{16}{3}\right)$

c) Bestimmung der relativen Extrema:

$f'(x) = x^2 - 4 = 0 \Rightarrow x = -2$ oder $x = 2$
$x = -2$ entfällt, da nicht im Definitionsintervall

$f''(x) = 2x \Rightarrow f''(2) > 0 \Rightarrow \left(2 \,\middle|\, -\frac{16}{3}\right)$ relatives Minimum

Randpunkte: $f(0) = 0 \Rightarrow (0|0)$
$f(3) = -3 \Rightarrow (3|-3)$

absolutes Minimum: $\left(2 \,\middle|\, -\frac{16}{3}\right)$

absolutes Maximum: $(0|0)$

d) Bestimmung der relativen Extrema:

$f'(x) = x^3 - 9x = 0 \Rightarrow x = -3, x = 0$ oder $x = 3$
$x = 3$ entfällt, da nicht im Definitionsintervall

$f''(x) = 3x^2 - 9 \Rightarrow f''(-3) > 0 \Rightarrow \left(-3 \,\middle|\, -\frac{81}{4}\right)$ relatives Minimum
$f''(0) < 0 \Rightarrow (0|0)$ relatives Maximum

Randpunkte: $f(-4) = -8 \Rightarrow (-4|-8)$
$f(2) = -14 \Rightarrow (2|-14)$

absolutes Minimum: $\left(-3 \,\middle|\, -\frac{81}{4}\right)$

absolutes Maximum: $(0|0)$

e) Bestimmung der relativen Extrema:

$f'(x) = x^3 - x^2 - 2x = 0 \Rightarrow x = 0, x = -1$ oder $x = 2$

$f''(x) = 3x^2 - 2x - 2 \Rightarrow f''(0) < 0 \Rightarrow (0|2)$ relatives Maximum
$f''(-1) > 0 \Rightarrow (-1|1{,}58)$ relatives Minimum
$f''(2) > 0 \Rightarrow (2|-0{,}67)$ relatives Minimum

Randpunkte: $f(-2) = 4{,}67 \Rightarrow (-2|4{,}67)$
$f(3) = 4{,}25 \Rightarrow (2|4{,}25)$

absolutes Minimum: $(2|-0{,}67)$
absolutes Maximum: $(-2|4{,}67)$

f) Bestimmung der relativen Extrema:

$f'(x) = x^2 + x - 6 = 0 \Rightarrow x = -3$ oder $x = 2$

$f''(x) = 2x + 1 \Rightarrow f''(-3) < 0 \Rightarrow (-3|13{,}5)$ relatives Maximum
$f''(2) > 0 \Rightarrow (2|-7{,}33)$ relatives Minimum

Randpunkte: $f(-4) = 10{,}67 \Rightarrow (-4 \mid 10{,}67)$
$f(3) = -4{,}5 \Rightarrow (3 \mid -4{,}5)$

absolutes Minimum: $(2 \mid -7{,}33)$
absolutes Maximum: $(-3 \mid 13{,}5)$

g) Bestimmung der relativen Extrema:
$f'(x) = 3x^2 - 6x = 0 \Rightarrow x = 0$ oder $x = 2$
$f''(x) = 6x - 6 \Rightarrow f''(0) < 0 \Rightarrow (0 \mid 1)$ relatives Maximum
$f''(2) > 0 \Rightarrow (2 \mid -3)$ relatives Minimum

Randpunkte: $f(-1) = -3 \Rightarrow (-1 \mid -3)$
$f(3) = 1 \Rightarrow (3 \mid 1)$

2 absolute Minima: $(2 \mid -3)$ und $(-1 \mid -3)$
2 absolute Maxima: $(3 \mid 1)$ und $(0 \mid 1)$

h) Bestimmung der relativen Extrema:
$f'(x) = -2 \neq 0 \Rightarrow$ keine relativen Extrema

Randpunkte: $f(1) = -1 \Rightarrow (1 \mid -1)$
$f(4) = -7 \Rightarrow (4 \mid -7)$

absolutes Minimum: $(4 \mid -7)$
absolutes Maximum: $(1 \mid -1)$

45. a) $f(x) = \frac{2x - 4}{x + 3}$

Nullstelle des Zählers: $2x - 4 = 0 \Rightarrow x = 2$
Nullstelle des Nenners: $x + 3 = 0 \Rightarrow x = -3$
Die Gerade $x = -3$ ist senkrechte Asymptote.
Da der Term $x + 3$ mit ungerader Potenz im Nenner auftritt, liegt ein Pol mit Vorzeichenwechsel vor.

b) $f(x) = \frac{1}{x^2 - 9}$

Nullstelle des Zählers: keine
Nullstellen des Nenners: $x^2 - 9 = 0 \Rightarrow x_{1;\,2} = \pm 3$
Die Geraden $x = -3$ und $x = +3$ sind senkrechte Asymptoten.
Da $x^2 - 9 = (x - 3)(x + 3)$ gilt, d. h. jede Nullstelle des Nenners vom Grad 1 ist, sind beide Stellen Pole mit Vorzeichenwechsel.

c) $f(x) = \frac{x}{x^2 - 6x + 9}$

Nullstelle des Zählers: $x = 0$
Nullstellen des Nenners: $x^2 - 6x + 9 = 0 \Rightarrow x = 3$
Die Gerade $x = 3$ ist senkrechte Asymptote.
Der Term $x - 3$ tritt mit gerader Potenz im Nenner auf, da $x^2 - 6x + 9 = (x - 3)^2$.
Also liegt ein Pol ohne Vorzeichenwechsel vor.

d) $f(x) = \ln(2x - 6)$
$2x - 6 = 0 \Rightarrow x = 3$
Die Gerade $x = 3$ ist senkrechte Asymptote. Bei Annäherung von rechts (für $x > 3$) streben die Funktionswerte gegen $-\infty$.

e) $f(x) = \ln(x^2 + 1)$
$x^2 + 1 = 0 \Rightarrow$ keine Lösung
Das Schaubild hat keine senkrechten Asymptoten.

f) $f(x) = \ln(x^2 - 2x)$
$x^2 - 2x = 0 \Rightarrow x_1 = 0, x_2 = 2$
Die Geraden $x = 0$ und $x = 2$ sind senkrechte Asymptoten.

g) $f(x) = \frac{x - 2}{x^2 - 4}$

Nullstelle des Zählers: $x = 2$
Nullstellen des Nenners: $x_1 = -2, x_2 = 2$
Der Bruch kann durch den Faktor $x - 2$ gekürzt werden: $\frac{x - 2}{x^2 - 4} = \frac{1}{x + 2}$

Also ist nur die Gerade $x = -2$ senkrechte Asymptote mit Vorzeichenwechsel.

h) $f(x) = \frac{2x}{x^3 - 4x^2}$

Nullstelle des Zählers: $x = 0$
Nullstellen des Nenners: $x_1 = 0, x_2 = 4$
Der Bruch kann durch den Faktor x gekürzt werden: $\frac{2x}{x^3 - 4x^2} = \frac{2}{x^2 - 4x}$
Nullstellen des Zählers: keine
Nullstellen des Nenners: $x_1 = 0, x_2 = 4$
Die Geraden $x = 0$ und $x = 4$ sind senkrechte Asymptoten mit Vorzeichenwechsel.

i) $f(x) = \frac{4x - 3}{2x - 6}$

Nullstelle des Zählers: $x = \frac{3}{4}$

Nullstelle des Nenners: $x = 3$

Die Gerade $x = 3$ ist senkrechte Asymptote.
Da der Term $x - 3$ mit ungerader Potenz im Nenner auftritt, liegt ein Pol mit Vorzeichenwechsel vor.

j) $f(x) = \frac{e^x}{e^x - 1}$

Nullstelle des Zählers: keine
Nullstelle des Nenners: $x = \ln(1) = 0$
Die Gerade $x = 0$ ist senkrechte Asymptote.
Da der Nenner bei $x = 0$ sein Vorzeichen ändert, liegt ein Pol mit Vorzeichenwechsel vor.

k) $f(x) = \frac{1}{x^2 + 1}$

Nullstelle des Zählers: keine
Nullstelle des Nenners: keine
Es gibt keine senkrechten Asymptoten.

l) $f(x) = \ln((x - 3)^2)$
$(x - 3)^2 = 0 \quad \Rightarrow \quad x = 3$
Die Gerade $x = 3$ ist senkrechte Asymptote.
Bei Annäherung von rechts $(x > 3)$ und links $(x < 3)$ streben die Funktionswerte gegen $-\infty$. Es liegt ein Pol ohne Vorzeichenwechsel vor.

46. a) Eine gebrochenrationale Funktion mit $x = -1$ als senkrechter Asymptote ohne Vorzeichenwechsel muss $x = -1$ als Nullstelle des Nenners mit gerader Ordnung haben. Eine einfache Funktion ist also:
$f(x) = \frac{1}{(x + 1)^2}$

b) Eine Logarithmusfunktion mit den senkrechten Asymptoten $x = 0$ und $x = 2$ muss einen Term mit den Nullstellen $x = 0$ und $x = 2$ als Argument enthalten. Eine einfache Funktion ist also:
$f(x) = \ln(x^2 - 2x)$

c) Eine Logarithmusfunktion ohne senkrechte Asymptoten muss also einen Term ohne Nullstellen enthalten. Eine einfache Funktion ist also:
$f(x) = \ln(x^2 + 4)$

d) Eine gebrochenrationale Funktion ohne senkrechte Asymptoten darf im einfachsten Fall, wenn nicht gekürzt werden soll, keine Nullstellen des Nenners enthalten. Eine einfache Funktion ist also:
$f(x) = \frac{2x}{x^2 + 1}$

e) Eine gebrochenrationale Funktion mit $x=-2$ und $x=1$ als senkrechte Asymptoten ohne Vorzeichenwechsel muss $x=-2$ und $x=1$ als Nullstellen des Nenners mit gerader Ordnung haben. Eine einfache Lösung ist also:
$f(x)=\frac{1}{(x+2)^2(x-1)^2}$

f) Eine Logarithmusfunktion mit $x=-2$ als senkrechte Asymptote ohne Vorzeichenwechsel muss einen Term mit $x=-2$ als Nullstelle gerader Ordnung enthalten. Eine Lösung ist also:
$f(x)=\ln((x+2)^2)$

g) Eine gebrochenrationale Funktion mit $x=2$ als senkrechte Asymptote mit Vorzeichenwechsel muss $x=2$ als Nullstelle des Nenners mit ungerader Ordnung haben. Eine einfache Lösung ist also:
$f(x)=\frac{1}{x-2}$

47. a) $f(x)=\frac{1}{x^2-9}$

Der Grad des Zählerpolynoms (0) ist kleiner als der Grad des Nennerpolynoms (2). Also ist für $x \to \pm\infty$ die x-Achse waagerechte Asymptote.

b) $f(x)=\frac{2x}{x^3-4x^2}$

Der Grad des Zählerpolynoms (1) ist kleiner als der Grad des Nennerpolynoms (3). Also ist für $x \to \pm\infty$ die x-Achse waagerechte Asymptote.

c) $f(x)=\frac{2x-4}{x+3}$

Der Grad des Zählerpolynoms (1) und der Grad des Nennerpolynoms (1) sind gleich. Also ist für $x \to \pm\infty$ die Gerade $y=\frac{2}{1}=2$ waagerechte Asymptote.

d) $f(x)=\frac{x}{x^2-6x+9}$

Der Grad des Zählerpolynoms (1) ist kleiner als der Grad des Nennerpolynoms (2). Also ist für $x \to \pm\infty$ die x-Achse waagerechte Asymptote.

e) $f(x)=2e^{-2x}$
Für $x \to +\infty$ strebt der Exponent gegen $-\infty$ und damit strebt e^{-2x} gegen null. Also ist für $x \to +\infty$ die x-Achse waagerechte Asymptote.

f) $f(x)=e^{x^2}$
Für $x \to \pm\infty$ strebt der Exponent und damit die Potenz gegen $+\infty$. Also hat die Funktion keine waagerechten Asymptoten.

g) $f(x) = e^x - 5$
Für $x \to -\infty$ strebt der Exponent gegen $-\infty$ und damit strebt e^x gegen null. Also ist für $x \to -\infty$ die Gerade $y = -5$ waagerechte Asymptote.

h) $f(x) = e^x + e^{-x}$
Für $x \to +\infty$ strebt der 1. Summand gegen $+\infty$ und der 2. Summand gegen null. Also strebt die Summe gegen $+\infty$. Für $x \to -\infty$ strebt der 1. Summand gegen null und der 2. Summand gegen $+\infty$. Also strebt die Summe gegen $+\infty$. Es gibt somit keine Asymptote.

i) $f(x) = \frac{4x-3}{2x+1}$

Der Grad des Zählerpolynoms ist gleich dem Grad des Nennerpolynoms. Also ist für $x \to \pm\infty$ die Gerade $y = \frac{4}{2} = 2$ waagerechte Asymptote.

j) $f(x) = \frac{1}{e^x - 1}$

Für $x \to -\infty$ strebt der Nenner und damit auch f(x) gegen –1. Also ist die Gerade $y = -1$ waagerechte Asymptote für $x \to -\infty$.
Für $x \to +\infty$ strebt der Nenner gegen $+\infty$ und damit f(x) gegen 0. Daher ist die Gerade $y = 0$ (x-Achse) waagerechte Asymtote für $x \to +\infty$.

k) $f(x) = \frac{1}{x^2+1}$

Der Grad des Zählerpolynoms ist kleiner als der Grad des Nennerpolynoms. Also ist die Grade $y = 0$ (x-Achse) waagerechte Asymptote.

l) $f(x) = e^x + 2$
Für $x \to -\infty$ strebt e^x gegen null und damit f(x) gegen 2. Also ist die Gerade $y = 2$ waagerechte Asymptote.

48. a) $f(x) = \frac{x}{x^2 - 4}$

Da der Grad des Zählers kleiner ist als der Grad des Nenners, ist für $x \to \pm\infty$ die x-Achse waagerechte Asymptote.
Nullstellen des Nenners: $x^2 - 4 = (x-2)(x+2) \quad \Rightarrow \quad x_{1;2} = \pm 2$
Da an dieser Stelle der Zähler ungleich null ist, sind die Geraden $x = 2$ und $x = -2$ senkrechte Asymptoten.

b) $f(x) = \ln(2x - 4)$
Für $x \to +\infty$ gibt es keine Asymptote.
Um die senkrechten Asymptoten zu bestimmen, setzt man das Argument der Logarithmusfunktion gleich null: $2x - 4 = 0 \quad \Rightarrow \quad x = 2$.
Die Gerade $x = 2$ ist senkrechte Asymptote.

c) $f(x) = x \cdot e^x$
Für $x \to -\infty$ strebt der 1. Faktor gegen $-\infty$ und der 2. Faktor gegen null. Daher ist es so nicht möglich, eine eindeutige Aussage über das Verhalten des Produkts zu machen. Deshalb schreibt man den Term um:
$f(x) = x \cdot e^x = \frac{x}{e^{-x}}$
Für $x \to -\infty$ strebt der Zähler gegen $-\infty$ und der Nenner gegen $+\infty$. Da aber die Exponentialfunktion stärker gegen $+\infty$ strebt als jede ganzrationale Funktion, strebt der Nenner sehr viel stärker gegen $+\infty$ als der Zähler. Also strebt der Bruch gegen null. Die y-Achse ist also waagerechte Asymptote für $x \to -\infty$.

d) $f(x) = \frac{x+2}{e^x - 1}$
Für $x \to +\infty$ streben Zähler und Nenner gegen $+\infty$. Da aber e^x sehr viel stärker gegen $+\infty$ strebt als jede ganzrationale Funktion, strebt der Nenner sehr viel stärker gegen $+\infty$ als der Zähler. Also strebt der Bruch gegen null.
Für $x \to +\infty$ ist also die x-Achse waagerechte Asymptote.
Nullstellen des Nenners: $e^x = 1 \quad \Rightarrow \quad x = \ln 1 = 0$
Die y-Achse ist senkrechte Asymptote.

e) $f(x) = \frac{2x^2 - 6x}{x^2 - 9}$
Da der Grad des Zählers gleich dem Grad des Nenners ist, ist die Gerade $y = 2$ waagerechte Asymptote für $x \to \pm\infty$.
Zerlegung des Zähler- und Nennerpolynoms und Kürzen des Bruchterms ergibt:
$\frac{2x(x-3)}{(x-3)(x+3)} = \frac{2x}{x+3}$
Nullstellen des (gekürzten) Nennerpolynoms: $x + 3 = 0 \quad \Rightarrow \quad x = -3$
Die Gerade $x = -3$ ist senkrechte Asymptote.

f) $f(x) = \ln(x^2 - 1)$
keine waagerechten Asymptoten
Das Argument des Logarithmus wird gleich null gesetzt:
$x^2 - 1 = 0 \quad \Rightarrow \quad x_{1;2} = \pm 1$
Die Geraden $x = +1$ und $x = -1$ sind senkrechte Asymptoten.

g) $f(x) = \frac{e^x}{e^x - 1}$
Für $x \to -\infty$ strebt e^x gegen null und damit f(x) gegen $\frac{0}{-1} = 0$.
Also ist die Gerade $y = 0$ (x-Achse) waagerechte Asymptote.
Für $x \to +\infty$ strebt f(x) gegen 1. Somit ist die Gerade $y = 1$ waagerechte Asymptote.
Nullstellen des Nenners: $e^x - 1 = 0 \quad \Rightarrow \quad x = \ln 1 = 0$
Also ist die Gerade $x = 0$ (y-Achse) senkrechte Asymptote.

h) $f(x) = \frac{2x-4}{x+2}$

Der Grad des Zählerpolynoms ist gleich dem Grad des Nennerpolynoms.
Also ist die Gerade $y = 2$ waagerechte Asymptote für $x \to \pm\infty$.
Nullstellen des Nenners: $x = -2$
Also ist die Gerade $x = -2$ senkrechte Asymptote.

i) $f(x) = \ln(x^2 + 1)$

$x^2 + 1 = 0$ hat keine Lösung
Es gibt keine senkrechte oder waagerechte Asymptote.

j) $f(x) = \ln\left(\frac{x}{x+1}\right)$

$\frac{x}{x+1} = 0 \Rightarrow x = 0$

Die Gerade $x = 0$ ist senkrechte Asymptote.
Nullstellen des Nenners: $x = -1$
Die Gerade $x = -1$ ist senkrechte Asymptote.
Für $x \to \pm\infty$ ist $\lim \frac{x}{x+1} = 1$, also strebt f(x) für $x \to \pm\infty$ gegen 0. Daher ist die x-Achse waagerechte Asymptote für $x \to \pm\infty$.

k) $f(x) = \frac{x^2-9}{x^2-4}$

Der Grad des Zählerpolynoms ist gleich dem Grad des Nennerpolynoms.
Also ist die Gerade $y = 1$ waagerechte Asymptote für $x \to \pm\infty$.
Nullstellen des Nenners: $x = -2$ und $x = 2$
Also sind die Geraden $x = -2$ und $x = 2$ senkrechte Asymptoten.

l) $f(x) = \frac{2x^2+4}{e^x - 1}$

Für $x \to +\infty$ strebt der Bruch gegen null.
Also ist die Gerade $y = 0$ (x-Achse) waagerechte Asymptote für $x \to +\infty$.
Nullstellen des Nenners: $x = \ln 1 = 0$.
Also ist die Gerade $x = 0$ (y-Achse) senkrechte Asymptote.

49. a) Aus dem Schaubild ablesbare Eigenschaften:

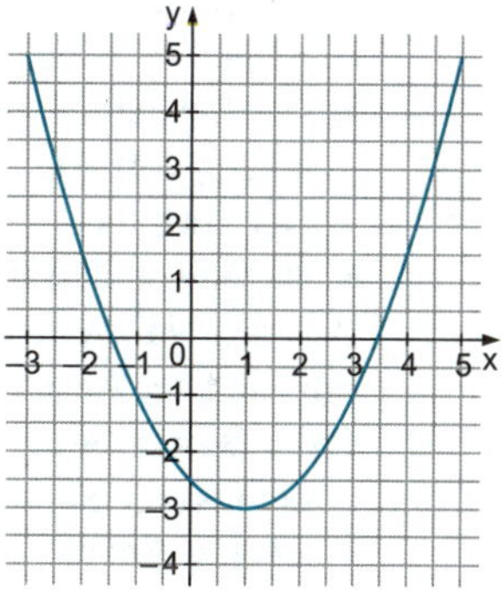

- Das Schaubild hat einen Scheitel bei $(1 \mid -3)$.
- Das Schaubild ist achsensymmetrisch zur Geraden $x = 1$.
- Das Schaubild sieht aus wie eine Parabel.

Ansatz: $f(x) = x^2$
Allerdings ist die Öffnung der Normalparabel f mit $f(x) = x^2$ kleiner als die des vor-

liegenden Schaubildes. Dies sieht man leicht, wenn man vom Scheitel aus um 1 nach rechts rückt. Bei der Normalparabel muss man dann um 1 nach oben rücken. Hier erreicht man aber bereits einen Punkt des Schaubildes, wenn man nur um 0,5 nach oben rückt. Also ergibt sich:
$f_1(x) = 0{,}5 \cdot x^2$
Das Schaubild von f_1 muss nun längs der x-Achse um 1 nach rechts und längs der y-Achse um 3 nach unten verschoben werden.

- Verschiebung um 3 nach unten (vom Funktionsterm 3 subtrahieren):
  $f_2(x) = f_1(x) - 3 = 0{,}5 \cdot x^2 - 3$
- Verschiebung um 1 nach rechts (x durch x – 1 ersetzen):
  $f_3(x) = f_2(x-1) = 0{,}5 \cdot (x-1)^2 - 3$

Überprüfung:

- Aus dem Schaubild ablesbarer Punkt: $(3\,|\,-1)$. Es ergibt sich:
  $f_3(3) = 0{,}5 \cdot 2^2 - 3 = -1$
- Auch alle anderen ablesbaren Punkte erfüllen die Funktionsgleichung.

2. Lösungsmöglichkeit:
Wenn man nicht vom Scheitel der Parabel, sondern von ihren Nullstellen ausgeht, ist der Lösungsweg bedeutend einfacher.
Die Nullstellen der Parabel befinden sich ungefähr bei $x = 3{,}5$ und $x = -1{,}5$.
Ansatz: $f(x) = (x + 1{,}5)(x - 3{,}5)$
Der Scheitel der Parabel befindet sich bei $(1\,|\,-3)$. Es gilt aber $f(1) = -6{,}25$.
Also muss die Parabel längs der y-Achse um den Faktor $\frac{3}{6{,}25}$ gestaucht werden. Man erhält als Lösung:

$$f_1(x) = \frac{3}{6{,}25}(x + 1{,}5)(x - 3{,}5)$$

Die Schaubilder der beiden Lösungen unterscheiden sich im in der Skizze dargestellten Bereich nur unwesentlich, wie man leicht mit einem grafikfähigen Taschenrechner oder einem Funktionenplotter nachprüfen kann.

b) Aus dem Schaubild ablesbare Eigenschaften:

- Das Schaubild sieht aus wie eine nach unten geöffnete Parabel.
- Der Scheitel ist $S(-1\,|\,2)$.
- Die Nullstellen sind $x = 0$ und $x = -2$.

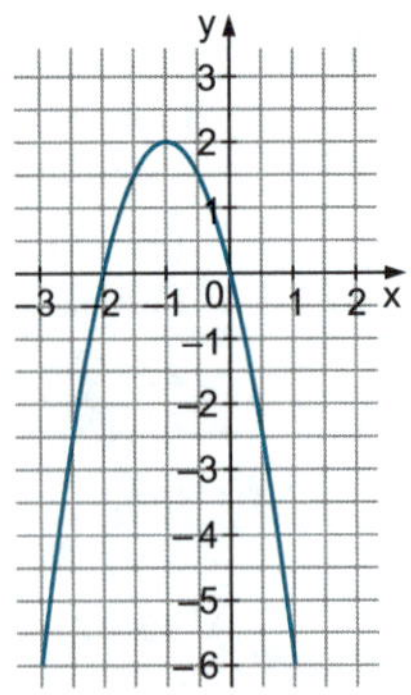

Aus den Nullstellen $x = 0$ und $x = -2$ ergibt sich der Ansatz:
$f(x) = (x - 0)(x + 2)$
Nun muss die Parabel an der x-Achse gespiegelt werden:
$f_1(x) = (-1) \cdot f(x) = -x(x + 2)$

Der Scheitel der Parabel ist (–1 | 2). Es gilt aber $f_1(-1) = 1$. Also muss die Parabel längs der y-Achse um den Faktor 2 gestreckt werden:
$f_2(x) = 2 \cdot f_1(x) = -2x(x+2)$

2. Lösungsmöglichkeit:
Hier ist auch ein 2. Lösungsweg über die Öffnung und die Verschiebung des Scheitels möglich.
Ansatz: $f(x) = x^2$
Öffnung der Parabel vom Scheitel ausgehend um 1 nach rechts und um 2 nach unten ergibt:
$f_1(x) = -2x^2$
Verschiebung des Scheitels um 1 nach links (x durch x + 1 ersetzen) und um 2 nach oben (2 addieren) ergibt:
$f_2(x) = -2(x+1)^2 + 2$

Das Ausmultiplizieren der beiden Funktionsterme zeigt, dass beide Lösungswege zum gleichen Ergebnis führen.

c) Aus dem Schaubild ablesbare Eigenschaften:

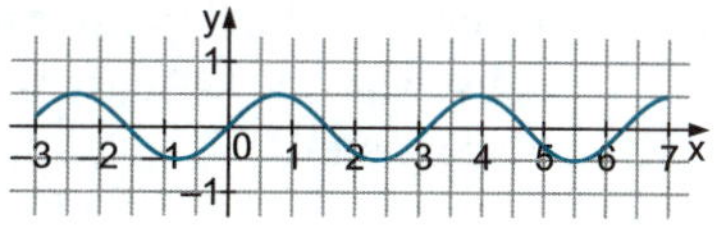

- Das Schaubild sieht aus wie das einer Sinusfunktion.
- Die Funktionswerte schwanken zwischen –0,5 und 0,5.
- Für $0 \le x \le 6{,}3$ ($\approx 2\pi$) erhält man 2 volle Schwingungen.

Ansatz: $f(x) = \sin x$
Das Schaubild der Sinusfunktion (Werte zwischen –1 und 1) muss längs der y-Achse um 0,5 gestaucht werden:
$f_1(x) = 0{,}5 \cdot \sin x$
Das Schaubild der Funktion f_1 muss längs der x-Achse um den Faktor $\frac{1}{2}$ gestaucht werden (x durch 2x ersetzen):
$f_2(x) = 0{,}5 \cdot \sin(2x)$

d) Aus dem Schaubild ablesbare Eigenschaften:

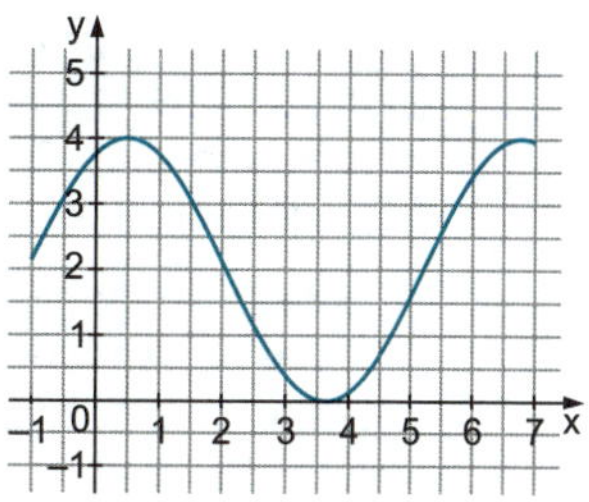

- Das Schaubild sieht aus wie das einer Sinusfunktion.
- Die Funktionswerte schwanken zwischen 0 und 4.
- Eine Schwingung erfolgt im Intervall $-1 \le x \le 5{,}3$ (Länge $\approx 2\pi$).

Ansatz: $f(x) = \sin x$
Streckung längs der y-Achse um den Faktor 2 (Funktionsterm mit 2 multiplizieren):
$f_1(x) = 2 \cdot \sin x$

Translation längs der y-Achse um 2 nach oben (2 zum Funktionsterm addieren):
$f_2(x) = f_1(x) + 2 = 2 \cdot \sin x + 2$
Translation längs der x-Achse um 1 nach links (x durch x + 1 ersetzen):
$f_3(x) = f_2(x+1) = 2 \cdot \sin(x+1) + 2$

e) Aus dem Schaubild ablesbare Eigenschaften:
- Das Schaubild sieht aus wie das einer Exponentialfunktion.
- Für $x \to -\infty$ ist $y = -1$ waagerechte Asymptote.

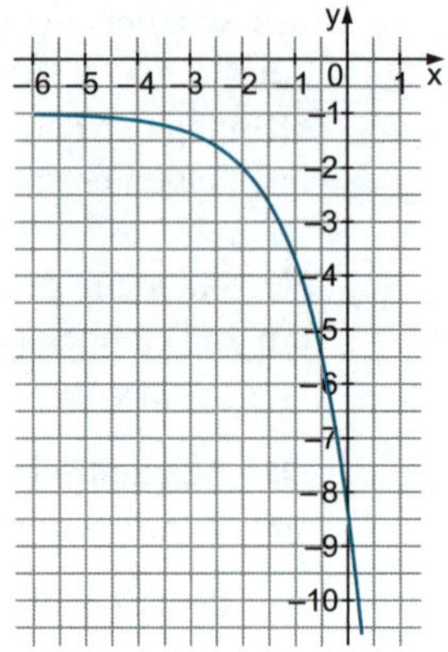

Ansatz: $f(x) = e^x$
Spiegelung an der x-Achse (Funktionsterm mit −1 multiplizieren):
$f_1(x) = -f(x) = -e^x$
Translation längs der y-Achse um 1 nach unten (vom Funktionsterm 1 subtrahieren; sonst wäre die x-Achse waagerechte Asymptote):
$f_2(x) = f_1(x) - 1 = -e^x - 1$
Translation längs der x-Achse um 2 nach links (x durch x + 2 ersetzen; da der Punkt $(-2\,|\,-2)$ auf dem Schaubild liegt):
$f_3(x) = f_2(x+2) = -e^{x+2} - 1$

f) Aus dem Schaubild ablesbare Eigenschaften:
- Das Schaubild sieht aus wie das einer Exponentialfunktion.
- Für $x \to -\infty$ ist $y = -2$ waagerechte Asymptote.
- Vom Punkt $(-1\,|\,-1)$ ausgehend erreicht man weitere Punkte des Schaubildes, indem man um 1 nach rechts und um 1 nach oben, dann um 1 nach rechts und um 2 nach oben, dann um 1 nach rechts und um 4 nach oben rückt. Es muss sich also um eine Exponentialfunktion mit der Basis 2 handeln.

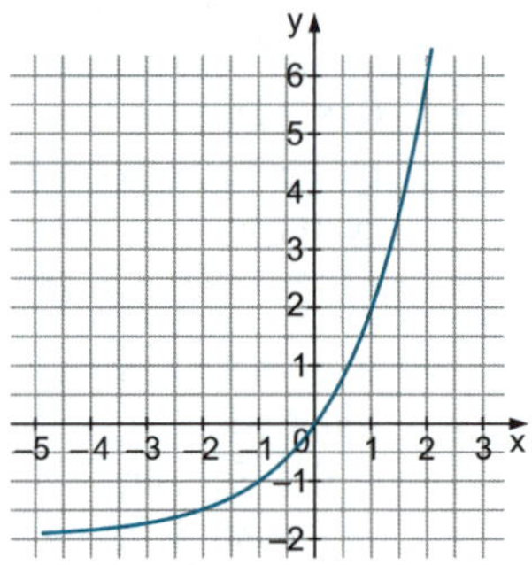

Ansatz: $f(x) = 2^x$
Translation längs der y-Achse um 2 nach unten (vom Funktionsterm 2 subtrahieren):
$f_1(x) = f(x) - 2 = 2^x - 2$
Translation längs der x-Achse um 1 nach links (x durch x + 1 ersetzen):
$f_2(x) = f_1(x+1) = 2^{x+1} - 2$

g) Aus dem Schaubild ablesbare Eigenschaften:

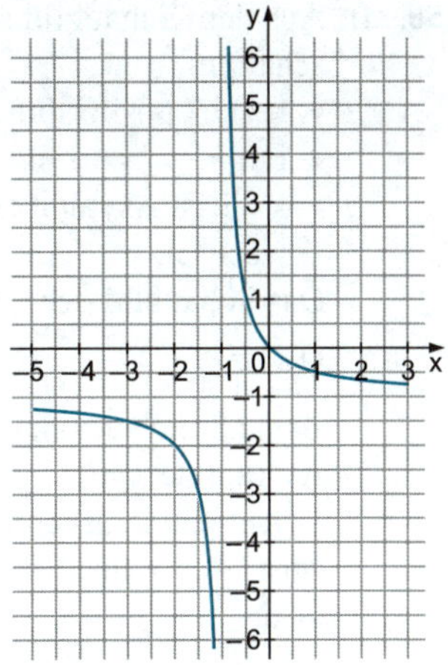

- Es handelt sich um das Schaubild einer gebrochenrationalen Funktion.
- Die Gerade $y=-1$ ist waagerechte Asymptote.
- Die Gerade $x=-1$ ist senkrechte Asymptote.
- $x=-1$ ist ein Pol mit Vorzeichenwechsel.

Ansatz: $f(x)=\frac{1}{x}$

Translation längs der x-Achse um 1 nach links (x durch x + 1 ersetzen):

$f_1(x)=f(x+1)=\frac{1}{x+1}$

Translation längs der y-Achse um 1 nach unten (vom Funktionsterm 1 subtrahieren):

$f_2(x)=f_1(x)-1=\frac{1}{x+1}-1$

Überprüfung:

Ablesbare Punkte des Schaubildes: $(0|0)$ und $(-2|-2)$

Durch Einsetzen erhält man: $f_2(0)=0$ und $f_2(-2)=-2$

h) Aus dem Schaubild ablesbare Eigenschaften:

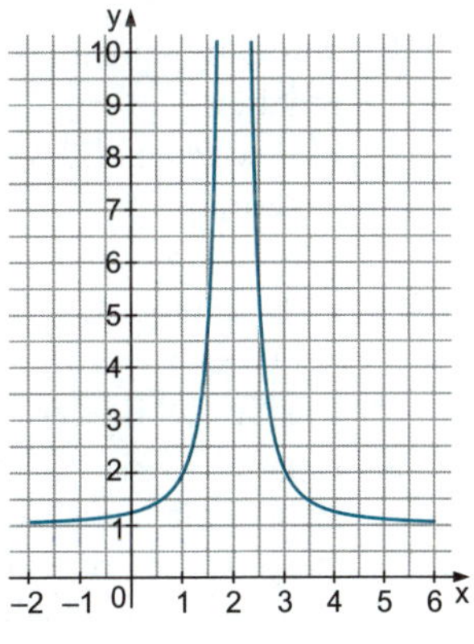

- Es liegt das Schaubild einer gebrochenrationalen Funktion vor.
- Die Gerade $x=2$ ist senkrechte Asymptote.
- Die Gerade $y=1$ ist waagerechte Asymptote.
- $x=2$ ist ein Pol ohne Vorzeichenwechsel.

Ansatz: $f(x)=\frac{1}{x^2}$

Translation längs der x-Achse um 2 nach rechts (x durch x − 2 ersetzen):

$f_1(x)=f(x-2)=\frac{1}{(x-2)^2}$

Translation längs der y-Achse um 1 nach oben (1 zum Funktionsterm addieren):

$f_2(x)=f_1(x)+1=\frac{1}{(x-2)^2}+1$

Überprüfung:

Ablesbare Punkte des Schaubildes: $(1|2)$ und $(3|2)$

Durch Einsetzen erhält man: $f_2(1)=2$ und $f_2(3)=2$

50. a) Aus dem Schaubild ablesbare Eigenschaften:

- f(x) ist positiv für alle $x \in \mathbb{D}$.
- Für $x \to \pm\infty$ strebt f(x) gegen 0.
- x = 1 ist Asymptote ohne Vorzeichenwechsel.

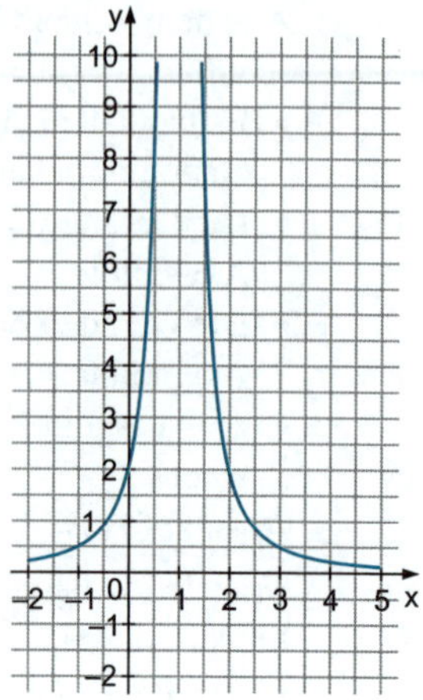

Das Schaubild der Funktion mit

$$f(x) = \frac{1}{x^2}$$

sieht ähnlich aus, hat aber die senkrechte Asymptote x = 0.

Verschiebt man dieses Schaubild längs der x-Achse um 1 nach rechts, so erhält man:

$$f_1(x) = \frac{1}{(x-1)^2}$$

Der ablesbare Schnittpunkt des Schaubilds mit der y-Achse ist (0 | 2), während $f_1(0) = 1$ ist.

Eine Streckung längs der y-Achse um den Faktor 2 ergibt:

$$f_2(x) = \frac{2}{(x-1)^2}$$

Das Schaubild von f_2 hat alle aus der Skizze ablesbaren Eigenschaften.

b) Aus dem Schaubild ablesbare Eigenschaften:

- Das Schaubild geht durch den Ursprung.
- Für $x \to -\infty$ ist $y = -1$ horizontale Asymptote.
- Für $x \to +\infty$ strebt f(x) gegen $+\infty$.

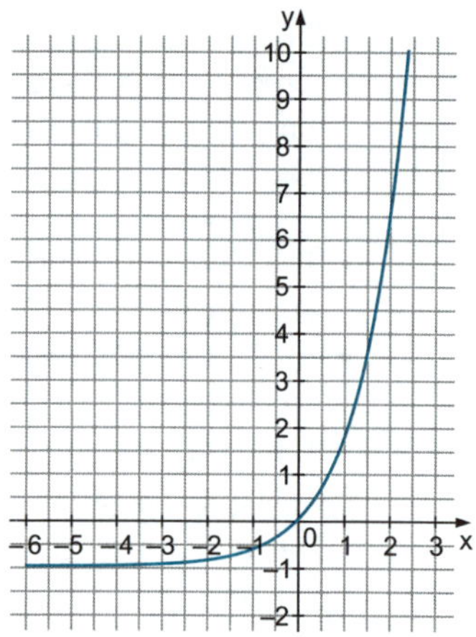

Das Schaubild der Funktion f mit

$f(x) = e^x$

sieht ähnlich aus. Allerdings ist dort die y-Achse horizontale Asymptote für $x \to -\infty$ und das Schaubild geht durch den Punkt (0 | 1). Verschiebt man das Schaubild längs der y-Achse um 1 nach unten, so erhält man:

$f_1(x) = e^x - 1$

Das Schaubild erfüllt alle aus der Skizze ablesbaren Bedingungen.

c) Aus dem Schaubild ablesbare Eigenschaften:

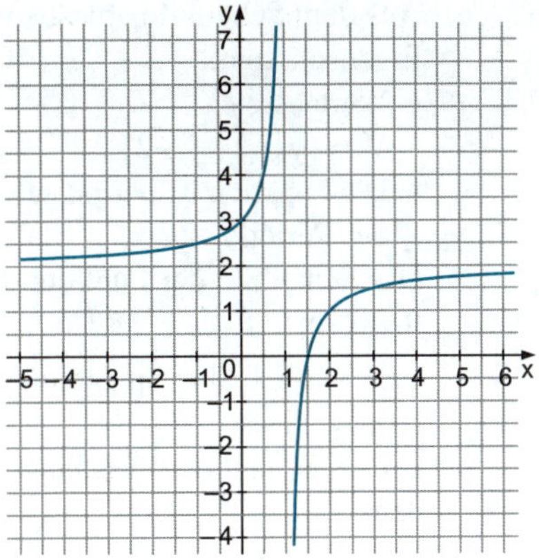

- Für $x \to \pm\infty$ ist $y = 2$ horizontale Asymptote.
- $x = 1$ ist vertikale Asymptote mit Vorzeichenwechsel von + nach –.
- Die Punkte $(0|3)$ und $(2|1)$ liegen auf dem Schaubild.
- Das Schaubild ist punktsymmetrisch zum Punkt $(1|2)$.

Das Schaubild der Funktion f mit
$f(x) = \frac{1}{x}$
sieht ähnlich aus.
Die beiden Äste der Hyperbel müssen an der x-Achse gespiegelt werden. So erhält man die Gleichung:
$f_1(x) = -\frac{1}{x}$
Das Symmetriezentrum muss vom Ursprung längs der x-Achse um 1 nach rechts in den Punkt $(1|2)$ verschoben werden:
$f_2(x) = -\frac{1}{x-1}$
Anschließend Verschiebung längs der y-Achse um 2 nach oben:
$f_3(x) = -\frac{1}{x-1} + 2$
Das Schaubild K der gefundenen Funktion erfüllt auch die restlichen Eigenschaften: $(0|3) \in K$ und $(2|1) \in K$. Somit hat K alle aus der Skizze ablesbaren Eigenschaften.

d) Aus dem Schaubild ablesbare Eigenschaften:

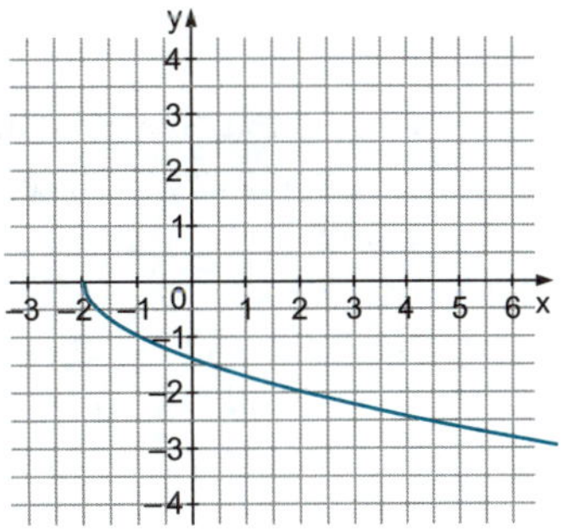

- Definitionsbereich $\mathbb{D} = \{x \mid x \geq -2\}$
- Wertebereich $W = \{y \mid y \leq 0\}$
- Der Punkt $(2|-2)$ liegt auf dem Schaubild.
- Es sind keine Asymptoten erkennbar.

Das Schaubild der Funktion f mit
$f(x) = \sqrt{x}$
sieht ähnlich aus. Dieses Schaubild muss zuerst an der x-Achse gespiegelt werden:
$f_1(x) = -\sqrt{x}$
Dann muss es längs der x-Achse um 2 nach links verschoben werden:
$f_2(x) = -\sqrt{x+2}$
Das Schaubild erfüllt die oben aufgeführten Eigenschaften. Insbesondere liegen die Punkte $(-2|0)$, $(2|-2)$ und $(7|-3)$ auf dem Schaubild von f_2.

e) Aus dem Schaubild ablesbare Eigenschaften:

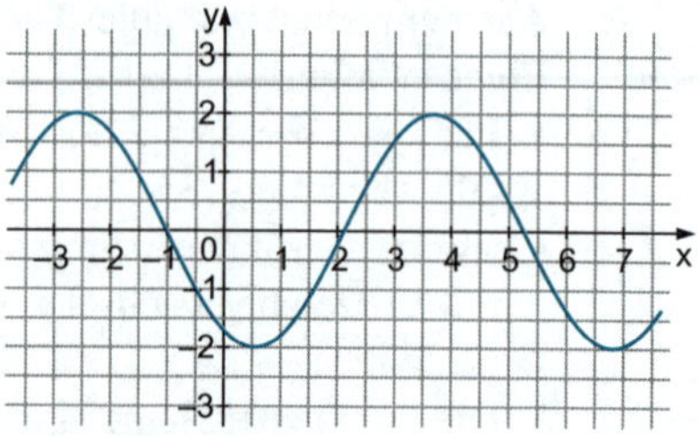

- Wertebereich
  $W = \{y \mid -2 \le y \le 2\}$
- Die Funktion ist periodisch mit der Periode ≈ 6.

Das Schaubild der Funktion f mit
$f(x) = \sin x$
sieht ähnlich aus. Spiegelung an der x-Achse ergibt:
$f_1(x) = -\sin x$
Dieses Schaubild muss längs der y-Achse um den Faktor 2 gestreckt werden:
$f_2(x) = -2\sin x$
Anschließend wird das Schaubild längs der x-Achse um 1 nach links verschoben:
$f_3(x) = -2\sin(x+1)$

Das Schaubild dieser Funktion erfüllt alle aus der Skizze ablesbaren Bedingungen.

f) Aus dem Schaubild ablesbare Eigenschaften:

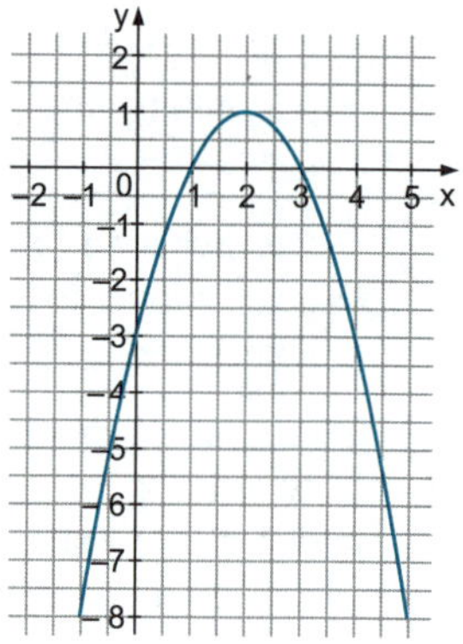

- Die Parabel ist nach unten geöffnet.
- Der Scheitel der Parabel ist $(2 \mid 1)$.
- Die Nullstellen liegen bei $x = 1$ und $x = 3$.

1. Lösungsmöglichkeit: Ausgehend von der Normalparabel f mit
$f(x) = x^2$
muss deren Schaubild an der x-Achse gespiegelt werden. Das ergibt die Gleichung
$f_1(x) = -x^2$.
Nun muss der Scheitel längs der x-Achse um 2 nach rechts vom Ursprung in den Punkt $(2 \mid 1)$ verschoben werden:
$f_2(x) = -(x-2)^2$
Verschiebung längs der y-Achse um 1 nach oben ergibt:
$f_3(x) = -(x-2)^2 + 1$
Die Nullstellen liegen bei $x = 1$ und $x = 3$.

2. Lösungsmöglichkeit: Ausgehend von der Annahme, dass es sich um eine ganzrationale Funktion handelt, deren einzige Nullstellen die einfachen Nullstellen $x = 1$ und $x = 3$ sind, erhält man:
$f(x) = (x-1)(x-3)$

Das Schaubild dieser Funktion ist eine nach oben geöffnete Parabel, die an der x-Achse gespiegelt werden muss. Man erhält:
$f_1(x) = -(x-1)(x-3)$

51. a) $f(x) = x^3 + 3x^2 + 3x + 2$
Vermutung: Das Schaubild der Funktion ist punktsymmetrisch zu Z(–1 | 1).
Verschiebt man das Schaubild längs der y-Achse um 1 nach unten, so erhält man:
$f_1(x) = x^3 + 3x^2 + 3x + 2 - 1$
Anschließende Verschiebung längs der x-Achse um 1 nach rechts ergibt:
$$f_2(x) = (x-1)^3 + 3(x-1)^2 + 3(x-1) + 2 - 1$$
$$= x^3 - 3x^2 + 3x - 1 + 3x^2 - 6x + 3 + 3x - 3 + 1$$
$$= x^3$$
Man erhält also eine ungerade Funktion, deren Schaubild punktsymmetrisch zum Ursprung ist. Also ist das Schaubild der Ausgangsfunktion punktsymmetrisch zum Punkt (–1 | 1).

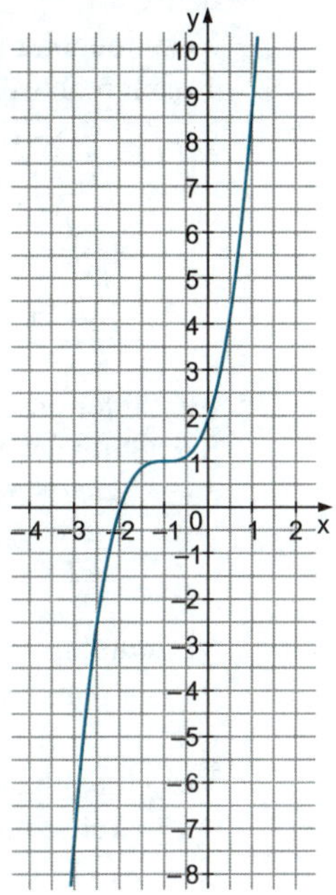

b) $f(x) = -x^2 + 2x + 3$
Vermutung: Das Schaubild der Funktion ist achsensymmetrisch zur Geraden x = 1.
Verschiebung des Schaubilds längs der x-Achse um 1 nach links ergibt:
$$f_1(x) = -(x+1)^2 + 2(x+1) + 3$$
$$= -x^2 - 2x - 1 + 2x + 2 + 3$$
$$= -x^2 + 4$$
Man erhält eine gerade Funktion; deren Schaubild ist achsensymmetrisch zur y-Achse. Also ist das Schaubild der Ausgangsfunktion achsensymmetrisch zur Geraden x = 1.

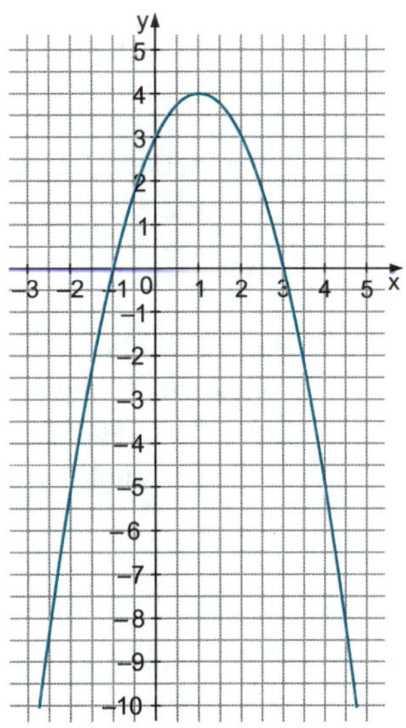

c) $f(x) = \frac{x^2 + 2x}{x^2 + 2x + 1}$

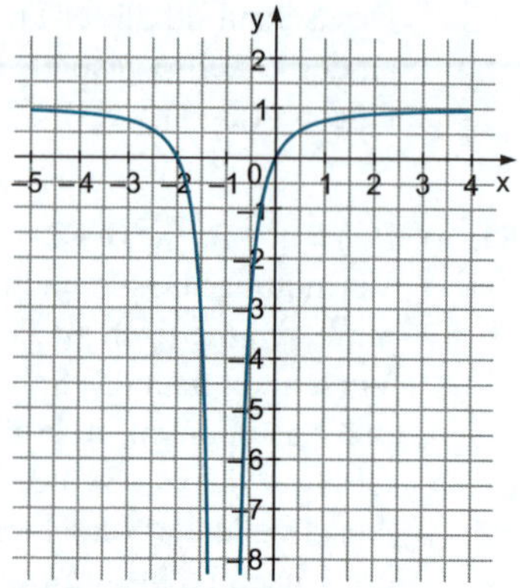

Vermutung: Das Schaubild der Funktion ist achsensymmetrisch zur Geraden $x = -1$.

Verschiebung längs der x-Achse um 1 nach rechts ergibt:

$$f_1(x) = \frac{(x-1)^2 + 2(x-1)}{(x-1)^2 + 2(x-1) + 1}$$

$$= \frac{x^2 - 2x + 1 + 2x - 2}{x^2 - 2x + 1 + 2x - 2 + 1}$$

$$= \frac{x^2 - 1}{x^2}$$

Im Zähler und im Nenner steht jeweils eine gerade Funktion, also ist das Schaubild der Funktion achsensymmetrisch zur y-Achse. Das Schaubild der Ausgangsfunktion ist damit achsensymmetrisch zur Geraden $x = -1$.

d) $f(x) = \frac{2x + 1}{x + 1}$

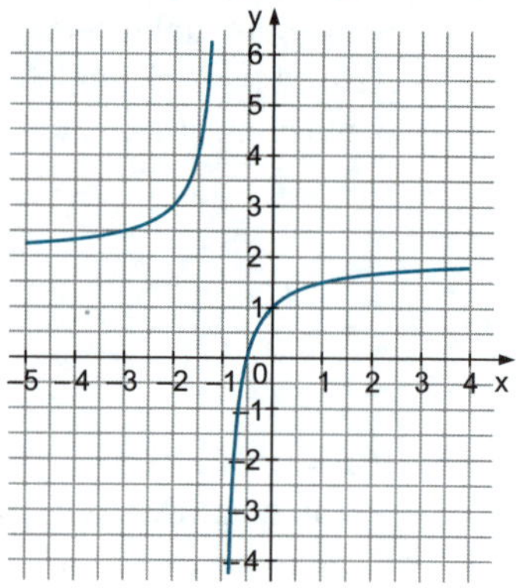

Vermutung: Das Schaubild der Funktion ist punktsymmetrisch zum Punkt $(-1\,|\,2)$.

Verschiebung des Schaubildes längs der y-Achse um 2 nach unten:

$$f_1(x) = \frac{2x + 1}{x + 1} - 2$$

$$= \frac{2x + 1 - 2x - 2}{x + 1}$$

$$= \frac{-1}{x + 1}$$

Verschiebung längs der x-Achse um 1 nach rechts ergibt:

$$f_2(x) = \frac{-1}{x - 1 + 1}$$

$$= \frac{-1}{x}$$

Das Schaubild dieser Funktion ist punktsymmetrisch zum Ursprung. Man könnte auch folgendermaßen argumentieren: Im Zähler des Bruchs steht eine gerade Funktion und im Nenner steht eine ungerade Funktion. Also ist das Schaubild punktsymmetrisch zum Ursprung.

e) $f(x) = x^3 + 3x^2 - x - 3$
Vermutung: Das Schaubild der Funktion ist punktsymmetrisch zu Z(−1 | 0).
Verschiebung längs der x-Achse um 1 nach rechts ergibt:

$$\begin{aligned} f_1(x) &= (x-1)^3 + 3(x-1)^2 - (x-1) - 3 \\ &= x^3 - 3x^2 + 3x - 1 + 3x^2 - 6x + 3 - x + 1 - 3 \\ &= x^3 - 4x \end{aligned}$$

Die Funktion f_1 ist eine ungerade Funktion und somit punktsymmetrisch zum Ursprung. Also ist die Ausgangsfunktion punktsymmetrisch zu Z.

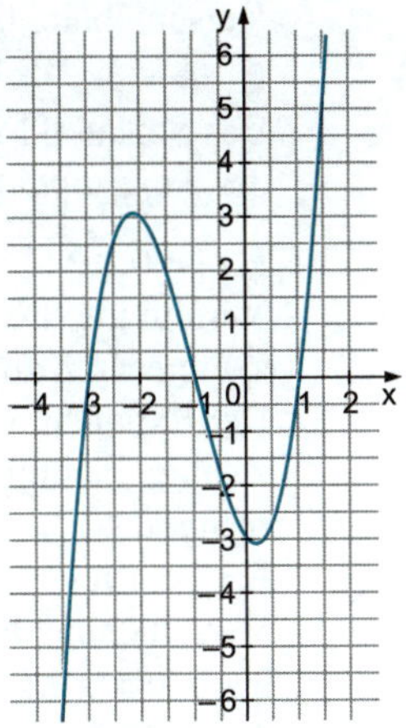

f) $f(x) = \frac{x^2}{x-1}$
Vermutung: Das Schaubild der Funktion ist punktsymmetrisch zu Z(1 | 2).
Verschiebung längs der y-Achse um 2 nach unten ergibt:

$$f_1(x) = \frac{x^2}{x-1} - 2 = \frac{x^2 - 2x + 2}{x-1}$$

Anschließende Verschiebung längs der x-Achse um 1 nach links ergibt:

$$f_2(x) = \frac{(x+1)^2 - 2(x+1) + 2}{x+1-1} = \frac{x^2 + 2x + 1 - 2x - 2 + 2}{x} = \frac{x^2+1}{x}$$

Der Zähler ist eine gerade, der Nenner eine ungerade Funktion. Also ist das Schaubild punktsymmetrisch zum Ursprung. Die Ausgangsfunktion ist somit punktsymmetrisch zu Z(1 | 2).

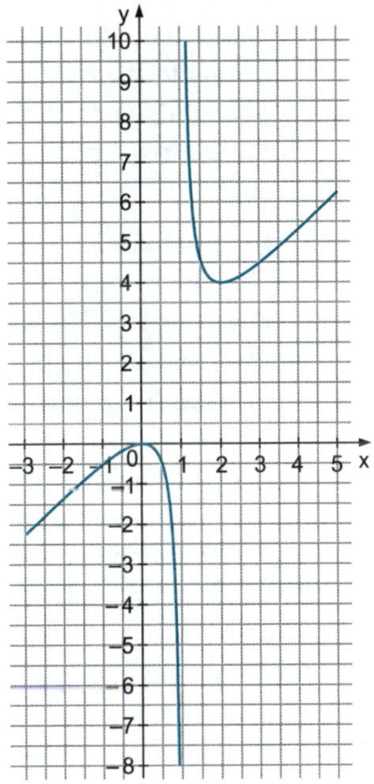

g) $f(x) = 2e^{-x^2 + 2x - 1}$
Vermutung: Das Schaubild ist achsensymmetrisch zur Geraden $x = 1$.
Zunächst wird der Exponent mithilfe der zweiten binomischen Gleichung zusammengefasst:
$f(x) = 2e^{-(x-1)^2}$

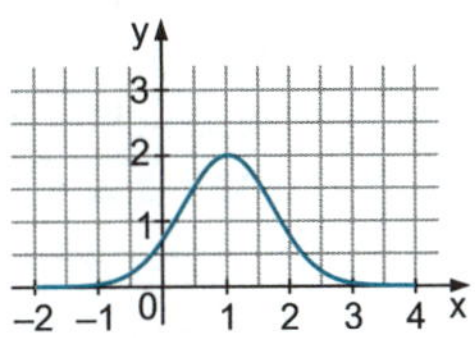

Verschiebung längs der x-Achse um 1 nach links ergibt:
$f_1(x) = 2e^{-(x+1-1)^2} = 2e^{-x^2}$
Das Schaubild von f_1 ist achsensymmetrisch zur y-Achse; das Schaubild der Ausgangsfunktion ist damit achsensymmetrisch zur Geraden $x = 1$.

h) $f(x) = 0{,}1e^{x^2+2x+1}$
Vermutung: Das Schaubild ist achsensymmetrisch zur Geraden $x = -1$.
Der Exponent wird zunächst mithilfe der zweiten binomischen Gleichung zusammengefasst:
$f(x) = 0{,}1e^{(x+1)^2}$
Verschiebung längs der x-Achse um 1 nach rechts ergibt:
$f_1(x) = 0{,}1e^{(x-1+1)^2} = 0{,}1e^{x^2}$
Das Schaubild der Funktion f_1 ist achsensymmetrisch zur y-Achse. Also ist das Schaubild der Ausgangsfunktion achsensymmetrisch zur Geraden $x = -1$.

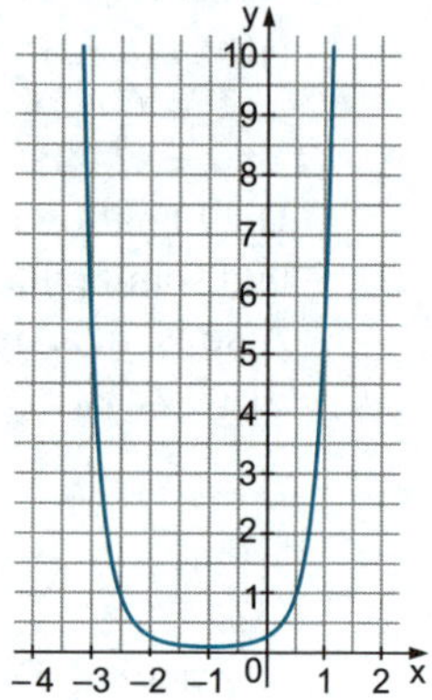

52. a) Eigenschaften:
(1) Für $x \to \pm\infty$ gilt: $f(x) \to +\infty$.
(2) $x = -1$ ist Nullstelle von geradem Grad.
(3) Das Gleiche gilt für $x = 3$.
(4) Das Schaubild ist achsensymmetrisch zu $x = 1$.
(5) Tiefpunkte sind $(-1\,|\,0)$ und $(3\,|\,0)$.
(6) Hochpunkt ist $(1\,|\,16)$.
(7) Wendepunkte sind $(0\,|\,9)$ und $(2\,|\,9)$.
Unter der Annahme, dass es sich um eine ganzrationale Funktion handelt, ist unter Berücksichtigung der Eigenschaften (2) und (3) folgender Ansatz möglich:
$f(x) = (x+1)^2(x-3)^2$
Da der Funktionsterm ein Produkt von zwei Quadraten (also stets >0) ist, sind die Eigenschaften (1) und (5) erfüllt.
Verschiebt man das Schaubild längs der x-Achse um 1 nach links, so erhält man:
$f_1(x) = (x+1+1)^2(x+1-3)^2$
$= (x+2)^2(x-2)^2 = (x^2-4)^2$
$= x^4 - 8x^2 + 16$

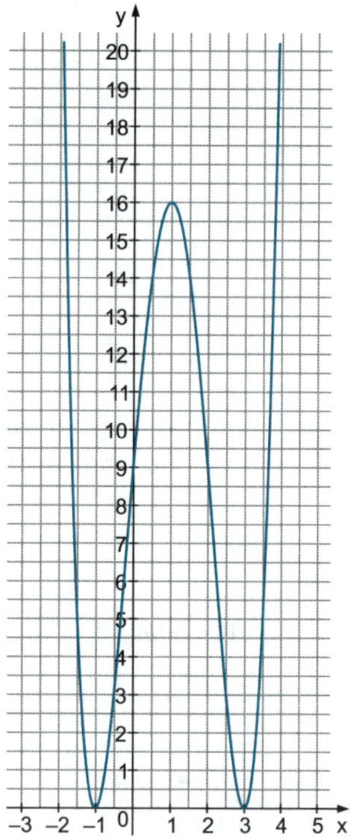

Da f_1 gerade und damit achsensymmetrisch zur y-Achse ist, ist die Ausgangsfunktion achsensymmetrisch zur Geraden $x = 1$. Die Eigenschaften (6) und (7) lassen sich rechnerisch bestätigen.

b) Eigenschaften:
(1) Für $x \to -\infty$ gilt: $f(x) \to +\infty$.
(2) Für $x \to +\infty$ gilt: $f(x) \to -\infty$.
(3) $x = -3$ ist Nullstelle.
(4) $x = 2$ ist Nullstelle von geradem Grad.
(5) $(2|0)$ ist Hochpunkt.
(6) Tiefpunkt ist ungefähr $(-1{,}3|-4{,}6)$.
(7) Wendepunkt ist ungefähr $(0{,}5|-2)$.
(8) Schnittpunkt mit der y-Achse ist $(0|-3)$.

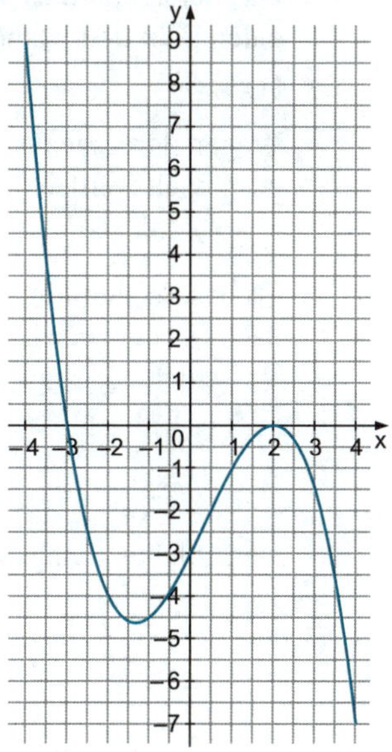

Ausgehend von den Nullstellen (einfache Nullstelle $x = -3$ und doppelte Nullstelle $x = 2$) ist folgender Ansatz möglich:
$f(x) = (x + 3)(x - 2)^2$
Da sich das Schaubild von f für $x \to \pm\infty$ bezüglich des Vorzeichens genau umgekehrt zu (1) und (2) verhält, muss f an der x-Achse gespiegelt werden:
$f_1(x) = -(x + 3)(x - 2)^2$
Die Eigenschaften (1) bis (5) sind nun erfüllt. Als Schnittpunkt mit der y-Achse ergibt sich aber der Punkt $(0|-12)$.
Durch eine Stauchung längs der y-Achse um den Faktor $\frac{1}{4}$ erhält man:
$f_2(x) = -\frac{1}{4}(x + 3)(x - 2)^2$

Das Schaubild von f_2 erfüllt alle oben aufgeführten Eigenschaften.

c) Eigenschaften:
(1) Die Gerade $y = 1$ ist horizontale Asymptote für $x \to \pm\infty$.
(2) Die Stelle $x = -2$ ist Pol mit Vorzeichenwechsel von + nach –.
(3) $x = -1$ ist Nullstelle.

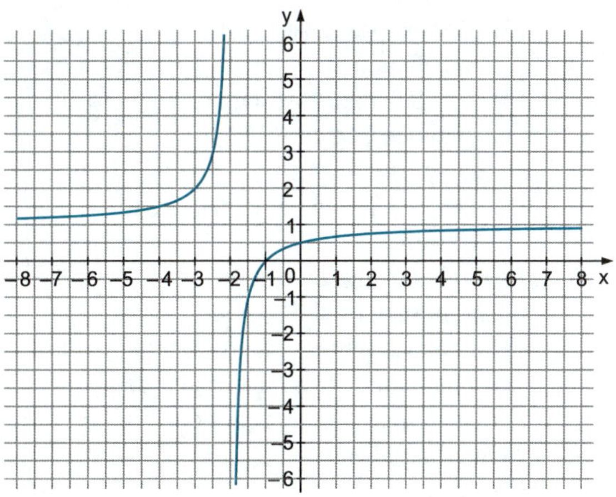

(4) Der Schnittpunkt mit der y-Achse liegt ungefähr bei $(0|0{,}5)$.

(5) Das Schaubild hat keine Extrema.
(6) Das Schaubild hat keine Wendepunkte.
(7) Das Schaubild ist punktsymmetrisch zum Punkt Z(–2 | 1).

Das Schaubild dieser Funktion sieht aus wie das einer gebrochenrationalen Funktion. Daher macht man folgenden Ansatz:

$$f(x)=\frac{1}{x}$$

Wegen der Lage der Hyperbel-Äste muss das Schaubild an der x-Achse gespiegelt werden. Man erhält:

$$f_1(x)=-\frac{1}{x}$$

Da das Schaubild von f_1 punktsymmetrisch zum Ursprung ist, muss es nach (–2 | 1) verschoben werden.

Verschiebung längs der y-Achse um 1 nach oben:

$$f_2(x)=-\frac{1}{x}+1 = \frac{x-1}{x}$$

Verschiebung längs der x-Achse um 2 nach links:

$$f_3(x)=\frac{x+2-1}{x+2} = \frac{x+1}{x+2}$$

Das Schaubild dieser Funktion erfüllt alle angegebenen Eigenschaften.

d) Eigenschaften:
(1) Die x-Achse ist Asymptote für $x \to \pm\infty$.
(2) $x=-3$ und $x=3$ sind Pole mit Vorzeichenwechsel.
(3) Der Ursprung ist Wendepunkt.
(4) Das Schaubild ist punktsymmetrisch zum Ursprung.
(5) Das Schaubild hat keine Extrema.

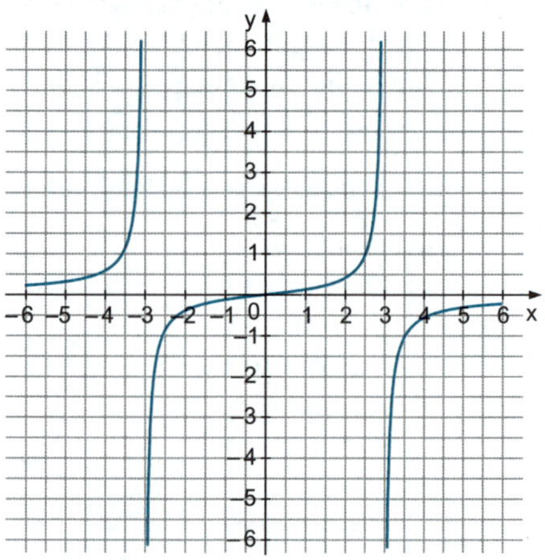

Es muss sich um eine gebrochenrationale Funktion handeln. Also ergeben sich aus den beiden Polen die Nullstellen des Nenners von ungerader Ordnung (wegen des Vorzeichenwechsels) und aus den Nullstellen des Schaubildes der Funktion die Nullstellen des Zählers.

Man erhält also:

$$f(x)=\frac{x}{(x+3)(x-3)}$$

Das Schaubild dieser Funktion erfüllt schon die oben formulierten Eigenschaften. Allerdings stellt man fest, dass sich das Schaubild für $x \to -\infty$ der Asymptote von oben nähern soll, während sich das Schaubild von f der Asymptote von unten nähert. Entsprechendes gilt für alle anderen Asymptoten. Man muss daher das Schaubild von f noch an der x-Achse spiegeln und erhält so:

$f_1(x) = \frac{-x}{x^2 - 9}$

Das Schaubild dieser Funktion erfüllt alle Bedingungen.

e) Eigenschaften:
   (1) $x = -2$ ist Pol ohne Vorzeichenwechsel.
   (2) $x = 2$ ist Pol mit Vorzeichenwechsel.
   (3) $x = 0$ ist Nullstelle.
   (4) Für $x \to \pm\infty$ ist die x-Achse Asymptote.
   (5) Der Ursprung ist relatives Maximum.
   (6) Der Punkt $(-1\,|\,-1)$ liegt auf dem Schaubild.

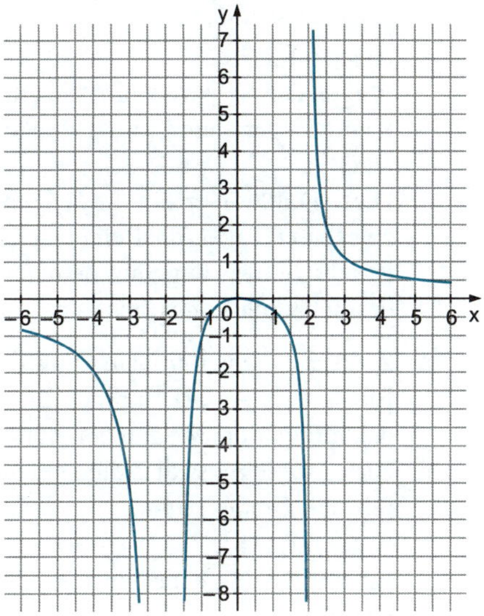

Es muss sich um eine gebrochenrationale Funktion handeln. Damit ergibt sich aus dem Pol $x = -2$ eine Nullstelle des Nenners von gerader Ordnung, da kein Vorzeichenwechsel vorliegt. Für $x = 2$ ergibt sich eine Nullstelle des Nenners von ungerader Ordnung (aufgrund des Vorzeichenwechsels). Da das Schaubild die x-Achse im Ursprung berührt und nicht schneidet, muss $x = 0$ eine zweifache (geradzahlige) Nullstelle des Zählers sein. In einem ersten Ansatz erhält man so:

$f(x) = \frac{x^2}{(x+2)^2(x-2)}$

Das Schaubild von f nähert sich ebenso wie das skizzierte Schaubild der x-Achse als horizontaler Asymptote. Man betrachtet noch Eigenschaft (6): Es ergibt sich $f(-1) = -\frac{1}{3}$. Eine Streckung längs der y-Achse um den Streckungsfaktor 3 ergibt:

$f_1(x) = \frac{3x^2}{(x+2)^2(x-2)}$

Das Schaubild dieser Funktion erfüllt alle formulierten Bedingungen.

f) Eigenschaften:
   (1) Das Schaubild ist achsensymmetrisch zur y-Achse.
   (2) Der Punkt (0 | 1) ist Tiefpunkt.
   (3) Für $x \to \pm\infty$ strebt das Schaubild sehr steil gegen $+\infty$.

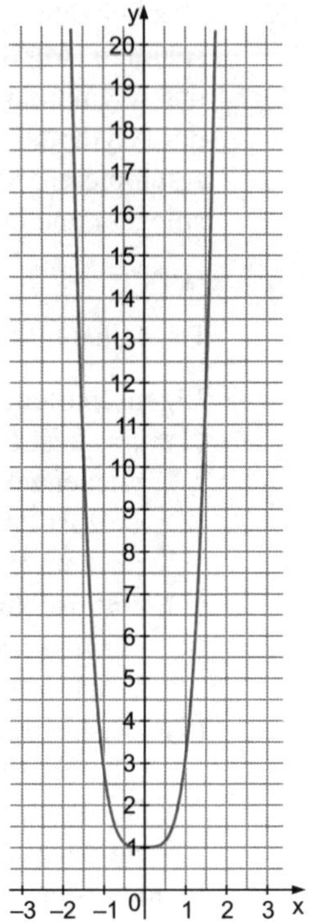

1. Lösung: Exponentialfunktion
Die Graphen von Exponentialfunktionen streben steil gegen $+\infty$, wenn der Exponent gegen $+\infty$ strebt.
Ansatz: $f(x) = e^x$
Wegen der Achsensymmetrie zur y-Achse kann x nur mit geradem Exponenten auftreten, also:
$f_1(x) = e^{x^2}$
Diese Funktion erfüllt die aus dem Schaubild ablesbaren Eigenschaften (1), (2) und (3). Auch ist $f(1) = e$, was ungefähr dem ablesbaren Wert des Schaubilds entspricht.

2. Lösung: ganzrationale Funktion
Ein anderer Ansatz ist die Wahl einer ganzrationalen Funktion. Wegen der Achsensymmetrie zur y-Achse muss dies eine gerade Funktion (etwa 4. Grades) sein.
Ansatz: $f(x) = x^4$
Eine Streckung längs der y-Achse um den Faktor 2 ergibt:
$f_1(x) = 2x^4$
Wegen der Eigenschaft (2) muss das Schaubild nun längs der y-Achse noch um 1 nach oben verschoben werden. Man erhält:
$f_2(x) = 2x^4 + 1$
Natürlich kann man als Ansatz eine beliebige ganzrationale Funktion geraden Grades wählen (etwa 6. oder 8. Grades). Welcher Ansatz hierbei der bessere ist, müsste man anhand einiger aus dem Schaubild ungefähr ermittelter Funktionswerte überprüfen.

3. Lösung: Wurzelfunktion
Das Schaubild könnte auch das Schaubild einer Wurzelfunktion sein, die sich asymptotisch an die Ränder ihres Definitionsbereiches annähert. Der Definitionsbereich der gesuchten Funktion muss also $\mathbb{D} = \{x \mid -2 < x < 2\}$ sein.

Ansatz: $f(x) = \sqrt{4 - x^2}$

Die Werte x = –2 und x = 2 gehören jedoch noch zum Definitionsbereich von f; sie sind Nullstellen der Funktion f. Diese werden zu Definitionslücken, wenn man die Wurzel in den Nenner eines Bruchterms schreibt, etwa:

$$f_1(x) = \frac{1}{\sqrt{4 - x^2}}$$

Um einen etwas steileren Anstieg zu den Polen hin zu erreichen, führt man eine Streckung längs der y-Achse aus, indem man den Zähler des Bruchs vergrößert, etwa:

$$f_2(x) = \frac{16}{\sqrt{4 - x^2}}$$

Das Schaubild von f_2 geht aber durch den Punkt (0 | 8). Es muss also noch eine Verschiebung längs der y-Achse um 7 nach unten ausgeführt werden. Man erhält so eine mögliche Lösung:

$$f_3(x) = \frac{16}{\sqrt{4 - x^2}} - 7$$

Das nebenstehende Schaubild zeigt die drei Lösungen im Vergleich.

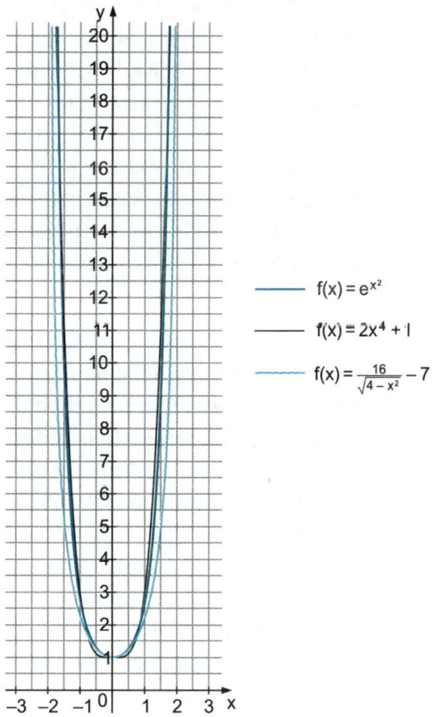

53. Die Schaubilder der Ableitungsfunktionen sind nicht mit einem Funktionenplotter, sondern mit einem einfachen Zeichenprogramm erstellt worden. Es sollten nur die Aussagen herangezogen werden, die anhand des Schaubildes der Ausgangsfunktion aufgestellt wurden.

a) Die Funktion hat die konstante Änderungsrate 2. Also ergibt sich das nebenstehende Schaubild für die Ableitungsfunktion.

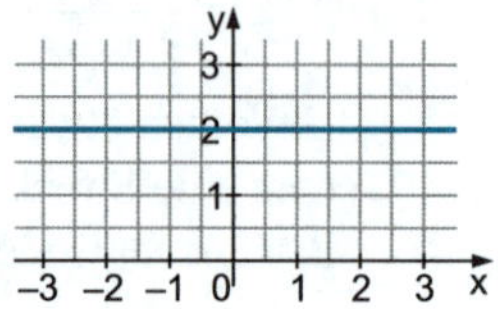

b) Im Intervall $-3 < x < -1$ hat die Funktion die konstante Änderungsrate 2; für $-1 < x < 1$ besitzt sie die Änderungsrate 0 und für $1 < x < 3$ die Änderungsrate $-0{,}5$. Damit ergibt sich das nebenstehende Schaubild der Ableitungsfunktion.

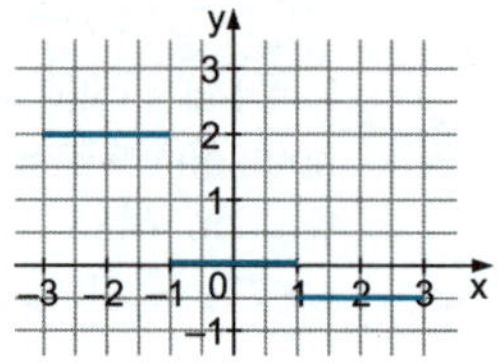

c) Das Schaubild von f hat an der Stelle $x = 2$ ein relatives Minimum. Also hat das Schaubild von f' dort eine Nullstelle. Für $x < 2$ ist die Änderungsrate von f negativ, anschließend ist sie positiv. Außerdem nimmt die Änderungsrate streng monoton zu. Da das Schaubild von f wie eine Parabel aussieht, kann das Schaubild von f' eine Gerade mit einer Nullstelle bei $x = 2$ und positiver Steigung sein.

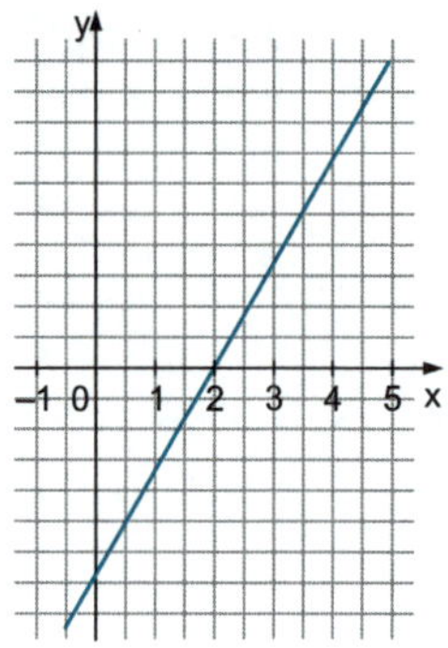

d) Das Schaubild von f hat an den Stellen $x \approx -1{,}7$ und $x = 1$ relative Extremstellen. Das Schaubild von f' hat an diesen Stellen Nullstellen.

- Für $x < -1{,}7$ ist die Änderungsrate positiv. In diesem Bereich ist sie streng monoton fallend.
- Für $-1{,}7 < x < 1$ ist die Änderungsrate negativ, wobei sie zuerst streng monoton fällt, dann ungefähr bei $x = -0{,}5$ ihren kleinsten Wert erreicht und anschließend streng monoton steigt.
- Für $x > 1$ ist die Änderungsrate wieder positiv und steigt monoton.

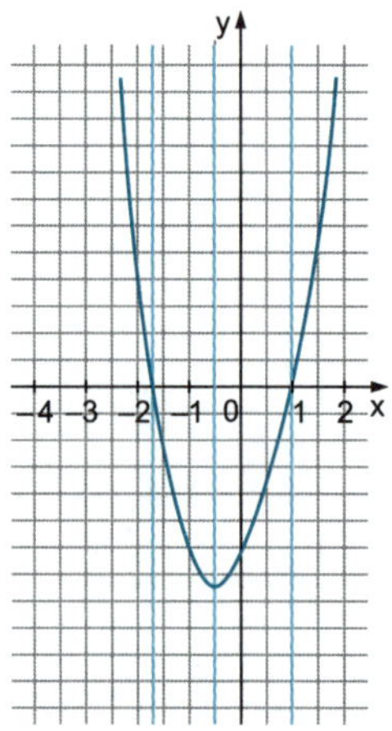

e) Die Funktion f hat bei x = 1 ein relatives Extremum. Dort hat also das Schaubild von f' eine Nullstelle.

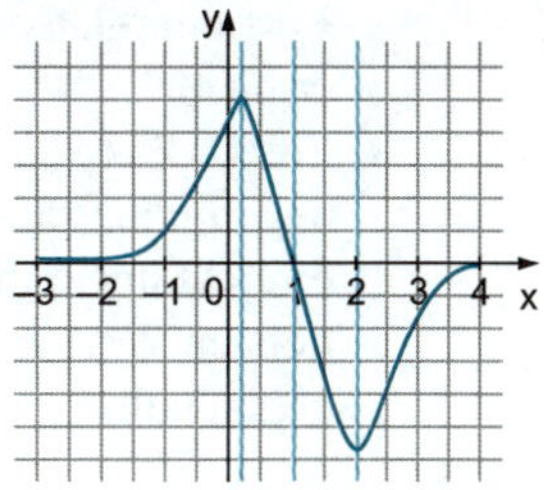

- Für x < 1 ist die Änderungsrate von f positiv.
- Für x < –1,5 ist die Änderungsrate nahezu null. Danach steigt sie und hat ungefähr bei x = 0,3 ein Maximum, um dann bis x = 1 auf den Wert null abzufallen.
- Für x > 1 ist die Änderungsrate von f negativ.

Vor der Nullstelle bei x = 1 ist die Änderungsrate streng monoton fallend, und auch nach dem Schnitt mit der x-Achse fällt sie streng monoton weiter, bis sie ungefähr bei x = 2 ihren kleinsten Wert erreicht. Anschließend ist sie streng monoton steigend und nähert sich dann ab ungefähr x = 3,5 immer mehr dem Wert null.

f) Die Funktion hat relative Extrema ungefähr bei x = –1,1, x = 2 und x = 5,1.

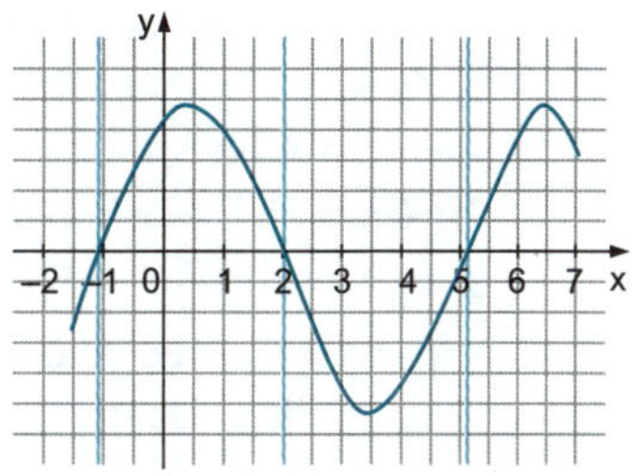

- Für x < –1,1 ist die Änderungsrate von f negativ und wächst streng monoton.
- Für –1,1 < x < 2 ist die Änderungsrate positiv. Von x = –1,1 an wächst sie und erreicht ihren maximalen Wert ungefähr bei 0,4; anschließend fällt sie wieder gegen den Wert null.
- Für 2 < x < 5,1 ist die Änderungsrate negativ. Vom Wert null bei x = 2 fällt sie weiter ab und erreicht ungefähr bei x = 3,5 den tiefsten Wert, um anschließend wieder gegen null zu wachsen.
- Für x > 5,1 ist der Wert der Ableitungsfunktion wieder positiv. Er erreicht ungefähr bei x = 6,5 einen maximalen Wert, um anschließend zu fallen.

Die Ableitungsfunktion hat an denjenigen Stellen ihre maximalen bzw. minimalen Werte, an denen die Ausgangsfunktion ihre Nullstellen hat.

g) Die Funktion hat Extremstellen bei x = 0 und x = 2. Also hat hier die Ableitungsfunktion Nullstellen.

- Für x < 0 hat die Änderungsrate negative Werte, die von sehr kleinen Werten streng monoton gegen null wachsen.

- Für $0 < x < 2$ ist die Änderungsrate positiv, wobei sie ungefähr bei $x = 1$ ein relatives Maximum erreicht.
- Für $x > 2$ ist die Änderungsrate negativ. Sie fällt zuerst etwas ab, erreicht ungefähr bei $x = 4$ ihren tiefsten Wert und strebt dann gegen null.

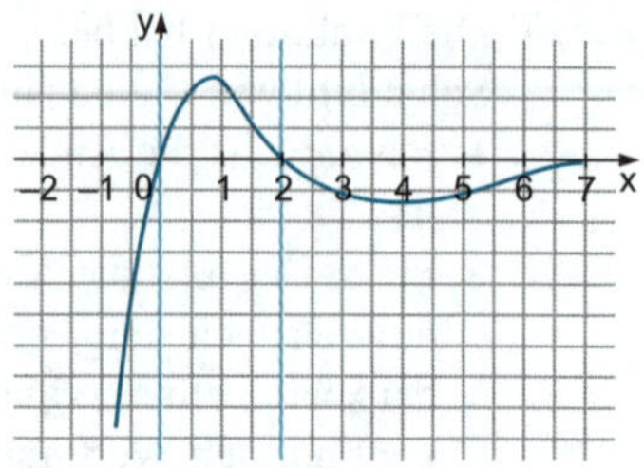

h) • Für $x < 1$ ist die Änderungsrate negativ. Sie fällt von Werten nahe bei null an für $x \to 1$ immer stärker gegen $-\infty$.
- Für $x > 1$ ist die Änderungsrate auch negativ. Während sie bei $x = 4$ nahe bei null liegt, fällt sie für $x \to 1$ immer stärker gegen $-\infty$ (wie für $x < 1$).

So ergibt sich das Schaubild.

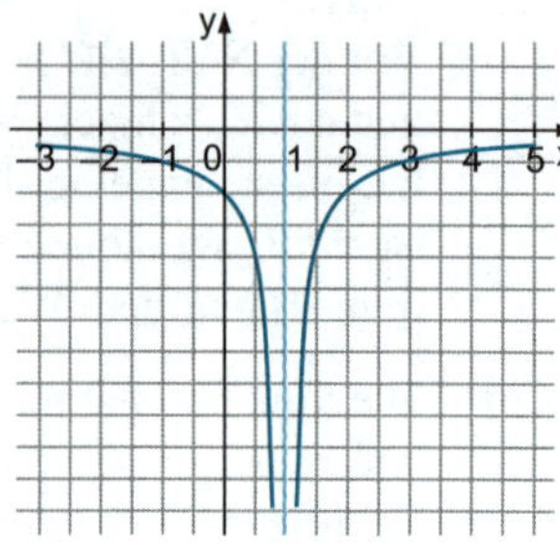

i) • Für $x < 1$ ist die Änderungsrate 1.
- Für $x > 1$ ist die Änderungsrate ebenfalls 1. Da die Funktion bei $x = 1$ nicht stetig ist, ist sie auch nicht differenzierbar.

So erhält man das nebenstehende Schaubild.

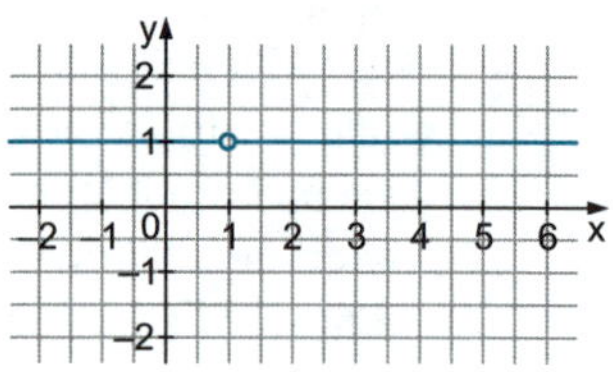

j) • Im Intervall (2; 4) ist die Änderungsrate null.
- Im Intervall (0; 2) ist die Änderungsrate konstant gleich 1.
- Im Intervall (–2; 0) ist die Änderungsrate negativ. Sie ist streng monoton wachsend. Unter der Annahme, dass es sich in diesem Intervall um eine ganzrationale Funktion 2. Grades handelt, wächst die Änderungsrate linear gegen null.

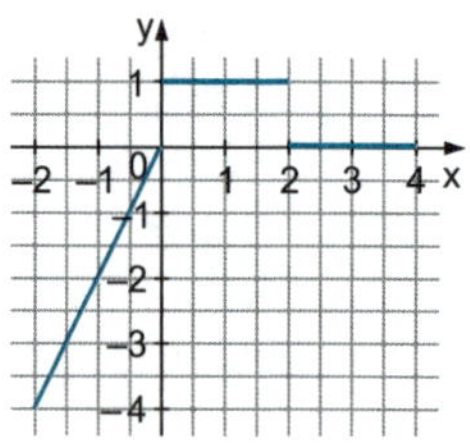

Für die Ableitungsfunktion ergibt sich damit das Schaubild.

54. a) Die Aussage ist richtig, da die Funktion in diesem Intervall streng monoton fallend ist. Die Änderungsrate ist also negativ.

b) Die Aussage ist falsch, da f und auch f' im Intervall [1,5; 2,5] streng monoton fallend sind. Also ist $f''(2) < 0$ und nicht > 0.

c) Die Aussage ist richtig, da an der Stelle $x = -1$ ein relatives Minimum vorliegt. Notwendige Bedingung hierfür ist aber, dass f' an dieser Stelle gleich null ist.

d) Die Aussage ist richtig, da das Schaubild an der Stelle $x = 0$ eine Wendestelle hat. Notwendige Bedingung für das Vorliegen einer Wendestelle an der Stelle x_0 ist aber, dass $f''(x_0) = 0$ ist.

e) Die Aussage ist richtig, da die Änderungsrate von f für $-1 < x < 1$ positiv und für $x > 1$ negativ ist.

f) Die Aussage ist falsch, da die momentane Änderungsrate von f an der Stelle $x = -0{,}5$ positiv ist.

g) Die Aussage ist richtig, da für $-2{,}5 < x < 0$ die Ableitungsfunktion streng monoton steigt. Also muss die 2. Ableitungsfunktion an der Stelle $x = 2$ positiv sein.

55. a) Die Aussage ist richtig, da die momentane Änderungsrate (Steigung der Tangente) in diesem Intervall positiv ist.

b) Die Aussage ist falsch. Im Intervall $-10 < x < -2$ ist die Ableitungsfunktion streng monoton fallend. Also ist der Wert der Ableitungsfunktion an der Stelle $x - -8$ größer als an der Stelle $x = -6$.

c) Die Aussage ist richtig. Zwischen $x = 3$ und $x = 4$ ändert das Schaubild von f seinen Krümmungssinn. Eine Rechtskurve geht in eine Linkskurve über. Notwendige Bedingung für eine Rechtskurve ist aber, dass f'(x) in diesem Bereich monoton fallend ist. Entsprechend ist die notwendige Bedingung für eine Linkskurve, dass f'(x) in diesem Bereich monoton steigend ist. Also ist f' zuerst monoton fallend und anschließend monoton steigend. f' hat also in diesem Bereich ein relatives Minimum.

d) Die Aussage ist richtig. Für $0 < x < 2$ ist die Änderungsrate positiv. Für $2 < x < 4$ ist die Änderungsrate negativ. Also hat f' an der Stelle $x = 2$ einen Vorzeichenwechsel von positiven zu negativen Werten.

e) Die Aussage ist richtig. Das Schaubild der Funktion f ist punktsymmetrisch zum Ursprung. Also sind die orientierten Flächeninhalte von -6 bis 0 und von 0 bis 6 betragsmäßig gleich und haben nur unterschiedliche Vorzeichen. Daraus ergibt sich die genannte Aussage.

56. a) Die Aussage ist richtig. Für $x = 4{,}5$ hat f eine Extremstelle, also muss auch die notwendige Bedingung für das Vorliegen einer Extremstelle erfüllt sein.

b) Die Aussage ist falsch. Die Änderungsrate an der Stelle $x = 0$ ist positiv.

c) Die Aussage ist richtig. Für $3 < x < 6$ liegt eine Linkskurve vor, die anschließend in eine Rechtskurve übergeht.

d) Die Aussage ist falsch. Für $x = 2{,}5$ ist $f'(x) < 0$.

e) Die Aussage ist richtig. Die Flächen oberhalb und unterhalb der x-Achse haben den gleichen Flächeninhalt.

f) Die Aussage ist falsch. Für $x < 1{,}5$ ist $f'(x) > 0$ und für $x > 1{,}5$ ist $f'(x) < 0$. Also liegt ein Vorzeichenwechsel von positiven zu negativen Werten vor.

57. a) Die Aussage ist richtig. Für $x > 0$ ist die Änderungsrate positiv und steigt mit wachsenden x-Werten.

b) Die Aussage ist falsch. Für $x > -1$ ist $f'(x) > 0$, für $x < -1$ ist $f'(x) < 0$ und an der Stelle $x = -1$ ist $f'(x) = 0$. Also muss die 2. Ableitung an der Stelle -1 größer oder gleich null sein.

c) Die Aussage ist richtig. An der Stelle $x = -2$ hat das Schaubild eine Wendestelle. Also muss die notwendige Bedingung für Wendestellen erfüllt sein.

d) Die Aussage ist falsch. An der Stelle $x = -2$ ist $f'(x) < 0$. Also kann dort kein Vorzeichenwechsel vorliegen.

e) Die Aussage ist richtig. Für $x > -1$ ist $f'(x) > 0$, für $x < -1$ ist $f'(x) < 0$ und an der Stelle $x = -1$ ist $f'(x) = 0$.

f) Die Aussage ist falsch, denn $x_1 = -3$ und $x_2 = -1$ liegen im Intervall $[-4; 1]$ und erfüllen die Bedingung $x_1 < x_2$, aber es gilt $f(x_1) > f(x_2)$.

58. a) Man versucht zuerst, das Schaubild der Ausgangsfunktion zu bestimmen.

- Schaubild A kann nicht Schaubild der Ausgangsfunktion sein, da dann die Ableitungsfunktion Nullstellen bei $x = -1{,}2$, $x = 0$ und $x = 1{,}2$ haben müsste. Das ist bei keinem der beiden anderen Schaubilder der Fall.
- Schaubild B kann Schaubild der Ausgangsfunktion sein.
- Das Schaubild der ersten Ableitungsfunktion müsste dann eine Nullstelle bei $x = 0$ haben. Diese Bedingung erfüllt Schaubild C.
- Das Schaubild der zweiten Ableitungsfunktion müsste dann Nullstellen bei $x = -0{,}8$ und $x = 0{,}8$ haben. Diese Bedingung erfüllt Schaubild A.

Vermutung:

f(x) → Schaubild B f'(x) → Schaubild C f''(x) → Schaubild A

Neben der Betrachtung der Extremstellen kann diese Vermutung nun noch weiter erhärtet werden:

- Schaubild B hat ungefähr bei $x = -0{,}8$ und $x = 0{,}8$ Wendepunkte. Dort hat Schaubild A Nullstellen mit Vorzeichenwechsel (Wendepunktbedingung).
- Schaubild B ist für $x < 0$ streng monoton wachsend. Schaubild C ist in diesem Bereich positiv, erfüllt also die Bedingung für Monotonie.
- Schaubild B ist für $x > 0$ streng monoton fallend. Schaubild C ist in diesem Bereich negativ.

Damit muss die obige Vermutung richtig sein.

b) Man versucht zuerst, das Schaubild der Ausgangsfunktion zu bestimmen.
- Schaubild A kann Schaubild der Ausgangsfunktion sein.
- Dann hat die Ableitungsfunktion Nullstellen bei $x = 0$ und $x = 1$. Diese Bedingung erfüllt Schaubild C, das dann Schaubild der ersten Ableitungsfunktion wäre.
- Schaubild B müsste dann als Schaubild der zweiten Ableitungsfunktion eine Nullstelle bei $x = 0{,}5$ haben, was *nicht* der Fall ist.
  Also muss diese Vermutung verworfen werden.
- Die Annahme, dass Schaubild B Schaubild der Ausgangsfunktion ist, ergibt, dass
- die Ableitungsfunktion Nullstellen bei $x = 0$ und $x = 1{,}5$ haben muss. Diese Bedingung erfüllt Schaubild A und
- Schaubild C muss damit Schaubild der zweiten Ableitungsfunktion sein.

Vermutung:

f(x) → Schaubild B f'(x) → Schaubild A f''(x) → Schaubild C

Diese Vermutung kann nun wieder anhand der Wendepunkte bei $x = 0$ und $x = 1$ und damit der entsprechenden Nullstellen der zweiten Ableitungsfunktion bestätigt werden.
Das Gleiche gilt für die Monotonieeigenschaften.

c) Man versucht zuerst, das Schaubild der Ausgangsfunktion zu bestimmen.
- Schaubild A kann nicht Schaubild der Ausgangsfunktion sein, da dann die Ableitungsfunktion Nullstellen bei $x = 0$ und $x = 2{,}5$ haben müsste. Diese Bedingung erfüllt kein anderes Schaubild.
- Wenn Schaubild B Schaubild der Ausgangsfunktion wäre, müsste die Ableitungsfunktion Nullstellen bei $x = -1$ und $x = 1$ haben. Diese Bedingung erfüllt Schaubild A.
- Schaubild C erfüllt aber nicht die Bedingung, Schaubild der zweiten Ableitungsfunktion zu sein.

- Die Vermutung, Schaubild C sei Schaubild der Ausgangsfunktion, ergibt Nullstellen der Ableitungsfunktion bei $x=0$ und $x=2$. Diese Bedingung erfüllt Schaubild B. Schaubild A wäre dann Schaubild der zweiten Ableitungsfunktion.

Vermutung:

f(x) → Schaubild C **f'(x) → Schaubild B** **f''(x) → Schaubild A**

Diese Vermutung kann nun wieder anhand der Wendepunkte bei $x=-1$ und $x=1$ und damit der entsprechenden Nullstellen der zweiten Ableitungsfunktion bestätigt werden.
Das Gleiche gilt für die Monotonieeigenschaften.

59. a) Die momentane Änderungsrate ist konstant gleich 2.
Mit der Anfangsbedingung $f(0)=0$, d. h. dem Ursprung als Startpunkt, muss sich also eine Gerade mit der Steigung 2 durch den Ursprung ergeben.

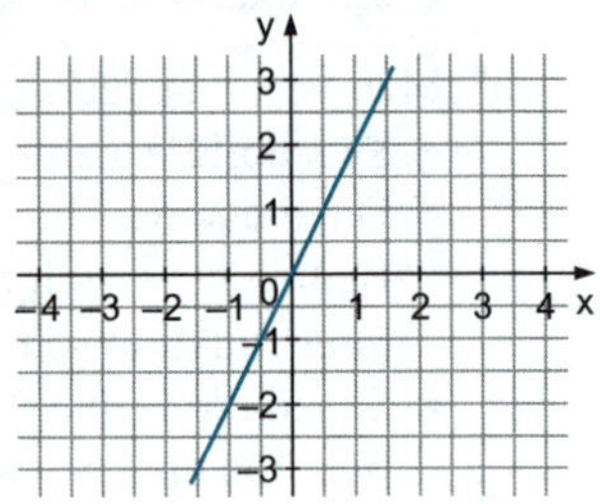

b) f' hat an der Stelle $x=4$ eine Nullstelle mit Vorzeichenwechsel von negativen zu positiven Werten. Also hat die Funktion f an der Stelle $x=4$ ein relatives Minimum.

- Für $x<4$ ist $f'(x)<0$. Also ist hier f streng monoton fallend.
- Für $x>4$ ist $f'(x)>0$. Also ist in diesem Bereich f streng monoton steigend.

Da f' eine ganzrationale Funktion 1. Grades ist, muss f eine ganzrationale Funktion 2. Grades sein. Das Schaubild ist also eine nach oben geöffnete Parabel durch den Punkt (0 | 3) mit dem Scheitel bei $x=4$.

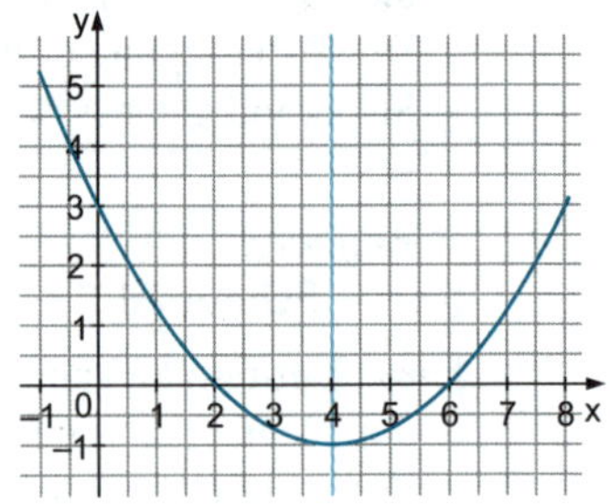

c) f' hat an der Stelle $x=-2$ eine Nullstelle mit Vorzeichenwechsel von positiven zu negativen Werten. Also hat f dort ein relatives Maximum. Entsprechend hat f' an der Stelle $x=2$ eine Nullstelle mit Vorzeichenwechsel von negativen zu positiven Werten, also hat f dort ein relatives Minimum. An der Stelle $x=0$ ist $f''(x)=0$ mit Vorzeichenwechsel von negativen zu positiven Werten. Die Funktion f hat also dort eine Wendestelle.

- Für $x < -2$ ist $f'(x) > 0$, also ist f streng monoton wachsend.
- Für $-2 < x < 2$ ist $f'(x) < 0$, d. h. f ist streng monoton fallend.
- Für $x > 2$ ist $f'(x) > 0$, also ist f streng monoton wachsend.

Mit der Bedingung $f(2) = -3$ ergibt sich die nebenstehende Skizze.

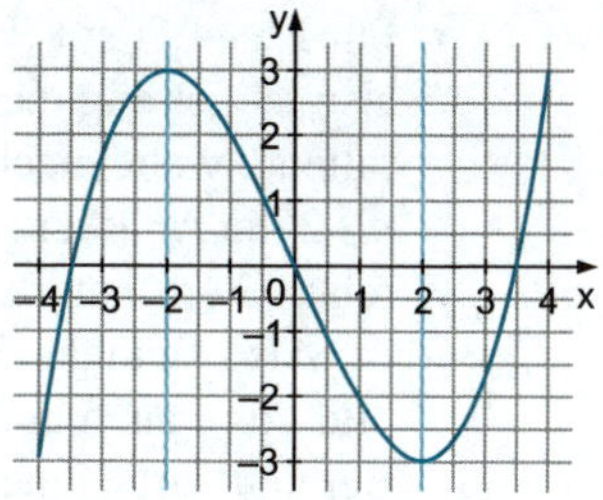

d) f' hat an der Stelle $x = 2$ eine Nullstelle mit Vorzeichenwechsel von negativen zu positiven Werten. Also hat f dort ein relatives Minimum. An der Stelle $x = -1$ hat f' eine Nullstelle ohne Vorzeichenwechsel. Das Schaubild von f hat dort eine horizontale Tangente.

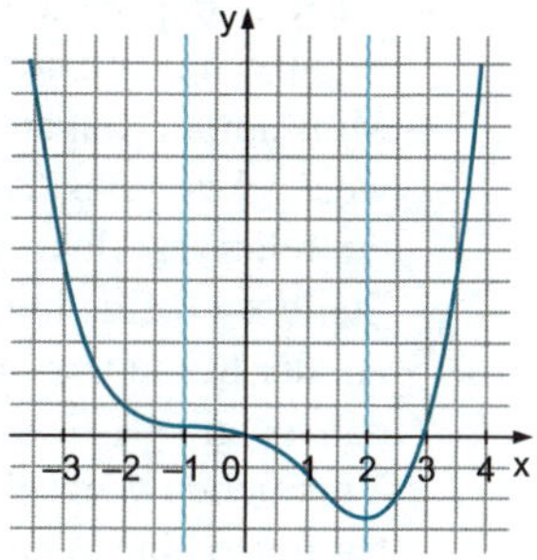

- Für $x < -1$ ist $f'(x) < 0$, also ist f streng monoton fallend.
- Für $-1 < x < 2$ ist $f'(x) < 0$, also ist f ebenfalls streng monoton fallend.
- Für $x > 2$ ist $f'(x) > 0$, also ist f hier streng monoton wachsend.

Für $-2 < x < 2$ sind die Änderungsraten betragsmäßig klein. Mit der Bedingung $f(0) = 0$ ergibt sich obige Skizze.

e) f' hat an der Stelle $x = -1{,}2$ eine Nullstelle mit Vorzeichenwechsel von negativen zu positiven Werten. Also hat die Funktion f dort ein relatives Minimum. An der Stelle $x = +1{,}2$ hat f' eine Nullstelle mit Vorzeichenwechsel von positiven zu negativen Werten, also hat die Funktion f dort ein relatives Maximum.

An der Stelle $x = 0$ hat f' eine horizontale Tangente, d. h. $f''(0) = 0$. Außerdem haben die Tangenten vorher positive und nachher negative Steigung. f'' hat also an der Stelle $x = 0$ einen Vorzeichenwechsel von positiven zu negativen Werten. Damit hat f an der Stelle $x = 0$ eine Wendestelle.

- Für $x < -1{,}2$ ist $f'(x) < 0$, also ist f streng monoton fallend, wobei für $x < -2$ die Änderungsrate relativ konstant gleich -1 ist. In diesem Bereich kann also das Schaubild von f durch eine Gerade mit der Steigung -1 angenähert werden.
- Für $-1{,}2 < x < +1{,}2$ ist $f'(x) > 0$. Die Funktion f ist hier also streng monoton steigend.

- Für $x > +1{,}2$ ist $f'(x) < 0$, also ist f streng monoton fallend, wobei auch für $x > 2$ die Änderungsrate relativ konstant gleich -1 ist. Also kann das Schaubild von f auch in diesem Bereich durch eine Gerade mit der Steigung -1 angenähert werden.

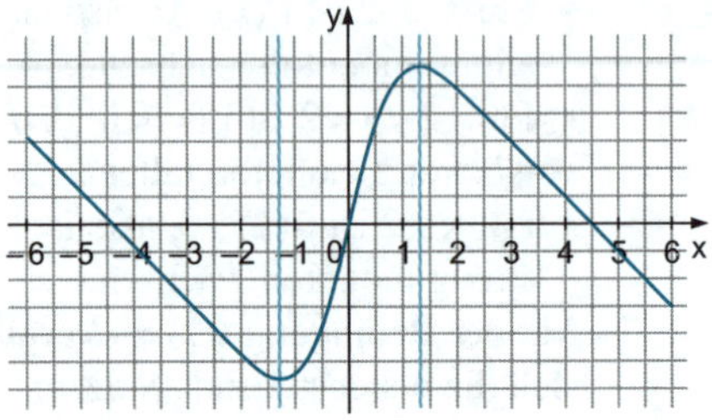

f) f' hat an der Stelle $x = -3{,}2$ eine Nullstelle mit Vorzeichenwechsel von negativen zu positiven Werten. Also hat die Funktion f dort ein relatives Minimum. f' hat an der Stelle $x = +3{,}2$ eine Nullstelle mit Vorzeichenwechsel von positiven zu negativen Werten. Also hat die Funktion f dort ein relatives Maximum. Da $f'(0) = 0$ ist, hat das Schaubild von f an der Stelle $x = 0$ eine horizontale Tangente.
An der Stelle $x = -4{,}8$ hat das Schaubild von f' eine horizontale Tangente, d. h. es gilt $f''(-4{,}8) = 0$. Außerdem hat die Tangentensteigung dort einen Vorzeichenwechsel von negativen zu positiven Werten. An dieser Stelle hat f also eine Wendestelle. Das Gleiche gilt für die Stellen $x = -2$ (mit Vorzeichenwechsel von f'' von positiven zu negativen Werten), $x = 2$ und $x = 4{,}8$.

- Für $-6 < x < -3{,}2$ ist $f'(x) < 0$ und damit f streng monoton fallend.
- Für $-3{,}2 < x < 0$ genauso wie für $0 < x < 3{,}2$ ist $f'(x) > 0$ und damit f streng monoton steigend in diesen Intervallen.
- Für $3{,}2 < x < 6$ ist $f'(x) < 0$ und damit f wieder streng monoton fallend.

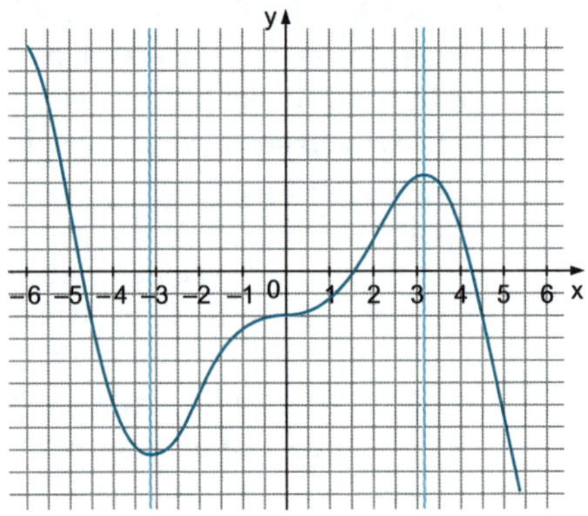

g) f' hat an der Stelle $x = 0$ eine Nullstelle mit Vorzeichenwechsel von negativen zu positiven Werten. Also hat f dort ein relatives Minimum. An der Stelle $x = 4$ hat f' eine Nullstelle mit Vorzeichenwechsel von positiven zu negativen Werten. Also hat f dort ein relatives Maximum.

- An der Stelle $x = 2$ ist $f''(x) = 0$ mit Vorzeichenwechsel von positiven zu negativen Werten. Die Funktion f hat dort also eine Wendestelle.
- Für $x < 0$ ist $f'(x) < 0$, also ist f dort streng monoton fallend.
- Für $0 < x < 4$ ist $f'(x) > 0$, d. h. f ist streng monoton wachsend.
- Für $x > 4$ ist $f'(x) < 0$, also ist f dort wieder streng monoton fallend.

Mit der Bedingung $f(0) = -9$ ergibt sich die nebenstehende Skizze.

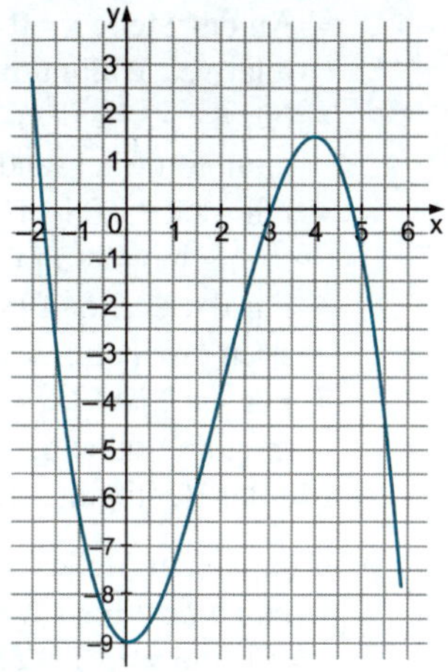

h) f' hat an der Stelle $x = 1$ eine Nullstelle mit Vorzeichenwechsel von negativen zu positiven Werten. Also hat f dort ein relatives Minimum.

- Für $x < 1$ ist $f'(x) < 0$, also ist f dort streng monoton fallend.
- Für $x > 1$ ist $f'(x) > 0$, d. h. f ist streng monoton wachsend.
- Für $x < -2$ ist $f'(x) \approx -2$ konstant, d. h. das Schaubild von f kann durch eine Gerade mit der Steigung –2 angenähert werden.
- Für $x > 2$ ist die Änderungsrate groß, d. h. die Werte von f wachsen sehr schnell.

Mit der Bedingung $f(1) = -2$ ergibt sich die nebenstehende Skizze.

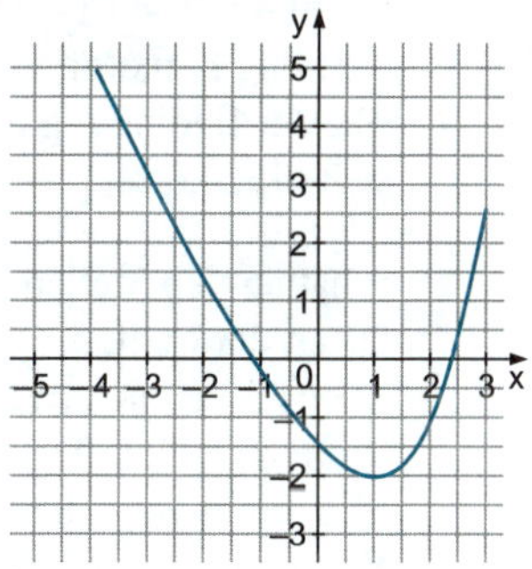

i) f' hat an den Stellen $x = -2$, $x = 0$ und $x = 2$ Nullstellen mit Vorzeichenwechsel. Da an den Stellen $x = -2$ und $x = 2$ ein Vorzeichenwechsel von positiven zu negativen Werten erfolgt, liegen relative Maxima vor. Bei $x = -1$ und $x = 1$ hat $f'(x)$ ein Extremum, also $f''(x)$ eine Nullstelle mit Vorzeichenwechsel. Also hat die Ausgangsfunktion an diesen Stellen Wendestellen.

- An der Stelle $x = 0$ entsprechend ein relatives Minimum.
- Für $x < -2$ ist $f'(x) > 0$, d. h. f ist streng monoton wachsend.
- Für $-2 < x < 0$ ist $f'(x) < 0$, d. h. f ist streng monoton fallend.
- Für $0 < x < 2$ ist $f'(x) > 0$, d. h. f ist streng monoton wachsend.
- Für $x > 2$ ist $f'(x) < 0$, d. h. f ist streng monoton fallend.

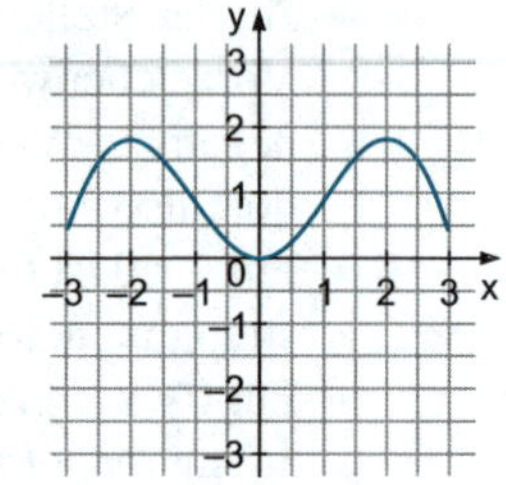

Mit der Bedingung $f(0) = 0$ ergibt sich die Skizze.

j) f' hat an der Stelle $x = 0$ eine Nullstelle mit Vorzeichenwechsel von negativen zu positiven Werten. Also liegt dort ein relatives Minimum vor. Bei $x = -1$ und $x = 1$ hat $f'(x)$ Extrema, also $f''(x)$ Nullstellen mit Vorzeichenwechsel. Also hat die Ausgangsfunktion an diesen Stellen Wendestellen.

- Für $x < 0$ ist $f'(x) < 0$, d. h. f ist streng monoton fallend.
- Für $x > 0$ ist $f'(x) > 0$, d. h. f ist streng monoton wachsend.

Mit der Bedingung $f(0) = 0$ ergibt sich die Skizze.

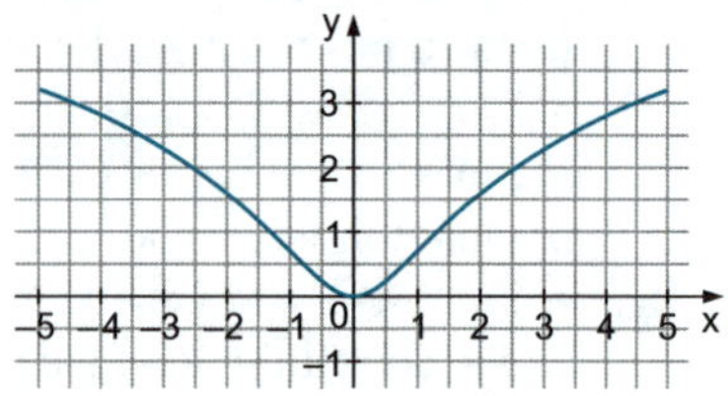

k) f' hat an den Stellen $x = 1$ und $x = 3$ Nullstellen mit Vorzeichenwechsel. Da an der Stelle $x = 1$ ein Vorzeichenwechsel von positiven zu negativen Werten erfolgt, liegt dort ein relatives Maximum vor. Ebenfalls mit einem Vorzeichenwechsel der 1. Ableitung begründet man, dass an der Stelle $x = 3$ ein relatives Minimum vorliegt.
Bei $x = 2$ hat $f'(x)$ ein Extremum, also $f''(x)$ eine Nullstelle mit Vorzeichenwechsel. Somit hat die Ausgangsfunktion an dieser Stelle eine Wendestelle.

- Für $x < 1$ ist $f'(x) > 0$, d. h. f ist streng monoton wachsend.
- Für $1 < x < 3$ ist $f'(x) < 0$, d. h. f ist streng monoton fallend.
- Für $x > 3$ ist $f'(x) > 0$, d. h. f ist streng monoton wachsend.

Mit der Bedingung $f(0) = 0$ ergibt sich die nebenstehende Skizze.

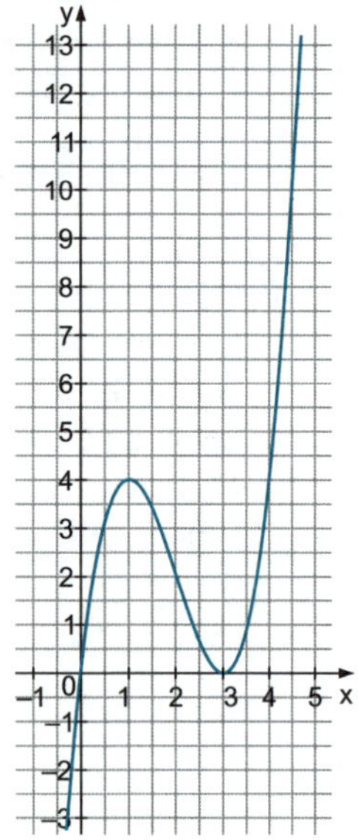

l) f' hat an der Stelle $x = 0$ eine Nullstelle mit Vorzeichenwechsel von negativen zu positiven Werten. Also liegt dort ein relatives Minimum vor.
- Für $x < 0$ ist $f'(x) < 0$, d. h. f ist streng monoton fallend.
- Für $x > 0$ ist $f'(x) > 0$, d. h. f ist streng monoton wachsend.

Da das Schaubild von f' eine Gerade ist, muss das Schaubild von f eine Parabel mit Scheitel bei $x = 0$ sein. Zusammen mit der Bedingung $f(0) = -4$ ergibt sich damit das nebenstehende Schaubild.

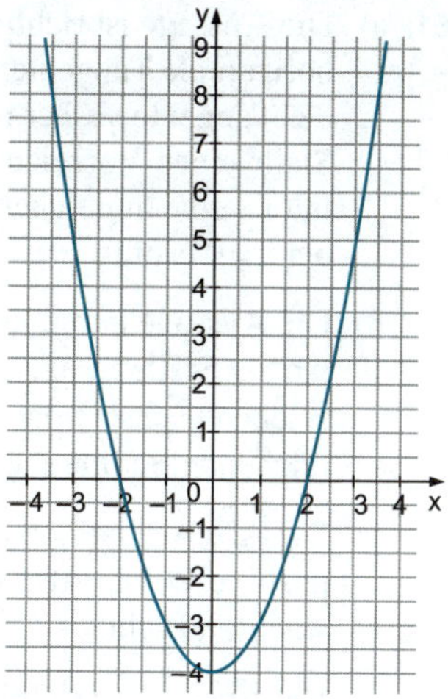

60. a) Die Aussage ist falsch. Notwendige Bedingung für das Vorliegen eines Extremums an der Stelle x_0 ist, dass $f'(x_0) = 0$ ist. Die Ableitungsfunktion muss also an dieser Stelle eine Nullstelle haben.

b) Die Aussage ist richtig. Für $x > 3$ ist $f'(x) > 0$ und damit f streng monoton steigend.

c) Die Aussage ist richtig. An der Stelle $x = 3$ hat f' eine Nullstelle mit Vorzeichenwechsel von negativen zu positiven Werten. Damit ist die hinreichende Bedingung für das Vorliegen eines relativen Minimums erfüllt.

d) Die Aussage ist richtig. f' hat an der Stelle $x = 2$ eine horizontale Tangente, d. h. es gilt: $f''(2) = 0$. Außerdem ist die Tangentensteigung vorher negativ und anschließend positiv, f'' hat also an der Stelle $x = 2$ einen Vorzeichenwechsel von negativen zu positiven Werten. Damit ist eine hinreichende Bedingung für das Vorliegen einer Wendestelle erfüllt.

e) Unter der Voraussetzung, dass das vorliegende Schaubild von f' eine Parabel (ganzrationale Funktion 2. Grades) ist, ist diese Aussage richtig. Die Stammfunktion einer ganzrationalen Funktion 2. Grades ist eine ganzrationale Funktion 3. Grades. Betrachtet man das Verhalten des Schaubildes für $x \to \pm\infty$, so gibt es die folgenden beiden Fälle:

1. Fall: $f(x) \to +\infty$ für $x \to +\infty$ und $f(x) \to -\infty$ für $x \to -\infty$

2. Fall: $f(x) \to -\infty$ für $x \to +\infty$ und $f(x) \to +\infty$ für $x \to -\infty$

Welcher dieser beiden Fälle vorliegt, hängt davon ab, ob der Koeffizient vor x^3 positiv oder negativ ist. Da die Funktion für alle reellen Zahlen aber stetig ist, muss sie an mindestens einer Stelle die x-Achse schneiden.

61. a) Die Aussage ist richtig. An der Stelle $x = 0$ hat das Schaubild von f' eine horizontale Tangente. Es gilt also $f''(0) = 0$. Außerdem ist die Steigung der Tangente vorher negativ und danach positiv, d. h. f'' hat an dieser Stelle einen Vorzeichenwechsel von negativen zu positiven Werten. Damit ist eine hinreichende Bedingung für das Vorliegen einer Wendestelle bei $x = 0$ erfüllt.

b) Die Aussage ist (im Rahmen der Ablesegenauigkeit der Skizze) richtig. An der Stelle $x = 0{,}8$ hat die Ableitungsfunktion eine Nullstelle mit Vorzeichenwechsel von negativen zu positiven Werten. Damit ist eine hinreichende Bedingung für das Vorliegen eines relativen Minimums erfüllt.

c) Die Aussage ist richtig. Die Ableitungsfunktion hat in diesem Intervall positive Werte. Also muss die Funktion f in diesem Intervall monoton wachsend sein.

d) Die Aussage ist richtig. Im Intervall $0 < x < 1{,}6$ ist f' streng monoton zunehmend. Also ist das Schaubild von f linksgekrümmt.

62. a) Die Aussage ist falsch. Für $x < 2$ ist $f'(x) > 0$ und damit f streng monoton wachsend.

b) Die Aussage ist richtig. An der Stelle $x = 2$ hat f' eine Nullstelle mit Vorzeichenwechsel. Damit ist eine hinreichende Bedingung für das Vorliegen einer Extremstelle erfüllt. Wegen des Vorzeichenwechsels von positiven zu negativen Werten liegt ein Maximum vor.

c) Die Aussage ist richtig. Die Änderungsrate von f' – also f'' – ist konstant gleich –2 und wird also nie null. Damit ist eine notwendige Bedingung für das Vorliegen einer Wendestelle ($f''(x) = 0$) nicht erfüllt. Also kann es keine Wendestellen geben.

63. a) Die Aussage ist richtig. An der Stelle $x = 2$ hat f' eine Nullstelle mit Vorzeichenwechsel von negativen zu positiven Werten. Also hat f dort ein relatives Minimum.

b) Die Aussage ist falsch. An der Stelle $x = 0{,}5$ hat f' eine horizontale Tangente, d. h. f'' hat eine Nullstelle mit Vorzeichenwechsel, da die Tangentensteigung zuerst negativ und anschließend positiv ist. Also ist das hinreichende Kriterium für eine Wendestelle erfüllt.

c) Die Aussage ist richtig, da $f'(x) > 0$ ist für $x < -2$. Also ist f streng monoton wachsend.

d) Die Aussage ist richtig (vgl. Teilaufgabe b).

64. a) Die Aussage ist richtig. Die Ableitungsfunktion hat an der Stelle $x=-2$ eine Nullstelle mit Vorzeichenwechsel von positiven zu negativen Werten. Also hat die Ausgangsfunktion dort ein relatives Maximum.

b) Die Aussage ist falsch, da im angegebenen Intervall $f'(x)>0$ ist und damit f streng monoton wachsend sein muss.

c) Die Aussage ist richtig. Die Ableitungsfunktion hat an der Stelle $x=3{,}7$ ein Extremum und damit die zweite Ableitungsfunktion eine Nullstelle. In der Umgebung von $x=3{,}7$ ist $f''(x)<0$ für $x<3{,}7$ und $f''(x)>0$ für $x>3{,}7$. Also hat f'' bei $x=3{,}7$ eine Nullstelle mit Vorzeichenwechsel.

d) Die Aussage ist richtig. Im angegebenen Intervall ist die Änderungsrate von f' positiv, d. h. $f''(x)>0$.

65. a) Die Aussage ist richtig. Das Schaubild von f' hat an der Stelle $x=0$ eine Nullstelle mit Vorzeichenwechsel von positiven zu negativen Werten.

b) Die Aussage ist richtig. Für $x>0$ ist $f'(x)<0$. Also ist f streng monoton fallend.

c) Die Aussage ist richtig. f' hat an dieser Stelle ein relatives Extremum. Also hat die 2. Ableitung dort eine Nullstelle. Da die Änderungsraten von f' vor der Stelle negativ und anschließend positiv sind, liegt eine Nullstelle mit Vorzeichenwechsel vor.

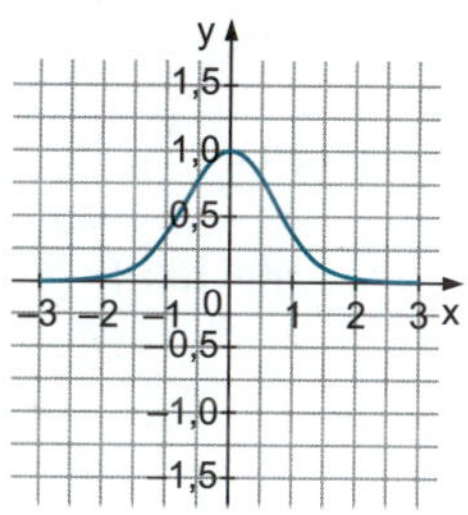

d) Die Aussage ist richtig. Das Schaubild von f' zeigt ja gerade die Änderungsraten der Ausgangsfunktion. Dieses Schaubild weist an der Stelle 0,8 ein relatives Minimum auf.

66. a) In den ersten 9 Stunden wird dem Becken über die Pumpe Wasser zugeführt, zu Beginn ungefähr 10 hl pro Stunde; bis zur 5. Stunde wird die Zufuhr auf fast 40 hl pro Stunde gesteigert. Anschließend wird die Zufuhr wieder reduziert. Von der 9. Stunde bis zur 23. Stunde wird dem Becken über die Pumpenleitung Wasser entnommen. Die maximale Entnahme von fast 60 hl pro Stunde erfolgt in der 16. Stunde. Von der 22. Stunde an wird dem Becken wieder Wasser zugeführt.

b) Zur Beantwortung der Frage muss der Flächeninhalt unter dem Schaubild von $t=0$ bis $t=6$ bestimmt werden. Dies kann durch Abzählen der Rechtecke erfolgen, da der Flächeninhalt eines Rechteckes 10 hl entspricht (10 hl pro Stunde × 1 Stunde = 10 hl). Durch Abzählen und Ausgleichen erhält man ungefähr 19 Rechtecke. Daraus ergibt sich eine in den ersten 6 Stunden zugeführte Wassermenge von 190 hℓ. Mit den zu Beginn vorhandenen 400 hℓ enthält das Becken also nach 6 Stunden eine Wassermenge von 590 hℓ.

c) Nach 9 Stunden befindet sich die größte Wassermenge im Becken. Anschließend wird dem Becken sehr viel mehr Wasser entnommen, als ihm zuvor zugeführt wurde. Die in den ersten 9 Stunden zugeführte Wassermenge ermittelt man wieder durch Abzählen der Rechtecke bis zurzeit $t = 9$ h. Durch Ausgleichen erhält man ungefähr 24 Rechtecke, was einer zugeführten Wassermenge von 240 hℓ entspricht. Nach 9 Stunden sind also 640 hℓ Wasser im Becken.

d) Von der 9. bis zur 23. Stunde wird dem Becken Wasser entnommen. Durch Auszählen der Rechtecke unterhalb der Zeitachse muss also bestimmt werden, wann die in den ersten 9 Stunden zugeführten 240 hℓ Wasser dem Becken wieder entnommen wurden. Durch Abzählen und Ausgleichen der Rechtecke unterhalb der Zeitachse ab der 9. Stunde ergibt sich, dass dem Becken zwischen der 9. und 15. Stunde ungefähr 240 hℓ Wasser wieder entnommen wurden. Also befinden sich nach 15 Stunden wieder 400 hℓ Wasser im Becken.

e) Nach 22 Stunden muss das Becken die kleinste Wassermenge enthalten, da dem Becken anschließend über die Pumpenleitung wieder Wasser zugeführt wird. Durch Auszählen der Rechtecke unterhalb der Zeitachse zwischen der 9. und 22. Stunde ergibt sich, dass dem Becken ungefähr 530 hℓ Wasser entnommen wurden. Da sich nach 9 Stunden 640 hℓ Wasser im Becken befanden, ergibt sich nach 22 Stunden eine Wassermenge von 110 hℓ.

f) Von der 22. bis zur 24. Stunde werden über die Pumpenleitung ungefähr 30 hℓ Wasser zugeführt. Also ergibt sich nach 24 Stunden eine Wassermenge von 140 hℓ.

67. a) Die Geschwindigkeit der Kugel nimmt von $10\,\frac{m}{s}$ zum Zeitpunkt $t = 0$ auf $0\,\frac{m}{s}$ zum Zeitpunkt $t = 5$ s linear ab (konstante Reibung vorausgesetzt). Damit ergibt sich das nebenstehende t-v-Diagramm.

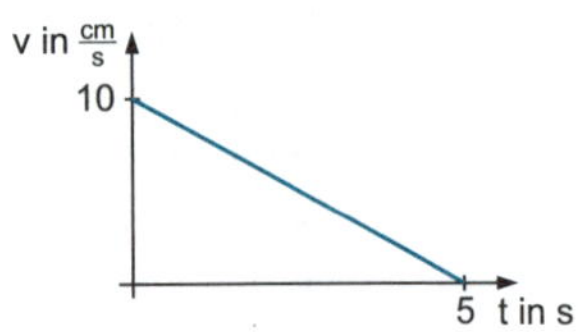

Für den zurückgelegten Weg ergibt sich das nebenstehende t-s-Diagramm. Da die Geschwindigkeit als Änderungsrate des Weges linear abnimmt, muss der zurückgelegte Weg in den ersten 5 Sekunden einer nach unten geöffneten Parabel gleichen, um dann, wenn die Kugel ruht, parallel zur t-Achse zu verlaufen.

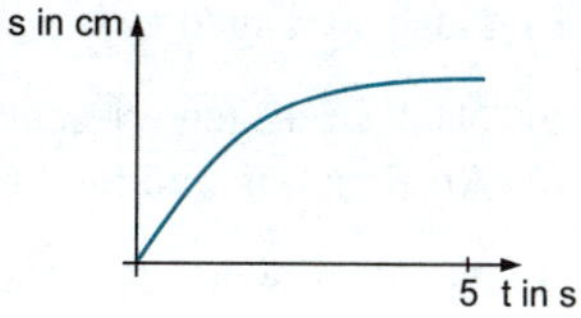

b) Die Geschwindigkeit der Kugel beträgt konstant 10 $\frac{\text{cm}}{\text{s}}$. Nach 5 Sekunden trifft die Kugel auf die 50 cm entfernte Wand. Da sie in der Wand stecken bleibt, ist ihre Geschwindigkeit anschließend null. Man erhält das nebenstehende t-v-Diagramm.

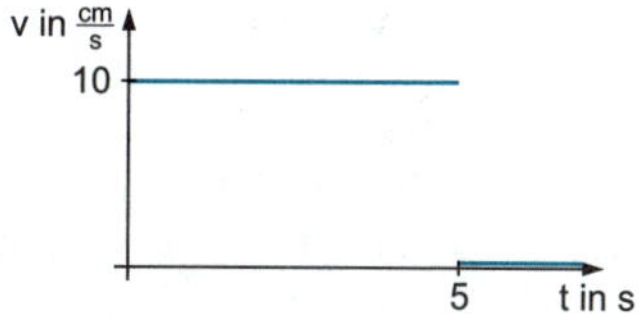

Da die Geschwindigkeit als Änderungsrate des zurückgelegten Weges in den ersten 5 Sekunden konstant ist, nimmt der Weg linear zu. Nach 5 Sekunden sind die 50 cm zurückgelegt und da die Geschwindigkeit anschließend null ist, muss das Schaubild des zurückgelegten Weges parallel zur Zeitachse verlaufen. Es ergibt sich das nebenstehende t-s-Diagramm mit $s(0) = 0$.

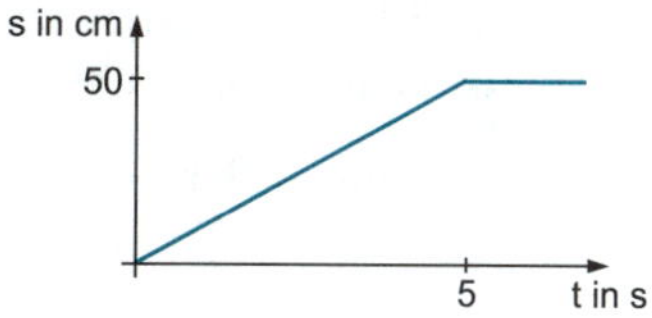

c) Die Geschwindigkeit nimmt zuerst stark zu, um dann, wenn die Kugel die Horizontale erreicht, einen konstanten Wert anzunehmen (ohne Reibung).

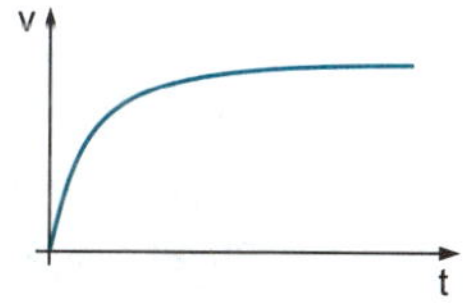

d) Zuerst nimmt die Geschwindigkeit stark zu. Wenn die Kugel die erste Senke erreicht, hat die Geschwindigkeit ein relatives Maximum, um anschließend abzufallen, bis die Kuppe erreicht ist. Nun erhöht sich die Geschwindigkeit wieder, bis die Horizontale erreicht ist.

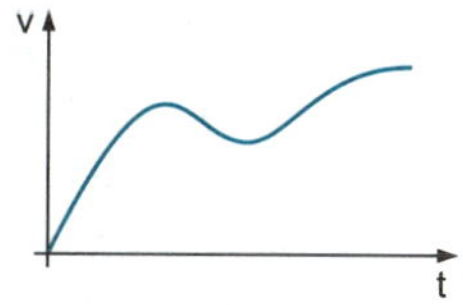

68. a) Die Wachstumsgeschwindigkeit der Algen auf der Seeoberfläche steigt zuerst linear an und erreicht nach 11 Tagen ihr Maximum. Dann nimmt sie wieder linear ab und kommt nach 27 Tagen zum Stillstand.

b) Nach 11 Tagen ist die Wachstumsgeschwindigkeit am größten.

c) Nach 27 Tagen erreicht die von den Algen bedeckte Fläche ihre größte Ausdehnung und bleibt bis zum 30. Tag konstant.

d) Zur Beantwortung dieser Frage muss der Inhalt der Fläche unter dem Schaubild von $t=0$ bis $t=10$ abgeschätzt werden. Dies kann durch Abzählen der Rechtecke erfolgen, da der Flächeninhalt eines Rechtecks $1\ m^2$ ($1\ m^2$ pro Tag $\times$ 1 Tag $= 1\ m^2$) entspricht. Durch Abzählen und Ausgleichen erhält man ungefähr 23 Rechtecke. Damit ergibt sich eine zusätzliche Fläche von $23\ m^2$. Mit den $5\ m^2$ zu Beginn ist die Algenfläche nach 10 Tagen also $28\ m^2$ groß.

e) Durch weiteres Abzählen und Ausgleichen ergeben sich für die Zeit von $t=0$ bis $t=30$ insgesamt ungefähr 67 Rechtecke, was einer Fläche von $67\ m^2$ entspricht. Nach 30 Tagen ist die Algenfläche also $72\ m^2$ groß, wobei diese Fläche schon nach 27 Tagen erreicht ist und sich dann nicht mehr ändert.

f) Es ergibt sich nebenstehende Skizze.

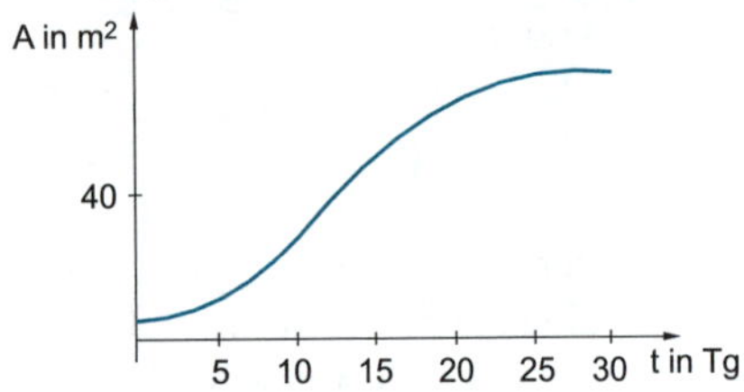

69. a) Bis zum 5. Tag nimmt die Anzahl der Kranken immer stärker zu, um dann zwischen dem 5. und 10. Tag immer schwächer zuzunehmen. Vom 10. bis zum 13. Tag bleibt die Anzahl der Kranken konstant, um dann vom 13. bis zum 18. Tag immer stärker abzunehmen. Zwischen dem 15. und 18. Tag nimmt die Anzahl der Kranken um 40 Personen täglich ab. Anschließend verringert sich diese Abnahme bis zum 24. Tag.

b) Zur Beantwortung dieser Frage muss der Inhalt der Fläche unter dem Schaubild von $t=0$ bis $t=5$ abgeschätzt werden. Dies kann durch Abzählen der Rechtecke erfolgen, da der Flächeninhalt eines Rechtecks einer Zunahme von 10 Personen (10 Personen pro Tag $\times$ 1 Tag $=$ 10 Personen) entspricht. Durch Abzählen und Ausgleichen der Rechtecke bis $t=5$ erhält man ungefähr 9 Rechtecke, d. h. 90 Personen müssen zu den anfangs erkrankten 100 Personen addiert werden. Es ergibt sich eine Anzahl von 190 erkrankten Personen.

c) Zwischen dem 10. und 13. Tag ist die Änderungsrate gleich null, d. h. die Anzahl der Kranken stagniert.

d) Die Änderung der Anzahl erkrankter Personen war am 5. Tag mit einer Zunahme von 40 Personen und vom 18. bis zum 20. Tag mit einer Abnahme von 40 Personen am größten.

e) Am 10. Tag hat die Anzahl der Kranken ihren Höchststand erreicht. Durch Abzählen der Rechtecke (ca. 19) ergibt sich eine Zunahme von 190 Personen, d. h. vom 10. bis zum 13. Tag sind 290 Personen erkrankt. Anschließend nimmt die Anzahl der Kranken wieder ab.

f) Durch Abzählen der Rechtecke unterhalb der Zeitachse ergeben sich mit Ausgleichen ca. 24 Rechtecke, was einer Abnahme von 240 Personen entspricht.
Also sind nach 24 Tagen noch 290 − 240 = 50 Personen erkrankt.

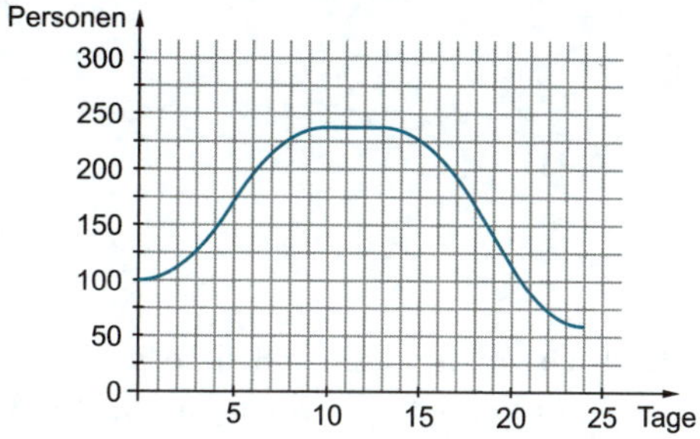

g) Es ergibt sich obige Skizze.

70. a) Die Fichte wächst in den ersten 10 Jahren nur sehr wenig. Nach 30 Jahren erreicht sie eine Höhe von ca. 10 Metern. Dann wächst sie schneller und erreicht mit ca. 75 bis 80 Jahren ihre maximale Höhe von 75 Metern.

b) Ihre Wachstumsgeschwindigkeit ist nach 40 Jahren maximal und bleibt bis zum 45. Jahr nahezu unverändert. In diesen 5 Jahren wächst sie um 15 Meter. Sie wächst in dieser Zeit also ca. 3 Meter pro Jahr.

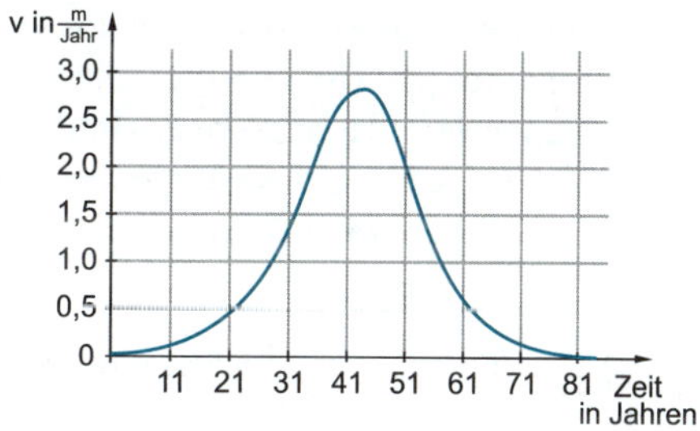

c) Es ergibt sich obige Skizze.

71. a) In den ersten 7 Jahren nimmt die Masse der Tochtersubstanz zu, um nach ungefähr 7 Jahren mit 320 Mikrogramm ein Maximum zu erreichen. Anschließend nimmt die Masse ab. Diese Abnahme beschleunigt sich zuerst und wird dann wieder langsamer.

b) Die größte Abnahme erfolgt zwischen dem 15. und 17. Jahr. In ungefähr 3 Jahren (vom 14. Jahr bis zum 17. Jahr) nimmt die Masse um 50 Mikrogramm ab.
Die Änderungsrate beträgt also ca. 17 Mikrogramm pro Jahr.

c) Nach 7 Jahren wird die größte Masse erreicht. Die Änderungsrate ist zu diesem Zeitpunkt gleich null.

d) Es ergibt sich das nebenstehende Schaubild.

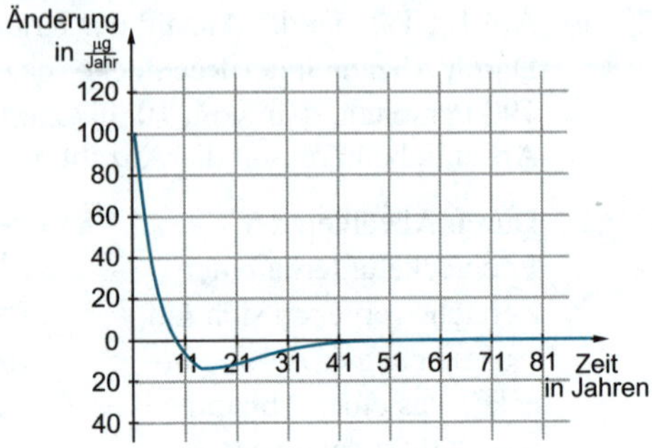

72. a) Die Wahrscheinlichkeit, dass die Krankheit ausbricht, ändert sich im Verlauf des dritten Tages. Man kann daher nur die mittlere Wahrscheinlichkeit für einen Krankheitsausbruch am dritten Tag angeben, und zwar indem man die Fläche unter dem Schaubild von 2 bis 3 abschätzt. Dazu zählt man die Rechtecke unterhalb des Schaubildes zwischen den x-Werten 2 und 3 ab. Man zählt etwa $\frac{7}{3}$ Rechtecke. Jedes Rechteck hat den Flächeninhalt $A = 0{,}1 \cdot 0{,}5 = 0{,}05$. Man erhält so die Wahrscheinlichkeit $p = \frac{7}{3} \cdot 0{,}05 \approx 0{,}1167 = 11{,}67\ \%$.

b) Die mittlere Wahrscheinlichkeit für einen Ausbruch der Krankheit ist im Zeitraum von der Mitte des vierten bis zur Mitte des fünften Tages am größten. Um den Wert dieser mittleren Wahrscheinlichkeit näherungsweise zu bestimmen, muss die Fläche unter dem Schaubild von 3,5 bis 4,5 abgeschätzt werden. Dies kann durch etwa $\frac{21}{3}$ Rechtecke geschehen. Man erhält also als maximale mittlere Wahrscheinlichkeit $p = \frac{21}{3} \cdot 0{,}05 = 0{,}35 = 35\ \%$.

c) Es muss also die Fläche unter dem Schaubild von 0 bis 3 abgeschätzt werden. Der Flächeninhalt von 0 bis 3 kann durch 3 Rechtecke (mit Ausgleich) abgeschätzt werden. Also ist die Wahrscheinlichkeit, in den ersten 3 Tagen zu erkranken $p = 3 \cdot 0{,}05 = 0{,}15 = 15\ \%$.

d) Es muss die Fläche zwischen dem Schaubild und der x-Achse abgeschätzt werden. Sie besteht (mit Ausgleich) aus ungefähr 20 Rechtecken. Damit ist die Wahrscheinlichkeit, dass die Krankheit überhaupt irgendwann einmal ausbricht, $p = 20 \cdot 0{,}05 = 1 = 100\ \%$.

73. *1. Schritt:* **Definition**

Die Funktion f sei auf dem Intervall [a; b] stetig mit $f(x) \geq 0$ für $x \in [a; b]$.

S_n ist eine Zerlegungssumme mit $h = \frac{b-a}{n}$:

$$S_n = h \cdot f(x_1) + h \cdot f(x_2) + h \cdot f(x_3) + \ldots + h \cdot f(x_n)$$

Dann heißt der Grenzwert $\lim\limits_{n \to \infty} S_n$ das Integral der Funktion f zwischen den Grenzen a und b.
Man schreibt:

$$\lim_{n \to \infty} S_n = \int_a^b f(x)dx$$

2. Schritt: **Anfertigen einer Skizze**

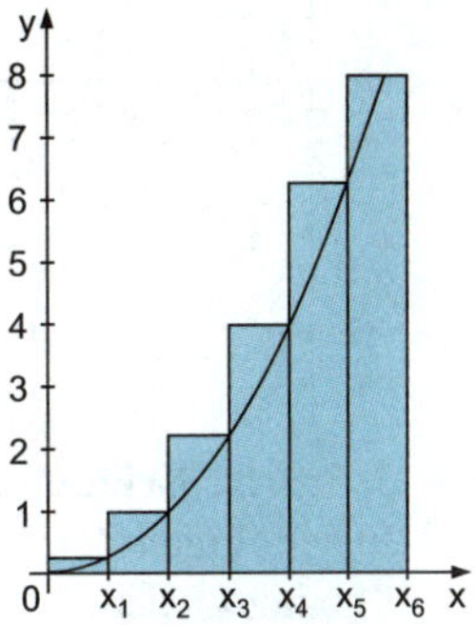

3. Schritt: **Erläuterung des Zusammenhangs**
Es soll der Inhalt der Fläche zwischen dem Schaubild der Funktion f mit $f(x) = x^2$ und der x-Achse über dem Intervall [0; 3] bestimmt werden. Dazu teilt man das Intervall in n gleiche Teile ein (in der Zeichnung ist n = 6) und bestimmt den Flächeninhalt der entstandenen Rechtecke:

$$S_6 = 0{,}5 \cdot f(x_1) + 0{,}5 \cdot f(x_2) + 0{,}5 \cdot f(x_3) + 0{,}5 \cdot f(x_4) + 0{,}5 \cdot f(x_5) + 0{,}5 \cdot f(x_6)$$

Allgemein:

$$S_n = h \cdot f(x_1) + h \cdot (x_2) + h \cdot f(x_3) + \ldots + h \cdot f(x_n) \text{ mit } h = \frac{b-a}{n}$$

Je größer n wird, desto mehr nähert sich die Summe der Rechtecksflächen der Fläche unter dem Schaubild an. Falls der Grenzwert existiert, gilt:

$$\lim_{n \to \infty} S_n = \int_a^b f(x)dx$$

4. Schritt: **Folgerungen und Grenzen**
In der obigen Zeichnung sind die Rechtecksflächen oberhalb des Schaubildes eingezeichnet (Obersumme). Man kann sich der Fläche auch nähern, indem man die Rechtecksflächen unterhalb des Schaubildes einzeichnet (Untersumme). Im Grenzfall für $n \to \infty$ muss sich in beiden Fällen der gleiche Grenzwert ergeben.
Wenn für die Funktion f gilt, dass $f(x) \leq 0$ ist für alle $x \in [a; b]$, dann ist die Summe S_n immer negativ ($h > 0$ und $f(x_i) \leq 0$). Also ergibt sich bei Flächen unterhalb der x-Achse ein negativer Wert für das Integral.

74. *1. Schritt:* **Definition**
Ein hinreichendes Kriterium für das Vorliegen eines lokalen Maximums einer differenzierbaren Funktion f an der Stelle x_0 ist:
Wenn $f'(x_0) = 0$ ist und $f'(x)$ für zunehmende Werte von x an der Stelle x_0 einen Vorzeichenwechsel von positiven zu negativen Werten hat, dann hat die Funktion f ein lokales Maximum an der Stelle x_0.

2. Schritt: **Anfertigen einer Skizze**

Schaubild von f

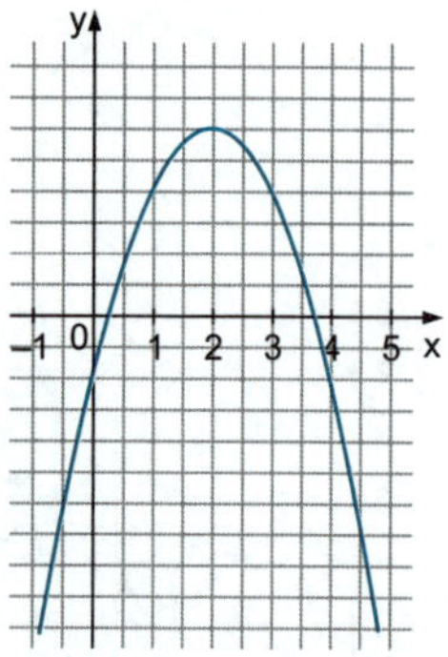

Schaubild von f'

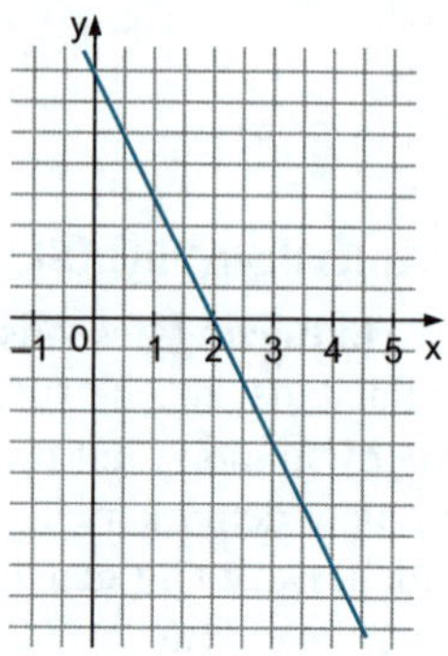

3. Schritt: **Erläuterung des Zusammenhangs**

In der obigen Zeichnung hat die Funktion f an der Stelle $x_0 = 2$ ein lokales Maximum, denn:

- Für $x < 2$ ist die Änderungsrate (Steigung der Tangente) positiv, d. h. $f'(x) > 0$ für $x < 2$.
- Für $x > 2$ ist die Änderungsrate (Steigung der Tangente) negativ, d. h. $f'(x) < 0$ für $x > 2$.
- An der Stelle $x_0 = 2$ hat das Schaubild von f eine horizontale Tangente, d. h. $f'(2) = f'(x_0) = 0$.

Also hat f'(x) für zunehmende Werte von x an der Stelle x_0 einen Vorzeichenwechsel von positiven zu negativen Werten.

4. Schritt: **Folgerungen und Grenzen**

Um diese hinreichende Bedingung erfüllen zu können, muss x_0 eine innere Stelle eines Intervalls I sein, auf dem die Funktion f (mindestens) einmal differenzierbar ist. Randpunkte des Definitionsbereiches der Funktion f können das genannte Kriterium also nicht erfüllen.

75. *1. Schritt:* **Definition**

Ein hinreichendes Kriterium für das Vorliegen einer Wendestelle einer zweimal differenzierbaren Funktion f an der Stelle x_0 ist:

Wenn $f''(x_0) = 0$ ist und $f''(x)$ bei x_0 einen Vorzeichenwechsel hat, dann hat die Funktion f an der Stelle x_0 eine Wendestelle.

2. Schritt: **Anfertigen einer Skizze**

Schaubild von f

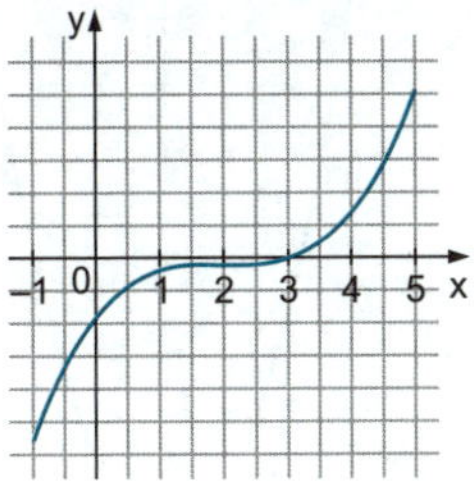

Schaubild von f'

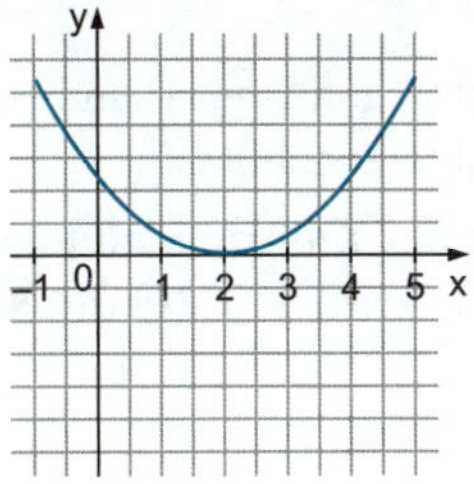

Schaubild von f''

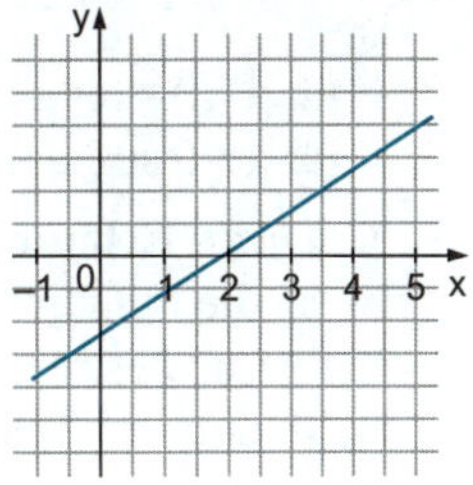

3. Schritt: **Erläuterung des Zusammenhangs**

Die obigen Abbildungen zeigen die Schaubilder von f, f' und f''.

Die Funktion f hat an der Stelle $x = 2$ eine Wendestelle, an der eine Rechtskrümmung in eine Linkskrümmung übergeht, denn es gilt Folgendes:

- Für $x < 2$ sind die Änderungsraten (Steigungen der Tangenten) positiv. Sie nehmen, von großen Werten ausgehend, streng monoton ab und werden an der Stelle $x = 2$ null.
- Für $x > 2$ sind die Änderungsraten (Steigungen der Tangenten) ebenfalls positiv und nehmen, von kleinen Werten ausgehend, streng monoton zu.

So ergibt sich das Schaubild der ersten Ableitungsfunktion.

- Für $x < 2$ sind die Änderungsraten der ersten Ableitungsfunktion negativ, für $x > 2$ sind sie positiv und für $x = 2$ ist die Änderungsrate gleich null.

Also hat die zweite Ableitungsfunktion an der Stelle $x = 2$ eine Nullstelle mit Vorzeichenwechsel.

4. Schritt: **Folgerungen und Grenzen**

Um die hinreichende Bedingung erfüllen zu können, muss x_0 eine innere Stelle eines Intervalls I sein, auf dem die Funktion f mindestens zweimal differenzierbar ist. Randpunkte des Definitionsbereiches der Funktion f können das genannte Kriterium also nicht erfüllen.

Da im Beispiel an der Stelle $x = 2$ auch f'(x) gleich null ist, hat das Schaubild von f an der Stelle $x = 2$ einen Sattelpunkt (Wendepunkt mit horizontaler Tangente).

76. *1. Schritt:* **Definition**

Eine Funktion f ist in einem Intervall I streng monoton

- zunehmend, wenn für alle $x_1, x_2 \in I$ gilt: Aus $x_1 < x_2$ folgt $f(x_1) < f(x_2)$.
- abnehmend, wenn für alle $x_1, x_2 \in I$ gilt: Aus $x_1 < x_2$ folgt $f(x_1) > f(x_2)$.

Monotoniesatz:

Eine Funktion f sei in einem Intervall I differenzierbar.

- Wenn für alle $x \in I$ gilt: $f'(x) > 0$, dann ist f streng monoton zunehmend.
- Wenn für alle $x \in I$ gilt: $f'(x) < 0$, dann ist f streng monoton abnehmend.

2. Schritt: **Anfertigen einer Skizze**

Die skizzierte Parabel der Funktion f mit $f(x)=x^2$ ist

- für $x<0$ streng monoton abnehmend und
- für $x>0$ streng monoton zunehmend.

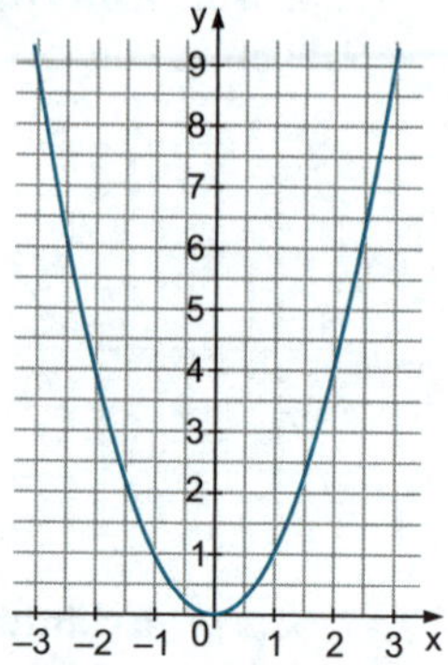

3. Schritt: **Erläuterung des Zusammenhangs**

Es sei die Funktion f auf dem Intervall I differenzierbar und es sei $x_0 \in I$.

Definition der Ableitung:

$$f'(x_0)=\lim_{x \to x_0} \frac{f(x)-f(x_0)}{x-x_0}$$

- Gilt $f'(x)>0$ für alle $x \in I$ (und damit insbesondere $\mathbf{f'(x_0)>0}$), so muss es wegen der Definition des Grenzwertes ein Intervall I' um x_0 geben mit der Eigenschaft, dass für alle $x \in I'$ der Term
$$\frac{f(x)-f(x_0)}{x-x_0}$$
größer null ist. Damit muss für alle $x \in I'$ mit $x>x_0$ (Nenner größer als null) auch $f(x)>f(x_0)$ sein (Zähler größer als null). Die Funktion ist also auf I' streng monoton zunehmend. Da die Bedingung $f'(x)>0$ aber für **jedes $x \in I$** gilt, gibt es also um jedes $x \in I$ ein Intervall, auf dem f streng monoton zunehmend ist und damit ist **f auf dem ganzen Intervall I streng monoton zunehmend**.
- Gilt $f'(x)<0$ für alle $x \in I$ (und damit insbesondere $\mathbf{f'(x_0)<0}$), so erhält man durch analoge Argumentation ein Intervall I'' um x_0 mit der Eigenschaft, dass für alle $x \in I''$ der Term
$$\frac{f(x)-f(x_0)}{x-x_0}$$
kleiner null ist. Damit muss für alle $x \in I''$ mit $x>x_0$ (Nenner größer als null) $f(x)<f(x_0)$ sein (Zähler kleiner als null). Analog zu Obigem erhält man, dass die Funktion also streng monoton abnehmend auf I ist.

4. Schritt: **Folgerungen und Grenzen**

- Beweis der Monotonie von $f(x)=x^2$ für $x>0$ mithilfe der Definition:
Wähle $x_1, x_2 \in (0; \infty)$ mit $x_1<x_2$.
Multipliziert man die Ungleichung mit x_1 ergibt sich: $x_1^2<x_1x_2$
Multipliziert man die Ungleichung mit x_2 ergibt sich: $x_1x_2<x_2^2$
Aus diesen beiden Ungleichungen folgt: $f(x_1)=x_1^2<x_2^2=f(x_2)$
Also ist f für $x>0$ streng monoton zunehmend.
- Beweis der Monotonie von $f(x)=x^2$ für $x>0$ mithilfe des Monotoniesatzes:
Da $f'(x)=2x$, gilt für alle $x>0$: $f'(x)=2x>0$.
Also ist f für $x>0$ streng monoton zunehmend.

Stichwortverzeichnis

Notizen

Notizen

Ihre Meinung ist uns wichtig!

Ihre Anregungen sind uns immer willkommen. Bitte informieren Sie uns mit diesem Schein über Ihre Verbesserungsvorschläge!

Titel-Nr.	Seite	Vorschlag

Bitte hier abtrennen